清华电脑学堂

电脑常用工具软件标准教程

全彩微课版

李勇　何子轶◎编著

清華大學出版社
北　京

内 容 简 介

本书以理论与实际应用相结合的组织形式，以普及电脑新技能为指导思想，用通俗的语言对电脑常用工具的应用进行了详细的阐述。全书共12章，内容包括电脑软件概述；电脑硬件检测软件；电脑常用安全软件；电脑管理优化软件、硬盘管理优化软件；文件管理软件；网络应用软件；图片浏览及处理软件；多媒体软件；电脑办公软件；操作系统安装软件；虚拟机、电脑模拟器软件等。每章内容除了必备的理论知识外，还穿插了“知识点拨”“注意事项”“动手练”等板块，让读者知其然更知其所以然。每章的结尾处安排了“知识延伸”板块，让读者在掌握基本电脑操作技能外，还能举一反三，延伸到其他相关技能的应用，拓展读者的知识范围。

本书结构合理，实用性强，全程图解，即学即用。不仅可作为电脑入门读者、电脑爱好者、运维人员的参考工具书，还可作为各大中专院校以及电脑培训机构的教学用书。

图书在版编目（CIP）数据

电脑常用工具软件标准教程：全彩微课版 / 李勇，何子轶编著. -- 北京：清华大学出版社，2021.4（2024.4重印）（清华电脑学堂）

ISBN 978-7-302-57598-6

Ⅰ. ①电…　Ⅱ. ①李…　②何…　Ⅲ. ①软件工具－教材　Ⅳ. ①TP311.561

中国版本图书馆CIP数据核字(2021)第033811号

责任编辑：袁金敏
封面设计：杨玉兰
责任校对：徐俊伟
责任印制：刘　菲

出版发行：清华大学出版社
　　网　　址：https://www.tup.com.cn，https://www.wqxuetang.com
　　地　　址：北京清华大学学研大厦A座　　**邮　　编**：100084
　　社 总 机：010-83470000　　**邮　　购**：010-62786544
　　投稿与读者服务：010-62776969, c-service@tup.tsinghua.edu.cn
　　质 量 反 馈：010-62772015, zhiliang@tup.tsinghua.edu.cn
印 装 者：小森印刷霸州有限公司
经　　销：全国新华书店
开　　本：170mm × 240mm　　**印　　张**：14　　**字　　数**：307千字
版　　次：2021年5月第1版　　**印　　次**：2024年4月第4次印刷
定　　价：59.80元

产品编号：088935-02

前言

本书以理论与实际应用相结合的方式，致力于打造易学易用的知识体系，从易学、易会的角度出发，全面介绍当前较为热门的各类工具软件，让读者能够在较短的时间内掌握更多的电脑实用技能，并应用于实际工作和生活中。

本书特色

● **全面实用**。对当前各类比较流行的软件进行了汇总，内容新颖全面，尽力做到不陈旧、不脱节。多达几十种常用软件的使用方法介绍，涵盖了普通用户所能接触的大部分软件。

● **全程图解**。全程采用图解的方式，让读者能够直观地了解每一步的具体操作，学起来轻松、易上手。

● **重在交流**。各章穿插“知识点拨”和“注意事项”两种小提示，让读者更好地理解各类疑难知识点。

内容概述

本书共分12章，各章内容如下。

章	内容导读	难点指数
第1章	介绍电脑软件的分类，常用软件的种类和代表软件，安装版软件和绿色软件，软件的安装和卸载，使用第三方软件查找/安装/升级/卸载软件等	★☆☆
第2章	介绍电脑硬件检测软件，包括系统自带的硬件检测工具和第三方综合检测工具，以及专业的检测工具，包括CPU检测、内存检测、硬盘检测、显卡检测、温度监控、实时性能监控及跑分软件的使用等	★★☆
第3章	介绍电脑主要面临的网络风险，电脑的主要威胁，威胁的主要形式和原理，常用杀毒防毒、实时监控等软件的具体使用方法等	★★☆
第4章	介绍电脑管理优化软件，包括管理优化的内容，电脑管家的使用，电脑垃圾的形成原因，常用的清理软件，注册表清理软件，注册表备份还原，系统驱动的作用，驱动管理软件的使用，驱动的下载与安装等	★★☆
第5章	介绍硬盘管理，主要包括硬盘分区软件的使用，数据修复软件的使用，磁盘碎片整理软件的使用等	★★★

（续表）

章	内容导读	难点指数
第6章	介绍文件管理软件的使用，包括文件压缩/解压软件的使用，文件备份还原软件的使用，文件加密软件的使用，网络备份软件的使用，文件下载软件的使用	★☆☆
第7章	介绍网络应用软件的使用，包括网页浏览器的使用，网络通信软件的使用，远程管理软件的使用，电子邮件客户端的使用，投屏软件的使用以及局域网共享的设置等	★☆☆
第8章	介绍图片浏览及处理软件的使用，包括看图软件的使用，截图软件的使用，图片处理应用实例等	★★☆
第9章	介绍多媒体软件的使用，包括本地音频、视频播放软件的使用，在线听歌软件的使用，在线视频软件的使用，屏幕录制软件的使用，在线直播软件的使用，视频编辑软件的使用等	★★★
第10章	以案例的形式，介绍Microsoft Office的使用，WPS的在线处理功能的使用，翻译软件及PDF查看编辑软件的使用等	★☆☆
第11章	介绍操作系统安装软件的使用，包括安装UEFI模式的Windows 10的详细步骤，PE软件的制作和使用，使用第三方工具安装服务器系统，安装随身携带的Windows及Linux系统的方法等	★★★
第12章	介绍虚拟机的使用，包括电脑虚拟机，使用虚拟机安装操作系统，安卓模拟器的使用等	★★★

附赠资源

- **案例素材及源文件**。附赠本书教学课件，可扫描图书封底二维码下载。
- **扫码观看教学视频**。本书涉及的疑难操作均配有高清视频讲解，读者可扫描二维码边看边学。
- **作者在线答疑**。为帮助读者快速掌握书中技能，本书配有专门的答疑QQ群（在本书资源下载资料包中），随时为读者答疑解惑。

本书由李勇、何子轶编著，在此对郑州轻工业大学教务处的大力支持表示感谢。本书在编写过程中力求严谨细致，但由于时间与精力有限，疏漏之处在所难免，望广大读者批评指正。

编　者

目录

电脑软件概述

1.1 电脑软件基础知识……2
1.1.1 系统软件……2
知识点拨：UNIX系统……4
1.1.2 应用软件……5
1.2 常用工具软件概述……6
1.2.1 常用工具软件类型……6
1.2.2 安装版软件和绿色版软件……8
1.3 电脑软件的安装及卸载……10
1.3.1 软件的下载……10
1.3.2 软件的安装……11
注意事项：为什么要修改安装路径……12
知识点拨：安装路径的设置……12
注意事项：安装须知……13
1.3.3 软件的卸载……13
注意事项：如何使用卸载程序……16
知识点拨：卸载方式比较……17
动手练 使用第三方工具进行软件管理……18
知识点拨："一键安装"和"查看详情"选项……19
知识点拨：什么是流氓软件……23
知识延伸：什么是BIOS系统……24

电脑硬件检测软件

2.1 使用Windows系统自带的工具查看电脑配置信息……26
2.1.1 使用设备管理器查看硬件信息……26
2.1.2 使用任务管理器查看硬件信息……27
2.2 查看硬件信息软件……28
2.2.1 认识AIDA64……28
2.2.2 查看电脑信息……29
动手练 实时监测电脑性能……30
2.3 CPU检测软件……32
2.3.1 CPU-Z简介……32
2.3.2 查看CPU信息……33

动手练 测试CPU性能 ······34
2.4 内存检测软件 ······35
注意事项：内存检测的特殊性 ······35
动手练 MemTest86的使用 ······36
2.5 硬盘检测软件 ······37
2.5.1 硬盘状态总览 ······37
2.5.2 固态硬盘读写检测 ······38
2.5.3 硬盘的坏块检测 ······38
2.5.4 硬盘读/写速度的检测 ······39
动手练 测试硬盘坏道 ······40
知识点拨：逻辑坏道和物理坏道 ······40
2.6 显卡检测软件 ······41
2.6.1 认识GPU-Z ······41
2.6.2 使用GPU-Z ······41
知识点拨：使用GPU-Z验证总线速度 ······42
2.7 温度监控软件 ······42
2.8 实时性能监测软件 ······43
2.8.1 认识MSI Afterburner ······43
2.8.2 使用MSI Afterburner ······44
动手练 实时性能监测 ······44
2.9 电脑跑分软件 ······46
动手练 鲁大师的应用 ······46
知识延伸：查看Windows系统的相关信息 ······47

电脑常用安全软件

3.1 电脑主要面临的风险 ······49
3.1.1 电脑网络安全现状 ······49
3.1.2 电脑面临的主要威胁及表现 ······50
3.2 常用防毒杀毒软件 ······52
3.2.1 火绒安全简介 ······52
3.2.2 火绒安全的下载与安装 ······53
知识点拨：主页下载技巧 ······53
知识点拨：使用“直接打开”功能安装 ······53
知识点拨：极速安装 ······54
3.2.3 火绒安全软件的使用方法 ······54
动手练 查杀病毒 ······56
注意事项：杀毒模式的选择 ······57
知识延伸：Windows自身的安全防护组件 ······58

第4章 电脑管理优化软件

4.1 常见电脑综合管理优化软件……61

4.1.1 认识腾讯电脑管家……61

4.1.2 使用电脑管家……62

知识点拨：系统加速优化……66

4.1.3 电脑管家专项功能……67

动手练 对网络进行管理……69

4.2 常见电脑单项管理优化软件……70

4.2.1 电脑垃圾清理软件……70

知识点拨：管理新内容保存位置……71

4.2.2 注册表管理软件……71

动手练 备份与还原注册表……72

4.3 驱动检测及自动安装驱动……73

4.3.1 软件的下载与安装……73

4.3.2 自动安装驱动……73

动手练 备份及还原驱动……74

知识延伸：全面认识计算机的端口……75

知识点拨：网址解析及端口映射……75

第5章 硬盘管理优化软件

5.1 硬盘分区软件……77

5.1.1 什么是硬盘分区……77

5.1.2 认识DiskGenius……78

知识点拨：MBR创建分区注意事项……79

注意事项：DiskGenius执行模式……80

知识点拨：如何判断当前磁盘的分区类型……82

动手练 无损调整分区的大小……83

5.2 数据修复软件……84

5.2.1 数据修复的原理……84

5.2.2 R-STUDIO Network的使用用……85

动手练 数据恢复操作……85

5.3 磁盘碎片整理软件……87

5.3.1 磁盘碎片产生的原因及影响……87

5.3.2 磁盘碎片整理的原理……87

动手练 使用Windows自带功能进行碎片整理……87

知识延伸：直接调整分区容量的方法……89

文件管理软件

6.1 文件压缩软件……91
6.1.1 文件压缩原理……91
注意事项：压缩文件使用的注意点……91
6.1.2 WinRAR的使用……91
知识点拨：快速解压的方法……93
知识点拨：解压的技巧……93
知识点拨：加密文件名……94
动手练 创建自解压压缩文件……95
6.2 分区及文件备份还原软件……96
6.2.1 使用Ghost备份分区……96
6.2.2 使用Ghost还原分区……97
动手练 使用系统自带的功能备份与还原文件……97
注意事项：为什么不能添加驱动器……98
知识点拨：自动备份的文件操作……99
6.3 文件加密软件的应用……100
6.3.1 文件加密概述……100
6.3.2 使用加密软件对文件加密解密……100
动手练 设置密码的使用时效……102
6.4 网络备份与分享……102
6.4.1 认识百度网盘……102
6.4.2 百度网盘的使用……103
注意事项：只有会员才可以在线解压文件……103
动手练 使用百度网盘客户端分享文件……104
6.5 文件下载软件……104
6.5.1 使用浏览器下载……105
6.5.2 使用迅雷下载……105
知识延伸：Windows 10的另一种备份还原方式……106

网络应用软件

7.1 网页浏览器……108
7.1.1 Edge浏览器……108
7.1.2 QQ浏览器……109
动手练 QQ浏览器插件的安装、使用和管理……111
7.2 即时通信软件……113
7.2.1 QQ……113
7.2.2 微信……115

动手练 使用微信备份聊天记录 117

7.3 远程管理软件 118

7.3.1 认识TeamViewer 118

7.3.2 安装TeamViewer 118

7.3.3 使用TeamViewer 119

动手练 TeamViewer无人值守 120

注意事项：使用无人值守密码进行连接 120

7.4 电子邮件 121

7.4.1 认识电子邮件 121

7.4.2 Foxmail的使用 121

动手练 使用网页版邮箱收发电子邮件 122

7.5 投屏软件 124

7.6 局域网共享 124

动手练 共享设置 125

知识点拨：共享出现问题 126

知识延伸：远程启动电脑 127

图片浏览及处理软件

8.1 看图软件 130

8.1.1 Windows自带的看图软件 130

8.1.2 2345看图王 131

注意事项：利用右键快捷菜单选择看图软件 131

动手练 下载并使用ABC看图 132

8.2 截屏软件 134

8.2.1 认识SnagIt 134

8.2.2 使用SnagIt截图 134

注意事项：截图错误怎么办 135

动手练 延时截图 136

8.3 图片处理软件 136

8.3.1 美图秀秀 136

8.3.2 SnagIt编辑器 139

知识点拨：关闭“属性”设置窗格 140

动手练 对图片局部进行马赛克处理 141

知识延伸：在线处理图片 142

多媒体软件

9.1 音频、视频文件的播放……144
9.1.1 暴风影音……144
9.1.2 暴风影音的必要设置……144
动手练 暴风影音的使用……146
9.2 在线音频软件……147
9.2.1 认识QQ音乐播放器……147
知识点拨：启动QQ音乐软件……147
9.2.2 使用QQ音乐播放器……148
动手练 创建歌单并批量添加歌曲……148
9.3 在线视频软件……149
9.3.1 认识腾讯视频……149
9.3.2 使用腾讯视频PC端……150
动手练 在线视频下载……151
9.4 录屏软件……152
9.4.1 oCam（屏幕录像机）简介……152
9.4.2 oCam的使用方法……152
注意事项：开启声音录制功能……153
动手练 使用oCam录制软件教程……154
9.5 直播软件的使用……155
9.5.1 OBS Studio……155
9.5.2 OBS Studio的使用方法……155
动手练 使用斗鱼直播软件进行直播……158
知识点拨：斗鱼直播管家……158
9.6 视频编辑软件……160
动手练 为视频添加注释……161
知识延伸：零距离直播……162

电脑办公软件

10.1 Microsoft Office软件系列 ······ 164

10.1.1 Microsoft Office组件介绍 ······ 164

10.1.2 Microsoft Office组件协同办公 ······ 165

动手练 利用模板制作邀请函 ······ 165

10.2 WPS Office系列办公软件 ······ 168

10.2.1 WPS Office简介 ······ 168

10.2.2 WPS Office的下载与安装 ······ 169

10.2.3 WPS Office的使用 ······ 169

知识点拨：WPS Office创建文档的优势 ······ 170

动手练 WPS Office多人协作 ······ 171

10.3 翻译软件 ······ 172

10.3.1 有道词典的下载及安装 ······ 172

10.3.2 有道词典的取词及划词翻译功能 ······ 172

动手练 截屏翻译 ······ 173

10.4 PDF阅读器 ······ 174

动手练 金山PDF阅读器的使用方法 ······ 174

知识点拨：金山PDF阅读器的编辑功能 ······ 175

知识延伸：Microsoft Office移动端的使用 ······ 176

操作系统安装软件

11.1 操作系统安装概述 ······ 178

11.1.1 什么情况下需要安装系统 ······ 178

11.1.2 安装操作系统的准备 ······ 178

11.1.3 UEFI+GPT与Legacy+MBR简介 ······ 178

知识点拨：UEFI+GPT分区时，各分区的作用 ······ 179

11.1.4 系统安装主要过程 ······ 179

11.2 启动U盘的制作 ······ 180

11.2.1 PE简介 ······ 180

11.2.2 U深度 ······ 180

11.2.3 U深度的下载和安装 ······ 180

动手练 制作启动U盘 ······ 181

11.3 操作系统安装过程 ······ 183

注意事项：安装匹配模式原则 ······ 183

11.3.1 在UEFI模式下安装Windows 10操作系统 ······ 183

11.3.2 配置系统参数 ······ 186

注意事项：为什么安装Windows系统后会同时安装了很多的软件 ······ 187
动手练 使用第三方工具安装Windows Server服务器系统 ······ 189
11.4 制作随身携带的操作系统 ······ 191
11.4.1 Windows TO GO简介 ······ 191
11.4.2 使用WTGA制作随身携带的Windows 10操作系统 ······ 191
知识点拨：镜像的选择 ······ 192
注意事项：虚拟硬盘模式 ······ 192
知识点拨：分区的设置 ······ 193
动手练 制作口袋Linux系统 ······ 194
知识点拨：Linux的硬盘命名 ······ 196
知识点拨：Linux分区 ······ 196
知识延伸：了解多操作系统 ······ 198

电脑及手机虚拟化软件

12.1 虚拟机软件 ······ 200
12.1.1 VMware Workstation Pro简介 ······ 200
12.1.2 Vmware Workstation Pro常用功能 ······ 201
知识点拨：虚拟机的清理和删除 ······ 202
动手练 在虚拟机中安装Windows 10系统 ······ 203
注意事项：虚拟机磁盘的设置 ······ 206
12.2 手机模拟器软件 ······ 207
12.2.1 蓝叠模拟器 ······ 207
12.2.2 蓝叠模拟器的下载和安装 ······ 207
12.2.3 蓝叠模拟器的使用方法 ······ 208
动手练 蓝叠模拟器多开设置 ······ 209
知识延伸：熟悉Windows 10自带的虚拟机 ······ 210

第1章 电脑软件概述

电脑系统包括软件和硬件，硬件决定了电脑的性能，但是电脑只有硬件并不能工作，必须要有软件的支持。从底层来说，BIOS也属于一种软件，现在经常看到的底层软件就是Windows操作系统。应用软件必须运行在操作系统上。本章将向读者介绍电脑软件的一些基本知识。

1.1 电脑软件基础知识

按照不同的标准，电脑软件可以分为很多种。按照应用层次来说，电脑软件分为系统软件和应用软件。

1.1.1 系统软件

系统软件中最常见的就是操作系统，可以把它理解为一个大型的程序模块，位于用户和电脑硬件设备之间。向下，它为硬件提供驱动和控制命令，使硬件完成各种复杂功能，并在其中传递各种数据；向上，为用户使用的其他类型软件提供支持，用于信息、资源、各种功能的管理，如图1-1所示。

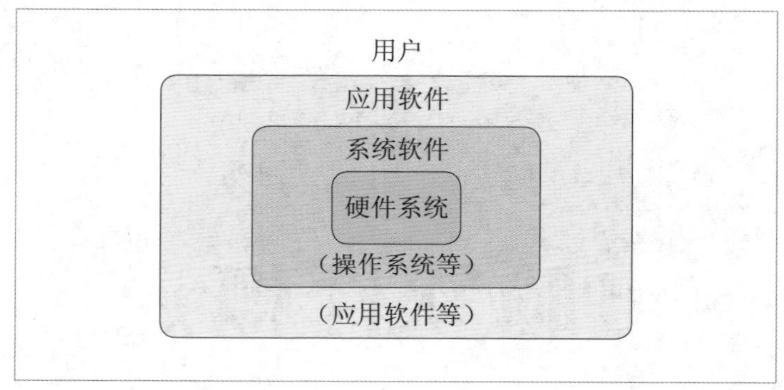

图 1-1

从功能上说，操作系统的主要作用是规划、优化系统资源，并将系统资源分配给各种软件。操作系统是所有软件的基础，软件运行在操作系统之上。常用的操作系统包括Windows系统、UNIX系统、Linux系统、Mac OS系统。

1. Windows 系统

Windows系统是现在使用最为广泛的电脑操作系统。它也有手机和平板等智能终端适配的版本。Windows系统目前有以下几个主流版本。

Windows 7操作系统，其桌面如图1-2所示。该操作系统是继Windows XP操作系统后，应用较为普遍的操作系统，一直持续至今。当然，随着软硬件的更新换代，Windows 7也不可避免地结束了它的时代。2019年1月15日，微软公司宣布于2020年1月14日停止对Windows 7的安全更新支持，所以建议最近几年购置电脑的读者，在升级或者安装操作系统时，尽量选择Windows 10，以避免不必要的麻烦及安全性等问题。

图 1-2

Windows 10操作系统的界面如图1-3所示。该操作系统在2015年7月29日正式发布，其易用性和安全性方面有了极大的提升，除针对云服务、智能移动设备、自然人机交互等新技术进行融合外，还对固态硬盘、生物识别、高分辨率显示器等硬件进行了优化、完善与支持，现已被更多的用户所接受并使用。

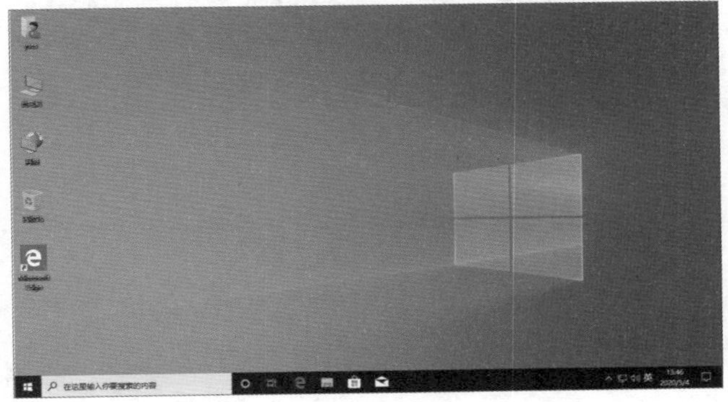

图 1-3

除了上面介绍的桌面级操作系统外，微软还推出了用于服务器的操作系统，如Windows Server 2016/2019等。有兴趣的读者，可以安装用于服务器的操作系统，手动搭建一个属于自己的服务器，如图1-4所示。

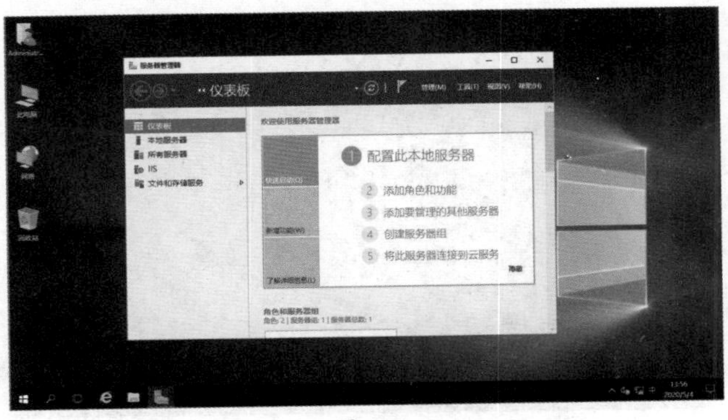

图 1-4

2. Linux 系统

Linux是一套可自由使用和自由传播的类UNIX系统，严格来说，Linux系统只有内核叫作“Linux”，而Linux也只是表示其内核。Linux系统是一个多用户、多任务，支持多线程和多CPU的操作系统。伴随着互联网的发展，Linux系统得到了来自全世界软件爱好者、组织、公司的支持。它除了在服务器方面保持着强劲的发展势头外，在个人电脑、嵌入式系统上都有着长足的进步。比如广泛使用的发行版，就是智能手机使用的安卓系统了。现在，国产Linux的生态环境也越来越好，感兴趣的用户可以安装国产Deepin系统来体验，如图1-5所示。

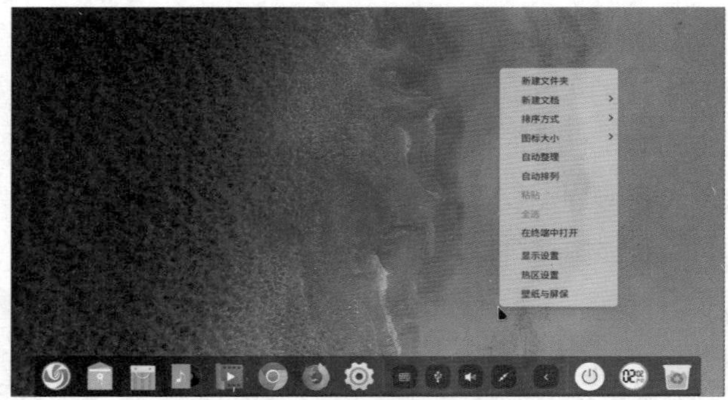

图 1-5

知识点拨

UNIX系统

UNIX系统是由贝尔实验室开发的多用户、多任务操作系统。因为价格昂贵，应用层次更高，主要应用于各种核心及专业领域。

Linux发行版为一般用户预先集成好了Linux内核及各种应用软件，模式类似于安卓系统。用户一般不需重新编译，直接安装后稍作调试即可使用，通常以软件包管理系统进行应用软件的管理。Linux的发行版本分为两类，一类是商业公司维护的发行版本，如Red Hat；另一类是社区维护的发行版本，如Debian、Ubuntu，图1-6为Ubuntu。

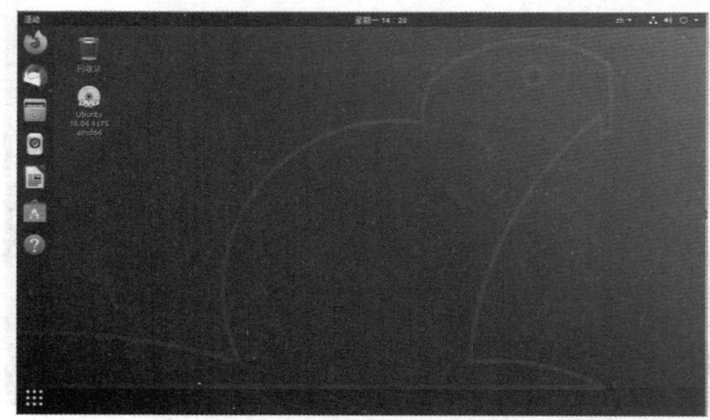

图 1-6

当然，Linux也有服务器版本的系统，而且相较于Windows更加高效、稳定，如RHEL。其界面如图1-7所示。

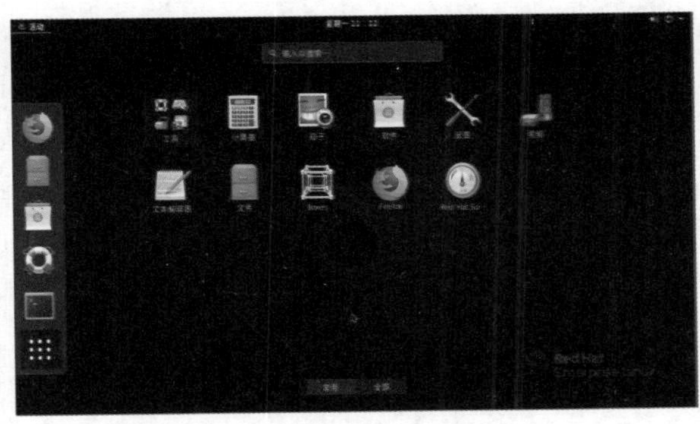

图 1-7

3. Mac OS

Mac OS是苹果电脑专用的操作系统，其界面如图1-8所示，它是基于UNIX内核的图形化操作系统，也是首个在商用领域成功的图形用户界面操作系统。Mac OS的优点主要有：安全性高（相对于Windows而言），不会产生碎片，设置简单，稳定性高；缺点是兼容性差、软件成熟度稍低等。

图 1-8

1.1.2 应用软件

应用软件是用户在日常工作、学习、生活中使用的应用程序，这些软件运行在操作系统之上，直接面对用户，用户不需要知道电脑底层是如何工作的，只要学会各种应用软件的使用方法即可。

常用的应用软件被称为工具软件，也是本书要讲解的主要内容。工具软件包括普通的工具软件，如即时通信软件QQ、办公软件Office系列、格式转换工具等，如图1-9所示，还有针对各个行业使用的专业软件，如视频编辑软件、图像处理软件等。

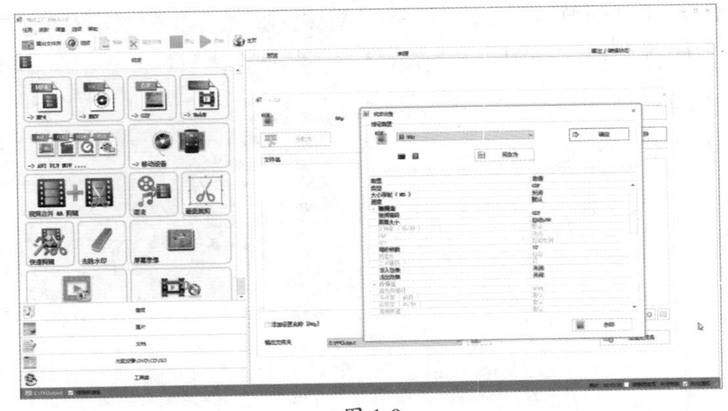

图 1-9

1.2 常用工具软件概述

工具软件主要用来辅助人们学习、工作和生活娱乐等，通过工具软件可以大幅提高工作、学习、生产效率。大部分的工具软件由软件厂商开发及发布，满足用户各方面的需求。工具软件按照用途不同，可以划分为不同的种类。下面介绍一些常见的应用软件。

1.2.1 常用工具软件类型

按照不同的用途，电脑常用工具软件可以分为以下几类。

1. 硬件检测软件

该类软件的主要功能是检测电脑各组件的属性、工作状态和进行参数设置。图1-10所示为电脑管家的检测界面。

2. 电脑安全软件

安全软件的主要功能是为电脑的安全使用保驾护航，防范病毒、木马以及恶意攻击。图1-11所示为电脑管家的杀毒界面。

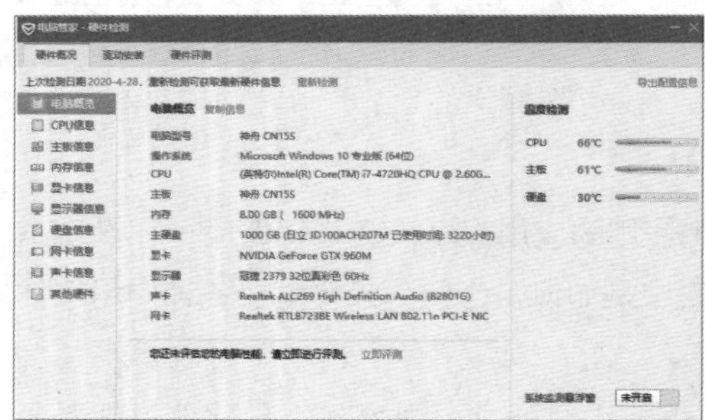

图 1-10

图 1-11

3. 管理优化软件

为了更好地管理电脑软硬件以及对系统进行一些必要优化，使系统更加流畅运行的一类软件称为管理优化软件。图1-12所示为电脑管家的开机管理界面。

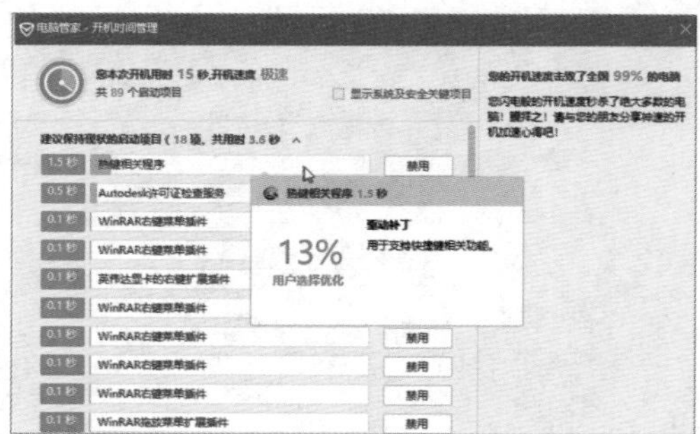

图 1-12

4. 文件管理软件

日常使用中，用户对文件的操作是最为频繁的，所以除了管理电脑外，还需要学习一些文件管理软件的使用方法。图1-13所示为电脑文件进行备份的操作。其他的操作还有文件的损坏修复、丢失文件的查找等。

5. 网络应用软件

经过多年信息高速公路的建设，以及越来越多的智能终端的普及，未来各种新的应用和功能将会层出不穷，越来越多的客户端软件，已经完全依赖网络和云计算。所以，掌握一些网络软件的使用也是非常关键的。例如使用远程控制软件能给远程协助和远程办公带来极大便利。图1-14所示为远程桌面工具TeamViewer的界面。

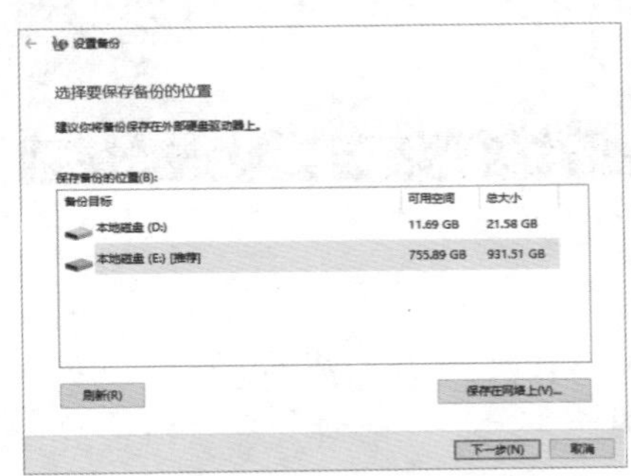

图 1-13

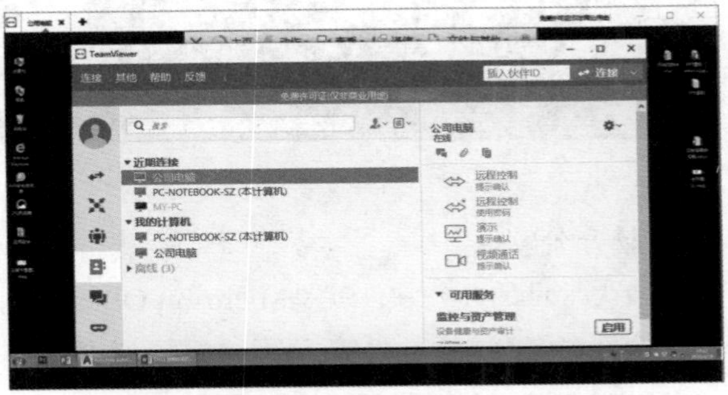

图 1-14

6. 硬盘管理软件

硬盘管理包括硬盘的分区、数据修复、硬盘碎片整理等操作。目前Windows操作系统对硬盘分区使用的是UEFI+GPT模式，其中的GPT就是最常用的分区表类型，必将取代MBR分区表。常见的硬盘管理软件如DiskGenius等，如图1-15所示。

7. 图像浏览处理软件

普通用户一般使用的图像浏览软件，就是系统自带的看图软件，有时会用到其截图、图像处理、批量图片压缩等功能，专业图像处理软件有Photoshop、InDesign等。图1-16所示为Photoshop界面。

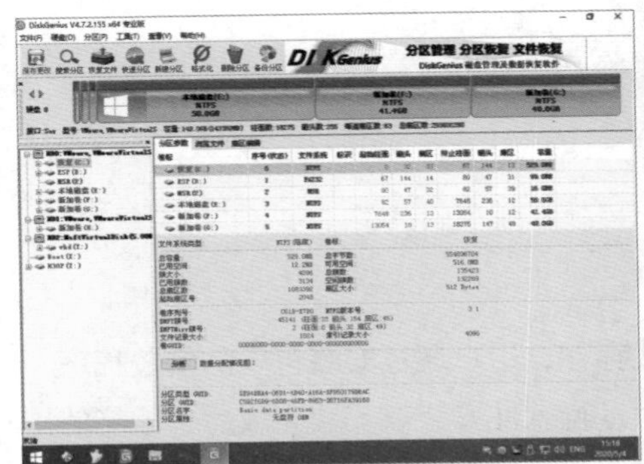

图 1-15

图 1-16

8. 多媒体软件

“多媒体”这个词，在电脑刚开始普及时还是一个卖点，现在则特指音视频编辑及播放软件。利用这些软件可以进行视频录制、播放、编辑等工作，如图1-17、图1-18所示。

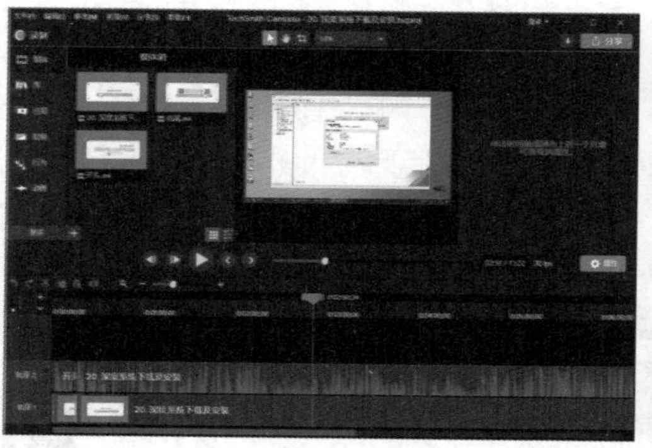

图 1-17

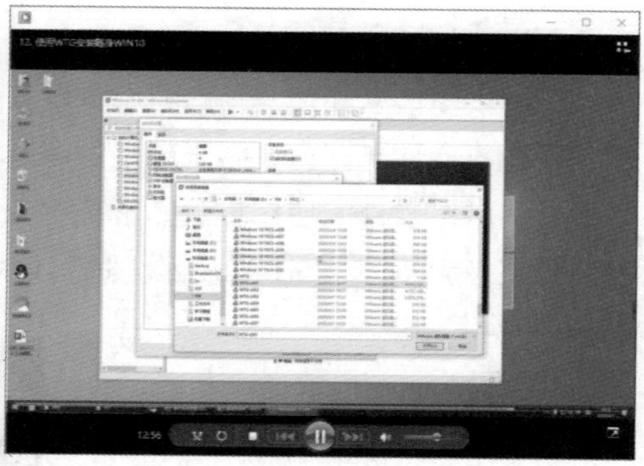

图 1-18

9. 电脑办公软件

最为常见的办公软件就是Microsoft Office系列。图1-19所示为PPT界面。此外，还有翻译软件和PDF查看软件等。图1-20所示为PDF查看界面。

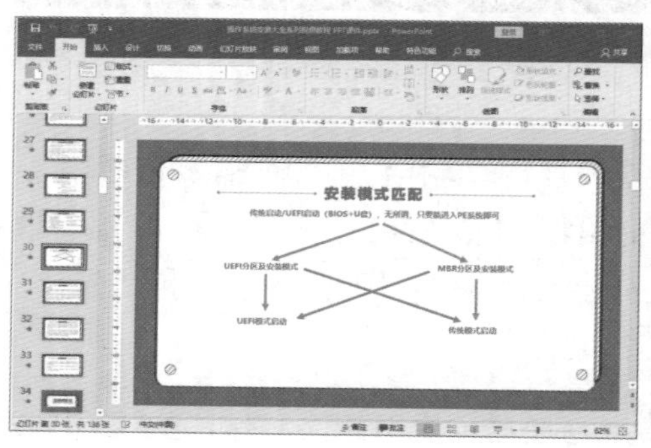

图 1-19

图 1-20

本书后续内容将对常见的电脑工具软件逐一展开介绍，让读者了解这些软件有什么用，如何用。

1.2.2 安装版软件和绿色版软件

从是否需要安装来划分，可以将软件分为安装版和绿色版两类。

1. 安装版软件

安装版软件就是下载的软件以安装包的形式存在，用户通过安装包中的安装程序，设置安装位置、安装内容以及其他参数等，然后进行软件安装。安装完成后，才能使用该软件。图1-21所示为U深度软件的安装界面。

2. 绿色版软件

绿色版软件一般下载的是一个压缩文件，解压后是一个文件夹，里面包含了各种文件，双击主程序即可启动该软件，没有烦琐的设置及安装步骤。常见的绿色软件的文件组织形式如图1-22所示。

图 1-21

图 1-22

3. 两者的区别

安装版本的软件会在安装过程中，将一些配置写入系统注册表，有与系统联动的动态链接库文件，也有卸载信息登记。在系统分区中，也会创建一些必需的文件。因为有系统信息，所以可以通过系统的卸载工具或者软件自身的卸载程序进行卸载。而绿色版本的软件一般不会影响系统本身的文件系统等，因此无法在卸载工具中找到。

安装版本的软件在重装系统后，一般需要重新安装该软件才能使用。如果文件损坏了，通过安装文件进行修复即可。绿色版本的软件下载后即可使用，也可以直接分享给朋友使用。因为不需要在系统中创建文件，所以重装系统后，可以继续使用。如果文件损坏了，则需要重新下载才能使用。

目前，需要注册的软件一般都属于安装版本。当然，安装版本与绿色版本之间的界线也变得越来越模糊。有些需要安装的软件可以做成绿色版本，需要在系统中创建的部分做成批处理程序单独执行即可。有些安装版则被做成了单文件模式，在启动时自动创建沙盒程序，不会对系统产生任何影响。

从用户的角度来说，绿色版本有节约安装时间、不会产生注册表冗余，方便移动、携带和共享的优点，当然是首选。但有些绿色版软件，用户需要小心其中会有病毒或者木马等程序，建议读者结合杀毒软件使用。

1.3 电脑软件的安装及卸载

本节将以电脑软件的整个安装过程为例，为读者展开介绍软件的下载、安装及注意事项。

1.3.1 软件的下载

下面以最常用的QQ为例，向读者介绍QQ的下载步骤。

Step 01 打开浏览器，进入百度搜索界面，输入要搜索的内容，本例中输入“QQ下载”，单击“百度一下”按钮，如图1-23所示。

图 1-23

Step 02 一般选择官网下载软件。这里选择第一条搜索结果，如图1-24所示。

Step 03 打开网页后，找到QQ PC版的“下载”按钮，上面有软件的更新日期，如图1-25所示，单击“下载”按钮。

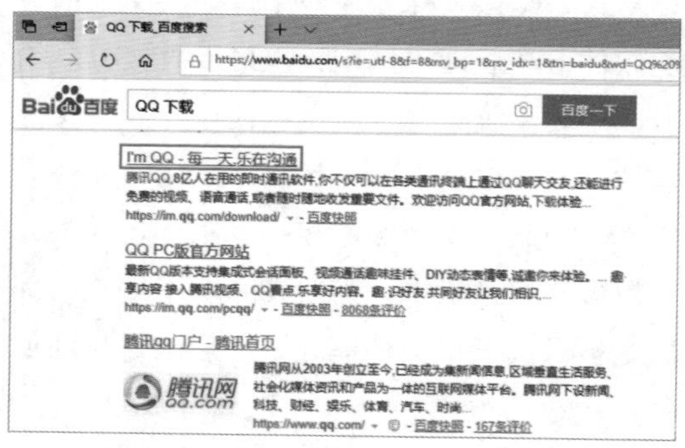

图 1-24

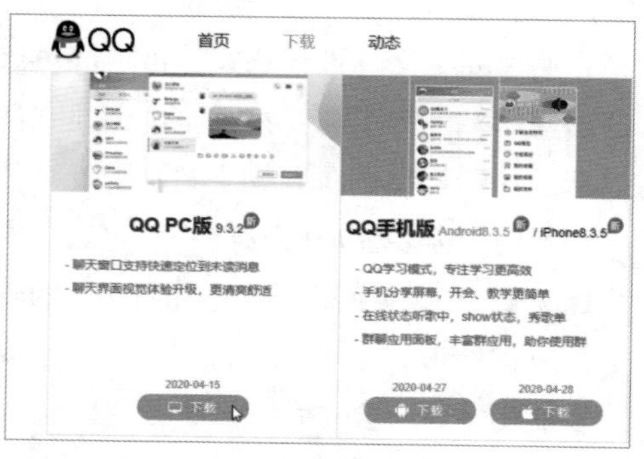

图 1-25

Step 04 浏览器弹出“下载”对话框，选择“另存为”选项，如图1-26所示。在此应注意核对来源及文件的名称和大小。

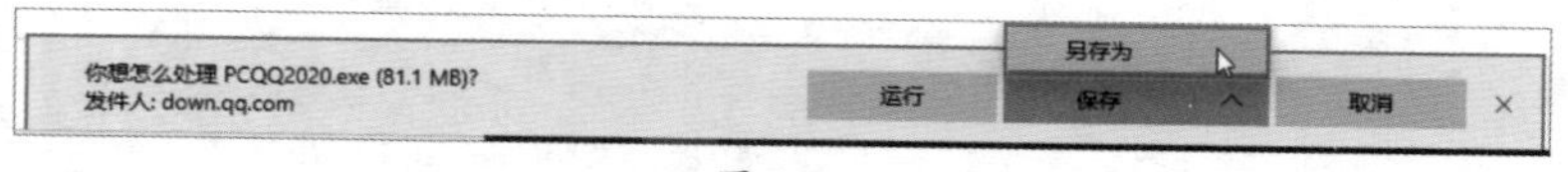

图 1-26

Step 05 启动“另存为”对话框，选择保存的位置。这里因为是安装好就要删除的，所以就保存在桌面上，如图1-27所示。

Step 06 下载完毕后，Windows 10会自动进行安全检测，用户可以在桌面上找到安装包，如图1-28所示。将鼠标指针悬停在安装包图标上，可以查看到此文件的大小、公司、文件版本等信息。

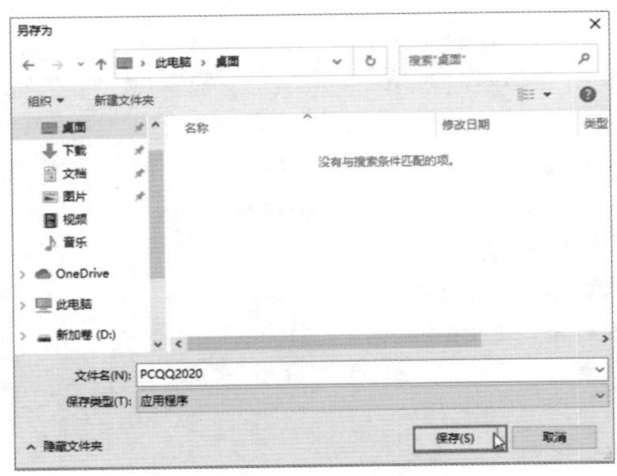

图 1-27

图 1-28

1.3.2 软件的安装

根据软件的不同，软件的安装过程可能在参数设置方面有差异，但基本步骤都差不多。下面以安装QQ为例向读者介绍软件的安装过程。

Step 01 在电脑中找到安装包，本例中是QQ安装包，双击启动安装程序，如图1-29所示。

Step 02 因为软件需要对计算机设置进行修改，需要一定权限，所以Windows 10为了安全，弹出“用户账户控制”对话框。单击“是”按钮，确定授予安装文件一定的权限，如图1-30所示，这和手机App获取权限的原理类似。

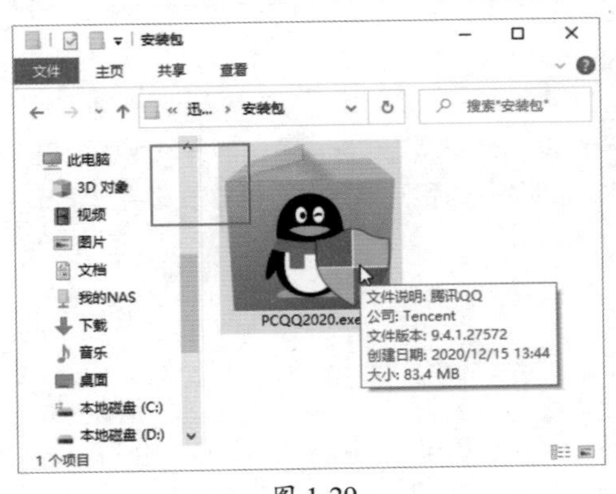

图 1-29

图 1-30

Step 03 一般会弹出软件使用协议对话框，这里勾选“阅读并同意”复选框。不建议使用“立即安装”功能，因为默认设置会附带很多其他组件，将会占用更多的磁盘资源。在此单击“自定义选项”选项，如图1-31所示。

Step 04 在弹出的安装设置界面中，取消勾选“开机自动启动”复选框。开机启动不仅会拖慢开机速度，而且会在开机后占用资源，故此不选。至于“生成快捷方式”和“添加到快速启动栏”选项，可根据实际需要选择，如图1-32所示。

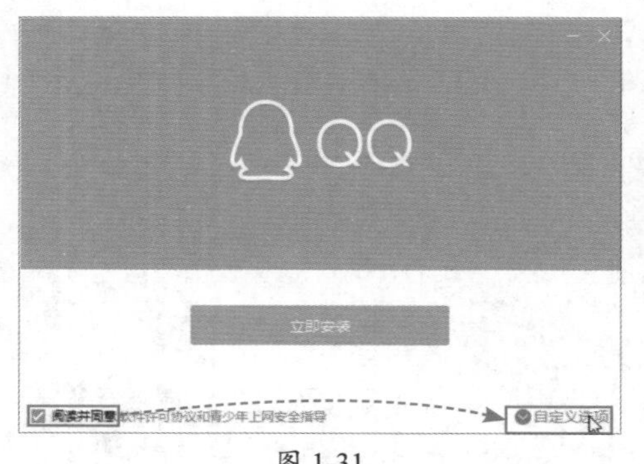

图 1-31

图 1-32

Step 05 修改软件安装位置。一种方法是在默认路径中直接修改路径，本例中将“C:”改成“D:”，如图1-33所示。另一种方法是单击“浏览”按钮，在“浏览文件夹”对话框中找到需要安装的目标文件夹，如图1-34所示。

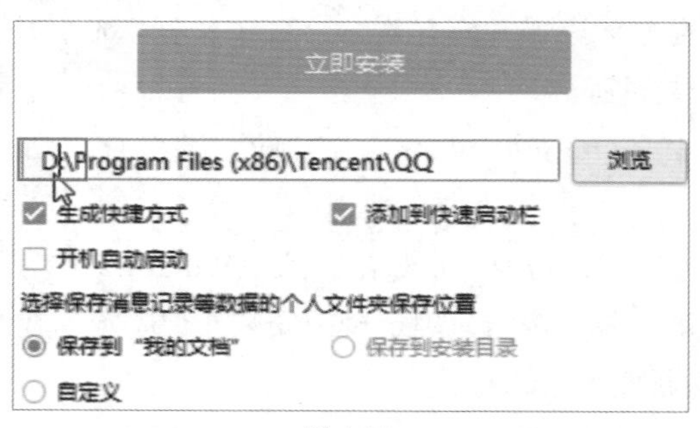

图 1-33

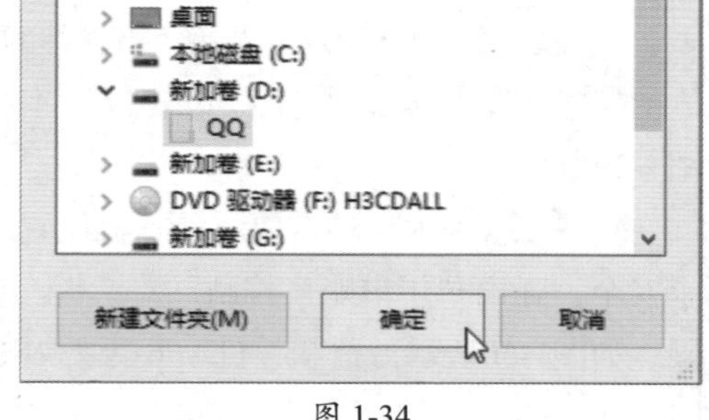

图 1-34

注意事项 为什么要修改安装路径

在安装过程中最关键的操作就是安装位置的设置。一般默认是安装到C盘，不过这样产生的后果就是C盘空间会越来越小，因此除非一些必须安装在C盘的软件，否则都可以，也应该安装到非系统盘。

安装路径的设置

在修改路径对话框中确认了路径，也就确定了安装文件夹。如果用户选择手动浏览，则必须将软件安装到一个文件夹中，如本例中的“QQ”文件夹。如果没有文件夹，可以手动创建一个，有些软件可能必须安装到特定名称的文件夹中，这时用户需要创建指定文件名的文件夹。程序存放的文件夹名称应设置为英文，尽量不要使用中文，以防止某些软件不能识别中文路径，造成软件使用时出现故障。

Step 06 安装的位置设置完毕后，还有一些参数和组件需要设置。比较重要的是"选择保存消息记录等数据的个人文件夹保存位置"，为了不占用C盘空间，选中"自定义"单选按钮设置保存位置为非系统盘，如图1-35所示。

Step 07 单击"立即安装"按钮开始安装软件，如图1-36所示。

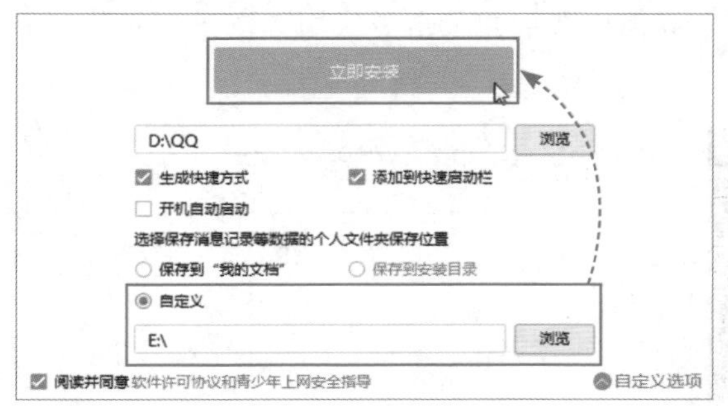

图 1-35

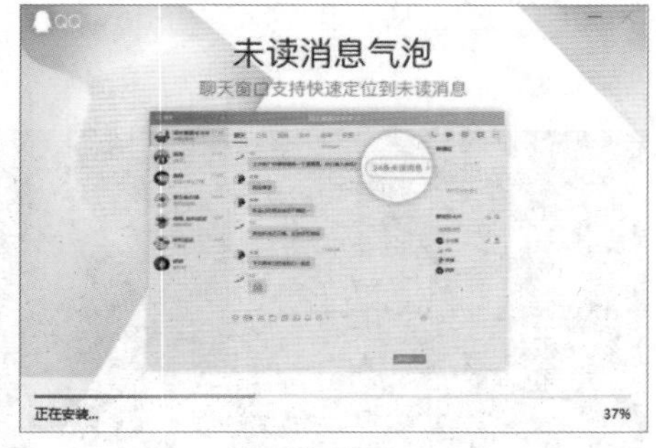

图 1-36

Step 08 安装完毕后，取消勾选默认安装但不需要的其他程序组件选项，再单击"完成安装"按钮，如图1-37所示。这种默认安装其他程序组件的操作，在安装程序的整个过程中都可能存在，用户需要特别小心，一定要看清界面中的内容。

Step 09 完成安装后QQ会启动登录界面，用户就可以正常输入用户名和密码进行登录和使用了，如图1-38所示。

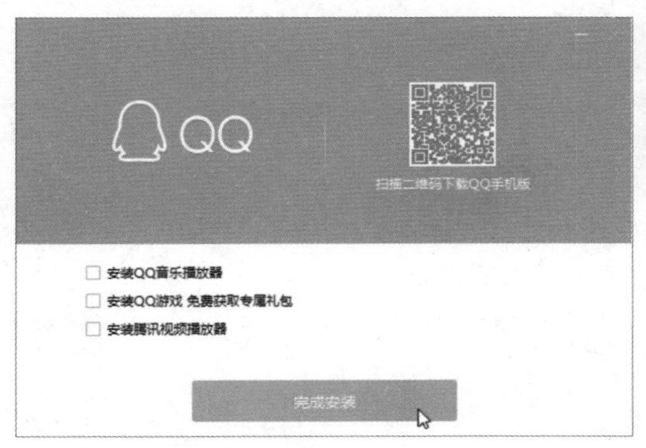

图 1-37

图 1-38

注意事项 安装须知

有时勾选的是不安装的程序组件，没勾选的是安装的程序组件，用户需要仔细阅读界面中的内容。否则不仅多了一堆不需要的软件，还会弹出广告，占用资源，所以用户要特别留意。

1.3.3 软件的卸载

软件出现问题或者不使用了，就需要卸载。如果是绿色软件，用户可以直接删除该软件所在文件夹。安装版的软件因为在多处存放数据，并且关联了很多系统程序，所以必须进行卸载操作。下面仍然以QQ为例，介绍软件的常见卸载步骤及过程中的注意事项。

1. 通过操作系统的应用管理功能进行卸载

用户可以直接使用系统的应用管理功能进行软件的卸载。

Step 01 在桌面环境中，单击左下角的Windows开始菜单按钮，在弹出的菜单中选择“设置”选项，如图1-39所示。

Step 02 从弹出的“Windows 设置”界面中找到并单击“应用”按钮，如图1-40所示。

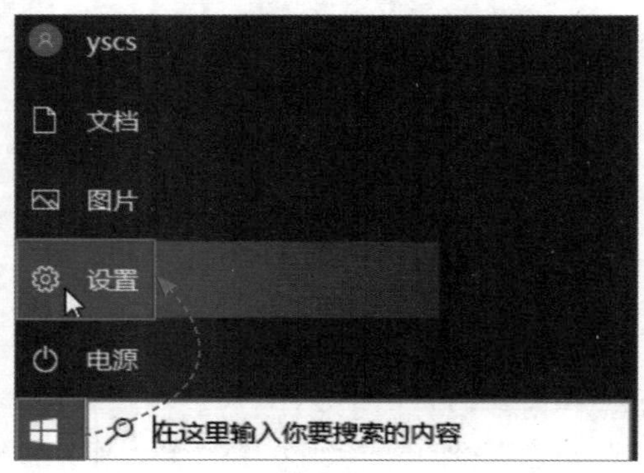

图 1-39

图 1-40

Step 03 在“应用和功能”界面下方是所有系统中可以删除的软件。单击“排序依据”后的“名称”下拉按钮，选择“安装日期”选项，如图1-41所示。

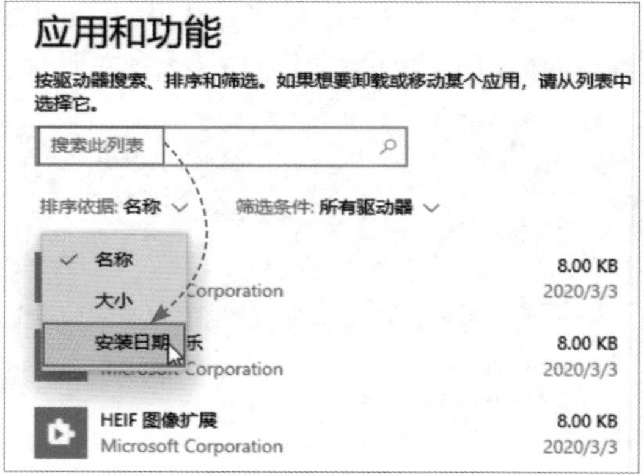

图 1-41

Step 04 软件列表将按照安装时间，由近及远向下排列。找到要删除的“QQ”程序并选中，会弹出功能菜单，单击“卸载”按钮，在弹出的提示信息框中单击“卸载”按钮开始卸载，如图1-42所示。

图 1-42

Step 05 系统会弹出“用户账户控制”对话框，提示有卸载程序需要对系统进行操作，单击“是”按钮，如图1-43所示。

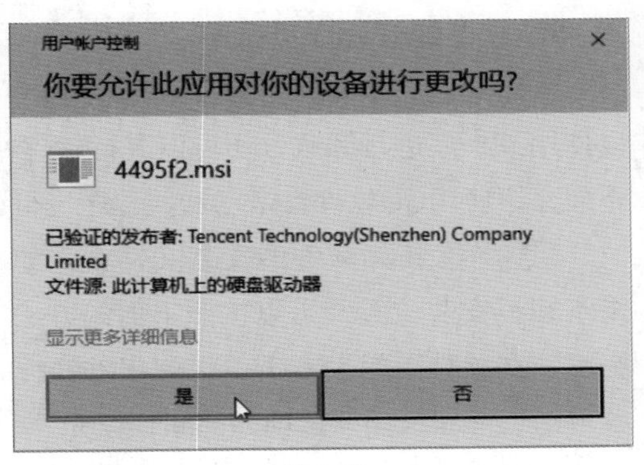

图 1-43

Step 06 卸载程序根据安装程序记录的参数，进行文件的搜集整理，如图1-44所示。

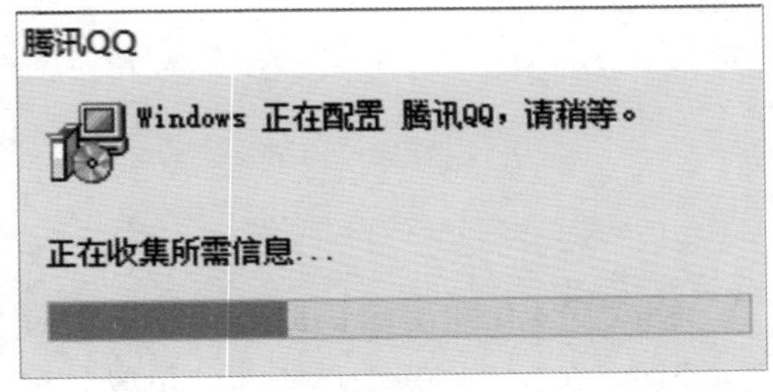

图 1-44

Step 07 卸载程序会自动按照列表进行取消关联以及删除操作。完成卸载后弹出完成提示，单击“确定”按钮，如图1-45所示。

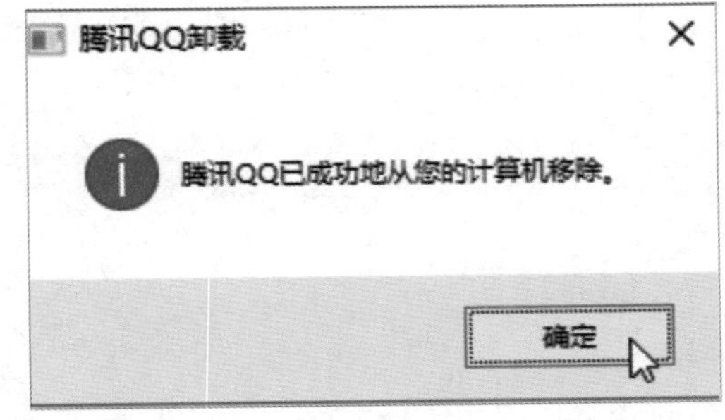

图 1-45

Step 08 卸载完成后可能还会在安装路径中残留一些文件，建议用户去安装目录查看，如果有，可以将其手动删除，以防止占用磁盘空间，如图1-46所示。

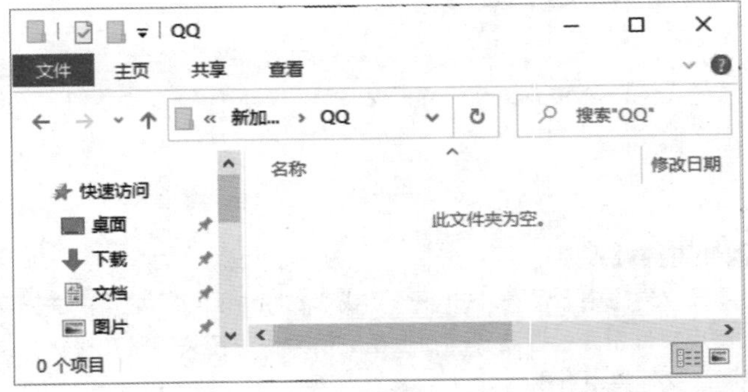

图 1-46

第1章 电脑软件概述

2. 通过软件卸载程序进行卸载

一般安装版本的软件都自带卸载程序，这种程序有时也叫反安装程序，用户除了可以使用该程序进行卸载，还可以进行软件修复、安装软件中其他未安装的功能等操作。下面介绍使用QQ软件自带的卸载程序进行卸载的步骤。

Step 01 找到软件的安装文件夹。如果不知道安装位置，可以按照下面的方法查找：在软件图标上右击，在弹出的快捷菜单中选择“属性”选项，如图1-47所示。

图 1-47

Step 02 在弹出的快捷方式的属性对话框中，单击“打开文件所在的位置”按钮，如图1-48所示。

目标(T): D:\QQ\Bin\QQScLauncher.exe

起始位置(S): d:\QQ\Bin

快捷键(K): 无

运行方式(R): 常规窗口

备注(O):

打开文件所在的位置(F) 更改图标(C)... 高级(D)...

图 1-48

Step 03 QQ的主程序在“Bin”文件夹中，其卸载程序在上一级文件夹中，返回上级文件夹后，可以看到“QQUninst.exe”，这就是卸载程序文件，双击启动程序，如图1-49所示。

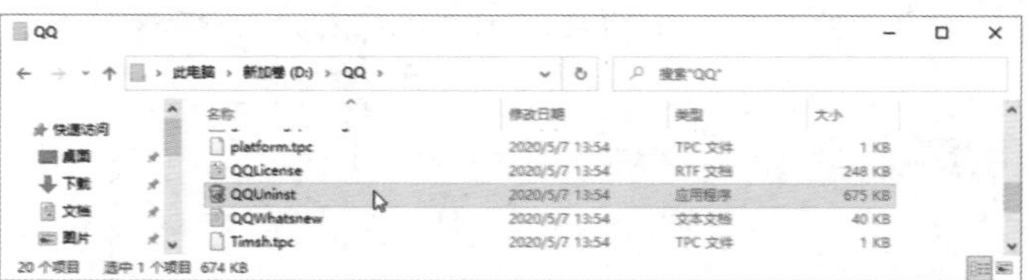

图 1-49

注意事项 如何使用卸载程序

通常在软件主程序所在文件夹中，带有“Uninst”或者“Uninstall”之类的关键字即为可执行文件的卸载程序，可以使用文件资源管理器界面右上角的搜索框进行关键字查找。如果当前文件夹中没有，可在其上级或同级文件夹中查找。

Step 04 启动卸载程序后会弹出“用户账户控制”对话框，单击“是”按钮，如图1-50所示。

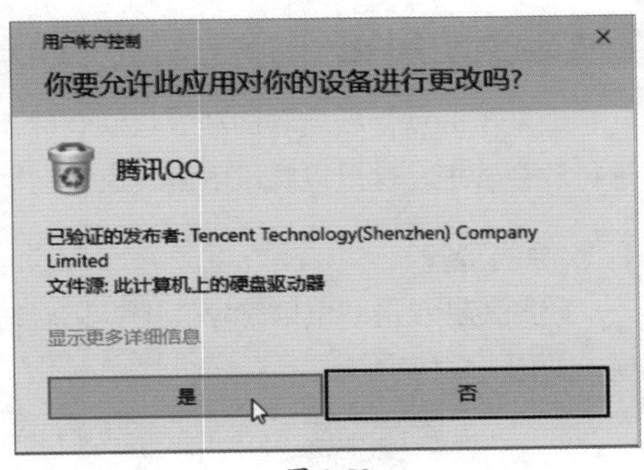

图 1-50

Step 05 确认卸载，单击“是”按钮，如图1-51所示。

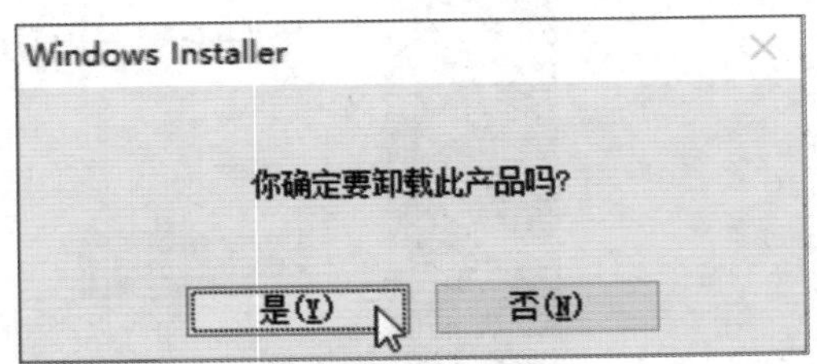

图 1-51

Step 06 开始收集信息，如图1-52所示。

图 1-52

Step 07 最后完成卸载，单击“确定”按钮即可，如图1-53所示。

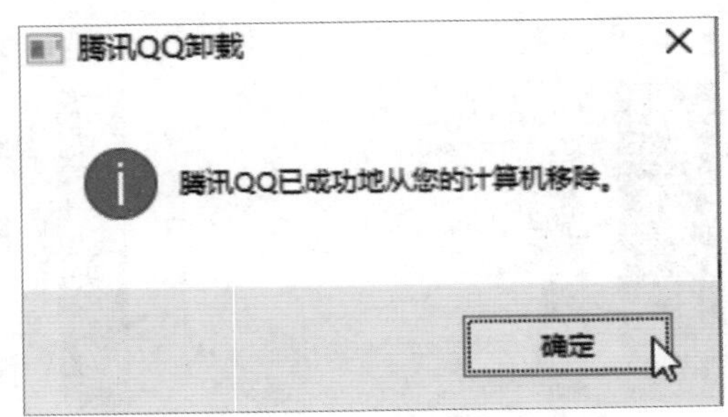

图 1-53

知识点拨

卸载方式比较

使用软件自带的卸载程序和使用系统的卸载程序，其操作过程基本一致，所以使用哪种方法视用户的习惯而定。使用系统卸载方法比较好的地方就是提供综合信息，便于用户查找和筛选。而在卸载时，有可能仍然调用软件自身的卸载程序。

动手练 使用第三方工具进行软件管理

最基本的软件安装和卸载方法学会后，下面将介绍使用第三方工具进行软件管理。这里以腾讯电脑管家为例。

1. 软件的查找

Step 01 双击“电脑管家”图标，启动程序，在弹出的界面中选择“软件管理”选项，如图1-54所示。

图 1-54

Step 02 “软件管理”界面中，在左上角的搜索框中输入要搜索的内容，如QQ，单击“搜索”按钮，如图1-55所示。

Step 03 在查找结果中可以看到含有QQ的所有软件，如图1-56所示。其他软件也可以按照同样的方法进行查找。

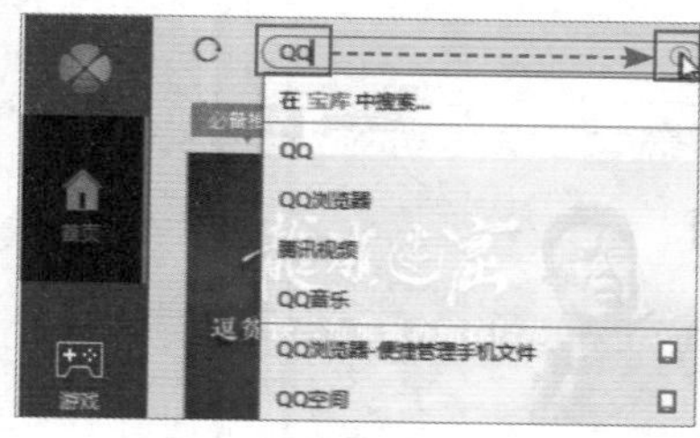

图 1-55

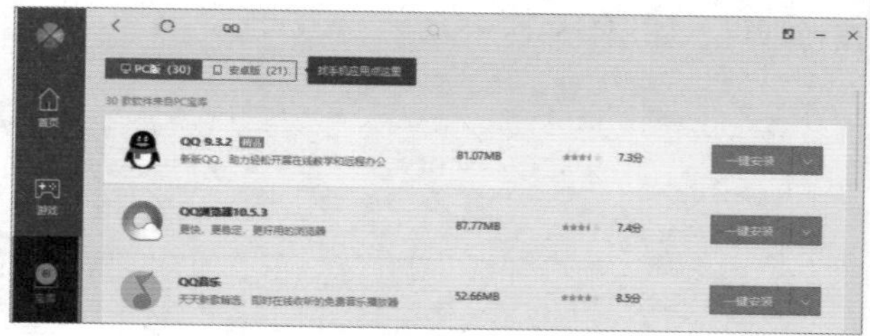

图 1-56

2. 软件的安装

找到软件后，可以直接安装软件，也可以在安装之前先进行安装配置，如安装到哪里，安装包如何处理等。

Step 01 单击界面右上方的“菜单”按钮，选择“设置”选项，如图1-57所示。

Step 02 在“设置中心”设置软件的保存位置、安装位置、软件安装包的处理方式等信息，如图1-58所示。

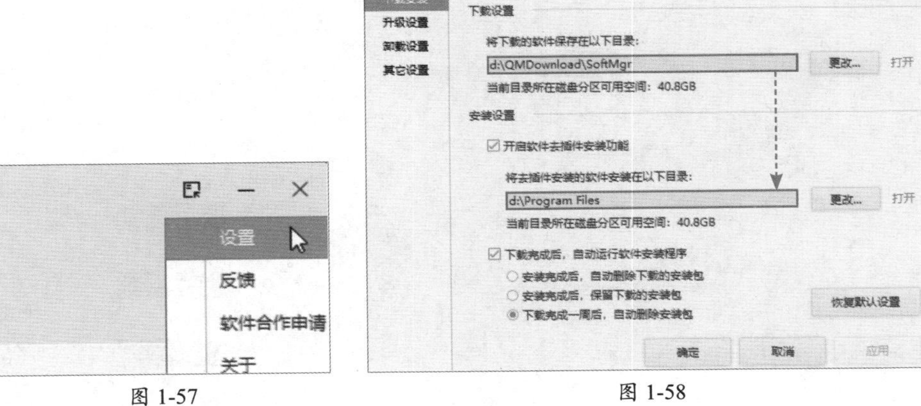

图 1-57　　图 1-58

Step 03 设置完毕后单击“确定”按钮，返回到搜索界面。单击软件右侧的“一键安装”下拉按钮，可以看到几个选项，用户可根据需要进行选择。在此选择“一键安装”选项，如图1-59所示。

图 1-59

知识点拨

“一键安装”和“查看详情”选项

一键安装：使用默认设置进行安装，安装位置在之前已经设置了，因此安装过程中无安装界面，也无法配置其他参数，优点是简单，缺点是有些不想安装的组件可能混进来了。查看详情：用于查看软件的介绍、用户评价等，以便用户综合考虑。

Step 04 弹出参数设置对话框，查看安装位置是否正确，确认后单击“继续安装”按钮，如图1-60所示。

图 1-60

Step 05 电脑管家开始自动下载软件，如图1-61所示。

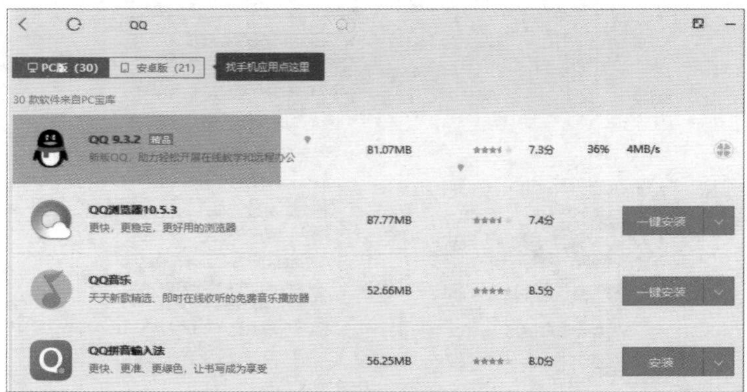

图 1-61

Step 06 因为选择的是一键安装，所以软件会进行去广告插件的智能安装过程，以蓝色的底纹显示安装进度，中间不会弹出询问对话框，如图1-62所示。

图 1-62

Step 07 完成安装后，还可以在电脑管家里对软件进行打开、重装、查看详情、查看安装目录等操作，如图1-63所示。

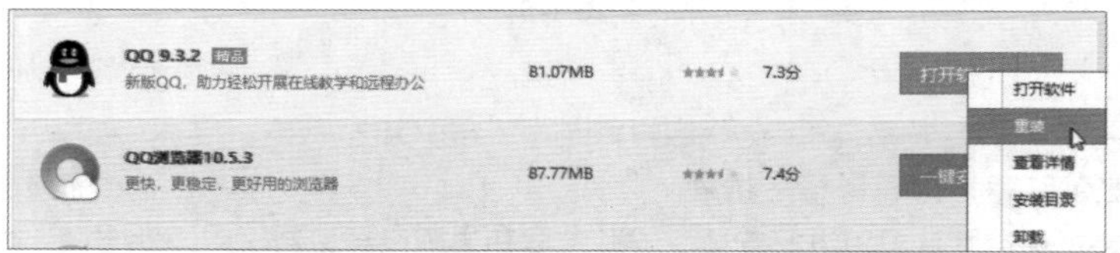

图 1-63

3. 软件的升级

一般来说，软件在有新版本时会提醒用户进行升级。如果用户嫌麻烦，可以使用第三方工具对已安装的软件进行升级，其原理是下载新版本然后覆盖性安装。

Step 01 启动电脑管家主界面，单击左侧的“升级”选项，如图1-64所示。

Step 02 如果电脑中安装的软件有新版本，在升级界面中会有提示信息，包括哪些软件有新版本、新版本的版本号、已安装软件的版本号、有哪些新功能、软件大小、发布时间等。如果需要升级，选择“升级”或者“一键升级”选项进行软件的下载和覆盖性升级即可，如图1-65所示。

图 1-64

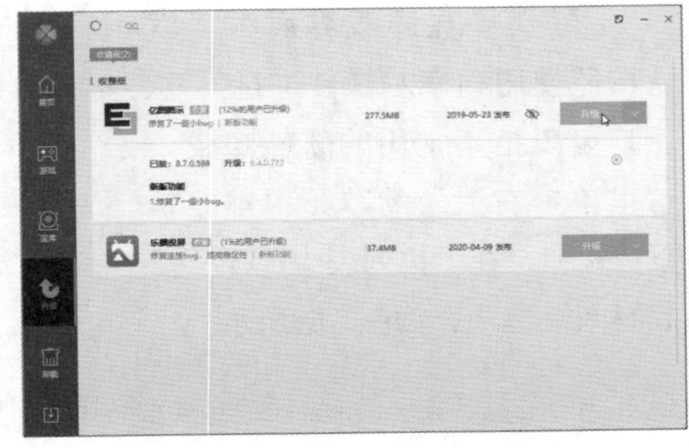
图 1-65

Step 03 对于不需要升级的软件，可以在软件列表中单击“不再提醒”按钮，使其显示“\”符号，如图1-66所示。

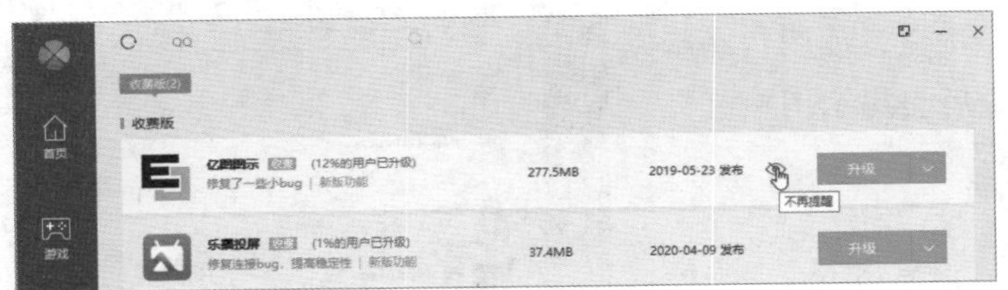

图 1-66

Step 04 对于不再提醒的升级软件，可以在“不再提醒”选项卡中单击“恢复提醒”按钮恢复升级提醒，如图1-67所示。

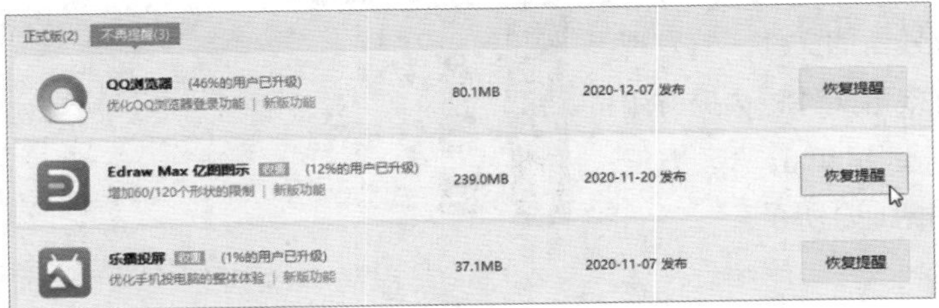

图 1-67

4. 软件的卸载

在第三方工具中也提供了软件的卸载功能。下面介绍用电脑管家卸载软件的具体步骤。

Step 01 启动软件管家后，单击“卸载”选项打开卸载界面，如图1-68所示。

图 1-68

Step 02 在卸载界面中，默认按照使用频率对软件进行排序，用户可以把不常用的软件卸载。这里单击右上角的“频率排序”下拉按钮，在下拉列表中选择“安装时间”选项，如图1-69所示。

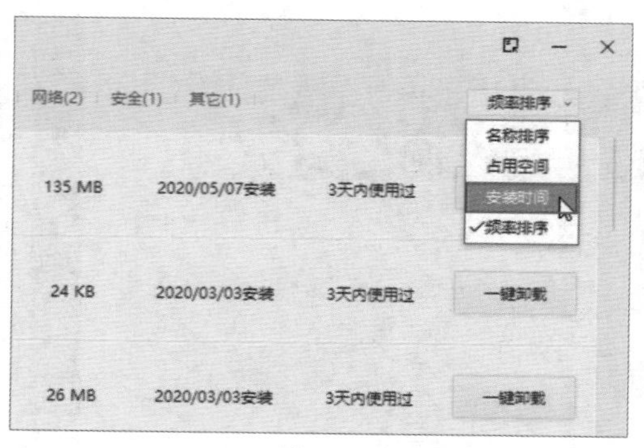

图 1-69

Step 03 从软件列表中找到需要删除的程序，如“腾讯QQ”，单击“卸载”按钮，如图1-70所示。软件删除后会提示用户已经完成删除。

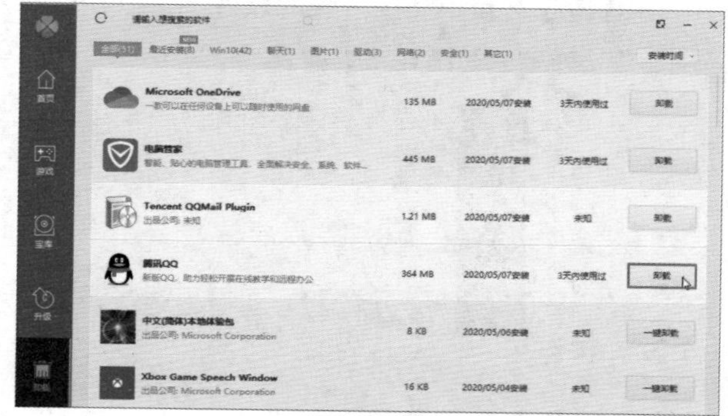

图 1-70

Step 04 电脑管家会自动查看该软件是否有残留的文件，若发现安装目录中有残留文件，会提醒用户进行删除。这里单击“强力清除”按钮，如图1-71所示。

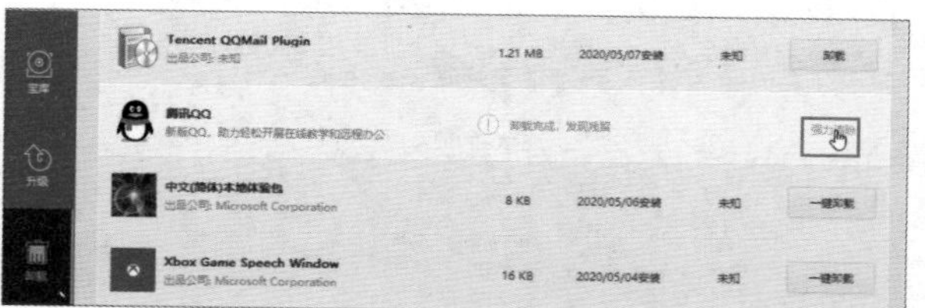

图 1-71

Step 05 软件会将残留的文件、路径信息等列出来，并告知用户，如确定残留内容无用后，单击“强力清除”按钮将其彻底删除，如图1-72所示。

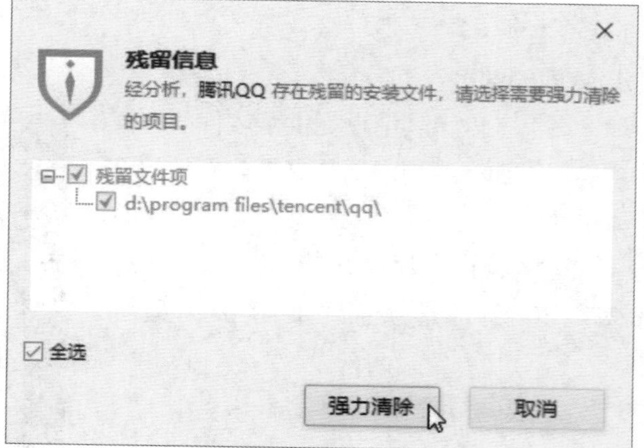

图 1-72

Step 06 如果要删除的文件过多，为了保证系统安全，电脑管家会弹出提示，用户可以单击“手动删除”按钮进行删除，如图1-73所示。

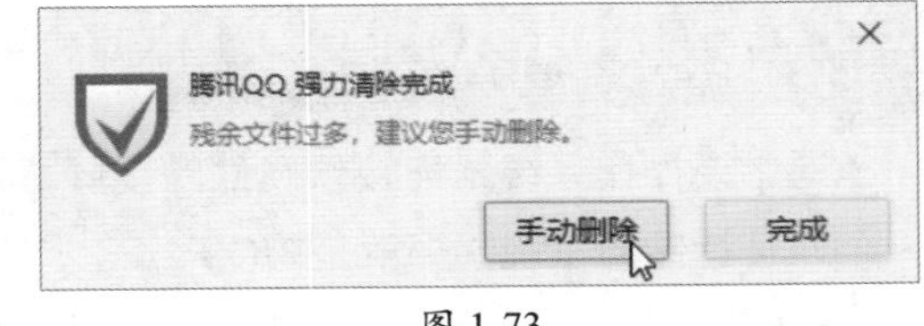

图 1-73

Step 07 打开对应的文件夹查看要删除的文件，如图1-74所示，确认删除后彻底删除所有文件，如图1-75所示。

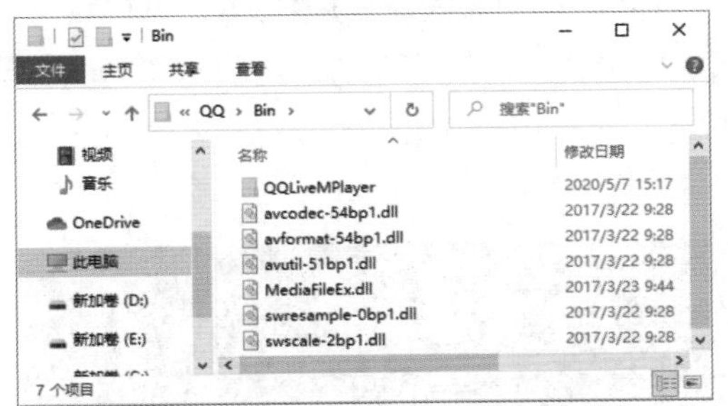

图 1-74

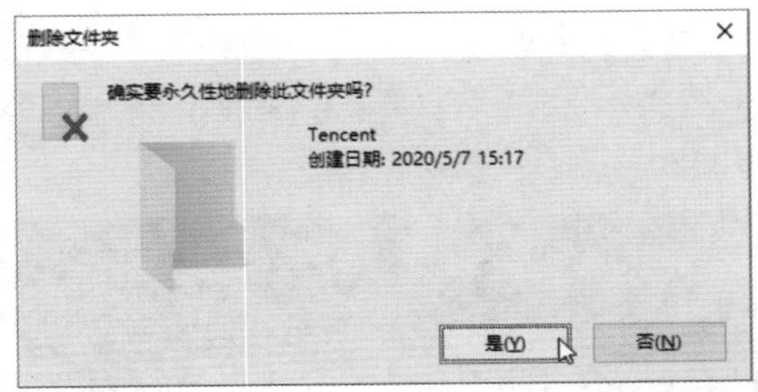

图 1-75

知识点拨

什么是流氓软件

流氓软件，顾名思义，就是在未经用户允许的情况下自动进行安装，并且还自动下载其他未经许可的软件，或者在安装开始或者结束时，默认下载并安装其他软件，如图1-76所示。

有些流氓软件会在用户使用电脑的过程中弹出各种广告。

还有些流氓软件无法卸载，或者在卸载过程中制造各种陷阱，例如，卸载步骤中“下一步”使用非常小的字体，而且是不容易识别的链接形式，而不是按钮，如果不仔细观察，直接按默认设置一步步继续下去，根本无法卸载，更有甚者，卸载不成，又安装了其他软件，如图1-77所示，这些都是非常让人反感甚至气愤的。所以在安装前，一定要确定安装的是来源安全的正版软件。安装时一定要仔细阅读界面提示，能手动设置安装选项的，绝不使用自动安装。

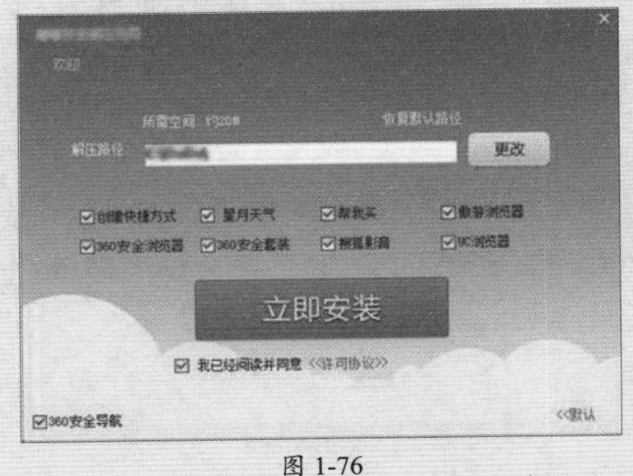

图 1-76

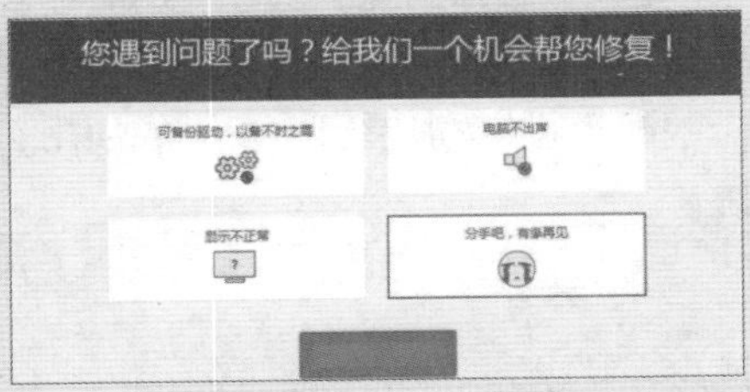

图 1-77

知识延伸：什么是BIOS系统

通常说操作系统是连接软硬件的接口，其实并不全面。在操作系统和硬件之间还有一个非常特殊的系统，那就是BIOS。

BIOS（Basic Input Output System，基本输入输出系统），固化在主板上的ROM芯片里，如图1-78所示，主要用于与底层硬件进行沟通，为计算机提供最直接的硬件设置和控制，是操作系统与硬件的接口。BIOS的主要功能是接通电源后进行硬件设备的初步检查。如果BIOS检测不到硬件，那么该硬件很可能出现了故障。在BIOS里，可以设置一些硬件的高级参数，如启动顺序、硬盘模式、USB管理，等等。如果电脑出现问题，不妨先去BIOS里查看，或许能快速定位故障点。现在用得比较广的是新一代的UEFI BIOS，如图1-79所示。

图 1-78

图 1-79

在UEFI出现之前，用的是传承自1979年的传统BIOS。UEFI（Unified Extensible Firmware Interface，统一可扩展的固件接口）BIOS是传统BIOS的替代产物，界面和交互体验更加友好，近几年生产的电脑硬件基本上集成了UEFI的固件。在UEFI之前的EFI也是传统BIOS的竞争对手，因为早期没有形成统一标准，一直处于各自为营的状态，直到2005年以后才逐步形成和推广成为统一的可扩展接口。

传统BIOS只能通过选项模式更改，UEFI BIOS不仅支持高级的选项模式，而且支持图形化界面和鼠标操作，布局合理而且更加人性化。

UEFI BIOS可以支持2TB及以上硬盘引导操作系统；可以快速引导系统或者从休眠状态唤醒；可以和传统BIOS集成使用；必须配合GPT分区才可以引导Windows 10操作系统。

第2章 电脑硬件检测软件

电脑的性能主要取决于其硬件配置。用户在配置好电脑、安装完操作系统后，一般会对电脑硬件进行全面检测，查看是否和购买方案一致，还可以通过系统检测软件了解当前操作系统版本、过期时间等信息。监测软件可以实时监控各硬件的资源占用以及当前温度，来排除故障、监测超频是否稳定、了解硬件性能等。本章将介绍常用的电脑硬件检测软件。

2.1 使用Windows系统自带的工具查看电脑配置信息

可以查看电脑配置的软件有很多，大部分是一些专业软件。其实如果只是简单地查看电脑的配置信息，可以直接使用Windows自带的工具。

2.1.1 使用设备管理器查看硬件信息

设备管理器是Windows系统自带的功能，可用来查看和更改设备属性、更新设备驱动程序、配置设备参数和卸载设备等。

Step 01 在“此电脑”图标上右击，在弹出的快捷菜单中选择“属性”选项，如图2-1所示。

Step 02 在“系统”界面中单击左侧的“设备管理器”选项，如图2-2所示。

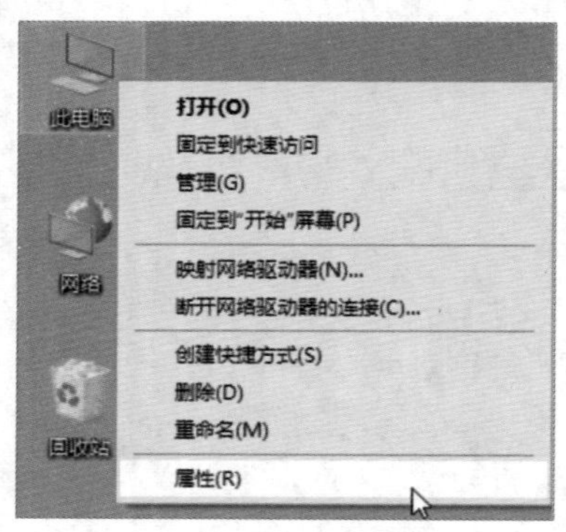

图 2-1

图 2-2

Step 03 此时系统弹出“设备管理器”界面，可以单击要查看的设备前面的展开按钮，展开对应的项目。如单击“处理器”前的展开按钮，可以看到该电脑使用的是Intel (R) Core(TM) i7-4720HQ处理器，如图2-3所示，此处理器是笔记本电脑的处理器，为4核8线程。

Step 04 展开“显示适配器”选项，可以看到该笔记本电脑使用了2块显卡，一块是集成的Intel(R) HD Graphics 4600显卡，另一块是独立显卡，型号是NVIDIA GeForce GTX 960M，如图2-4所示。其他设备的配置信息用户可以自行查看。

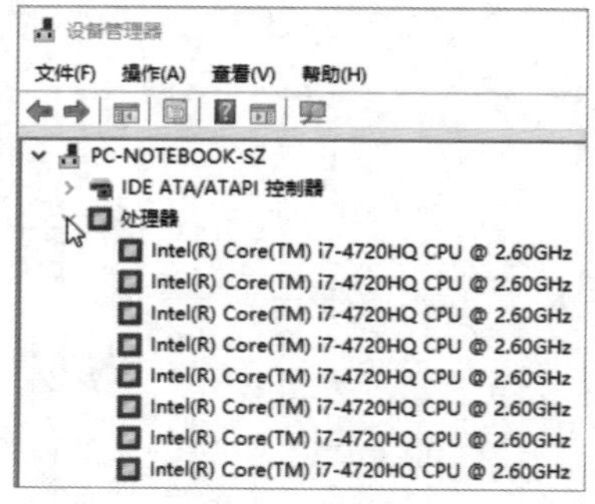

图 2-3

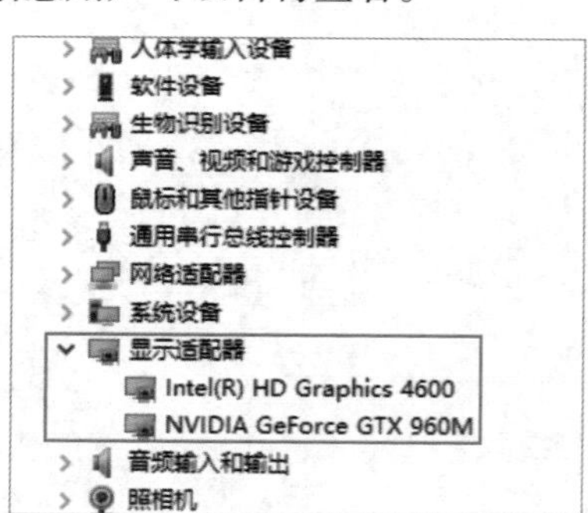

图 2-4

2.1.2 使用任务管理器查看硬件信息

Windows的任务管理器可为用户提供有关电脑配置的信息，以及电脑上所运行的程序和进程的详细信息。下面介绍如何使用任务管理器查看硬件信息，以及各数据都有什么含义。

Step 01 在桌面下方的“任务栏”上右击，在弹出的快捷菜单中选择“任务管理器”选项，如图2-5所示。使用Ctrl+Shift+Esc组合键也可以快速打开任务管理器。

Step 02 任务管理器默认展示的是“进程”选项卡，里面有各种应用和进程及其占用系统资源的数据，如图2-6所示。

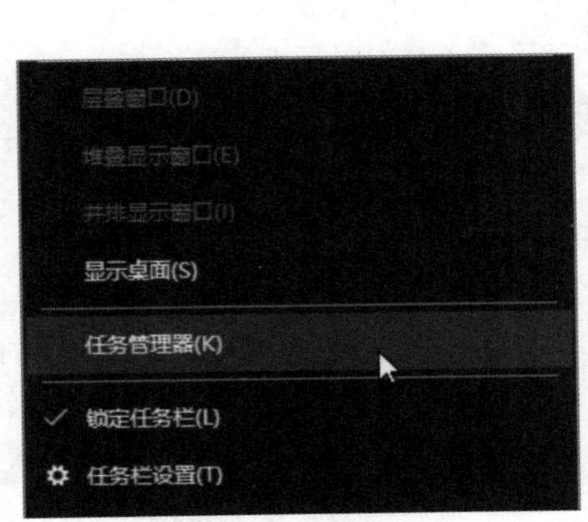

图 2-5

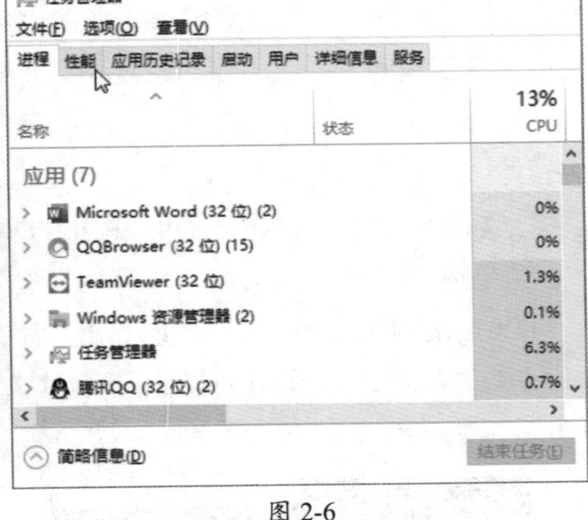

图 2-6

Step 03 单击“性能”选项卡，选择左侧窗格的“CPU”选项，可以在右侧页面看到CPU的型号、利用率、CPU速度、插槽数、内核数量、逻辑处理器数量、各缓存大小及CPU虚拟化功能是否已经开启，如图2-7所示。

Step 04 切换到“内存”页面中，可以查看到内存的容量、内存已使用和可用的容量等信息，如图2-8所示。

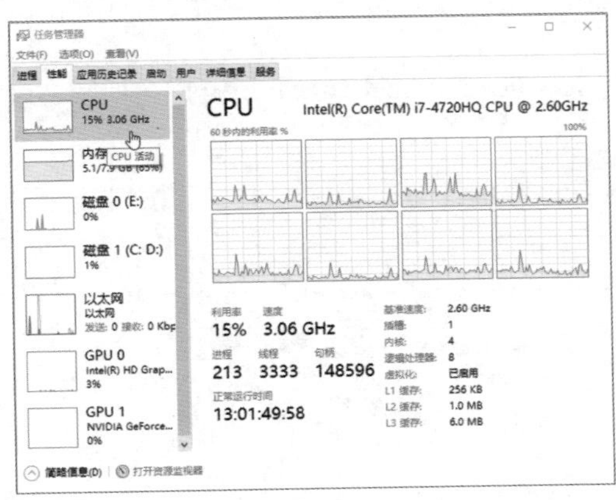

图 2-7

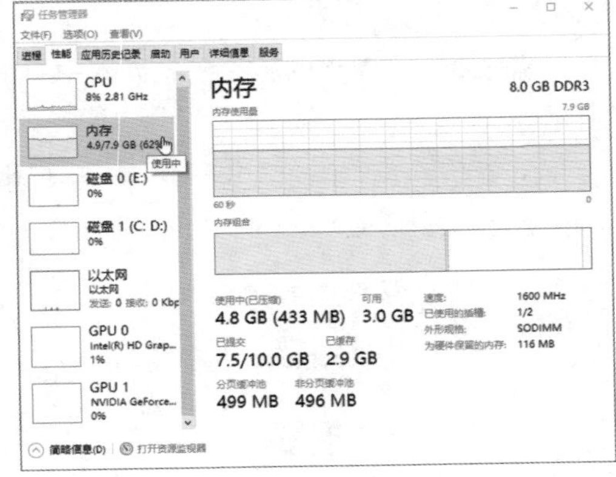

图 2-8

2.2 查看硬件信息软件

上一节介绍了使用系统软件查看硬件信息的方法，非常简便，但查看到的信息和参数并不全面和精确，比如内存品牌、硬盘品牌、转速、缓存、显卡的详细参数等。因此，如需了解所用电脑更详细的信息可选择第三方软件来查看。经常使用的硬件总览软件是AIDA64，下面介绍该软件的具体使用方法。

2.2.1 认识AIDA64

AIDA64是一款测试软硬件系统信息的工具，它可以详细显示出电脑各方面的信息。AIDA64不仅提供了诸如协助超频、硬件侦错、压力测试和传感器监测等多种功能，而且还可以对处理器、系统内存和磁盘驱动器的性能进行全面评估，非常适合新手使用。

首先介绍AIDA64的下载方法。通常读者可以去官网下载，当然，也可以下载一些集成软件，启动其中的AIDA64即可。

Step 01 登录AIDA64的官网。单击“Downloads”超链接，如图2-9所示。

Step 02 进入到下载页面后，可以查看到AIDA64的版本信息、发布时间、文件大小。可以直接购买，也可以下载试用。单击“AIDA64 Extrem”绿色压缩包项后的“Download”按钮，如图2-10所示，下载对应的绿色版本。

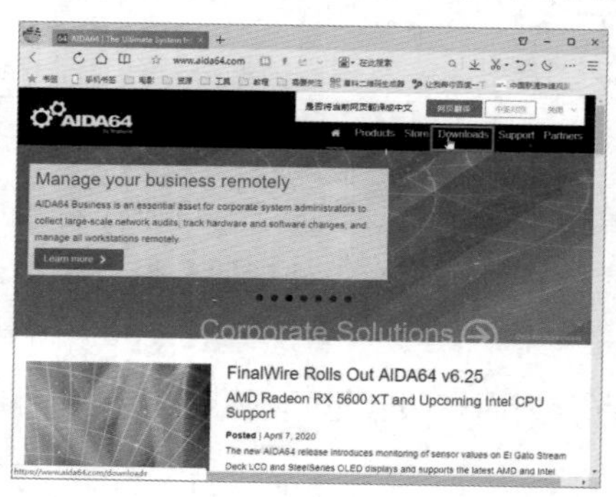

图 2-9

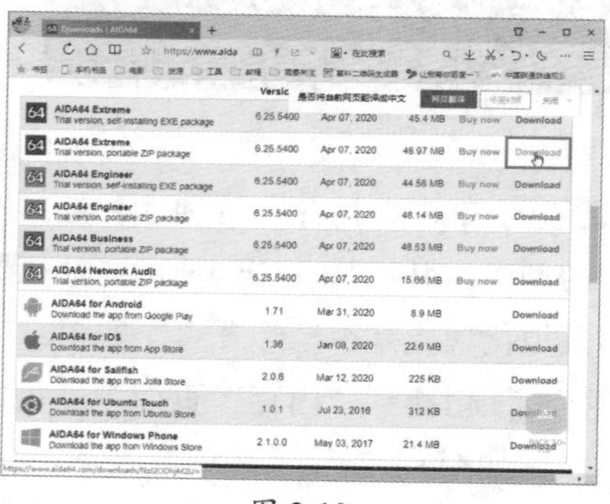

图 2-10

Step 03 在弹出的软件信息界面中单击“download.aida64.com”超链接，如图2-11所示。

Step 04 在弹出的浏览器下载对话框中选择保存的位置，单击“下载”按钮开始下载，如图2-12所示。

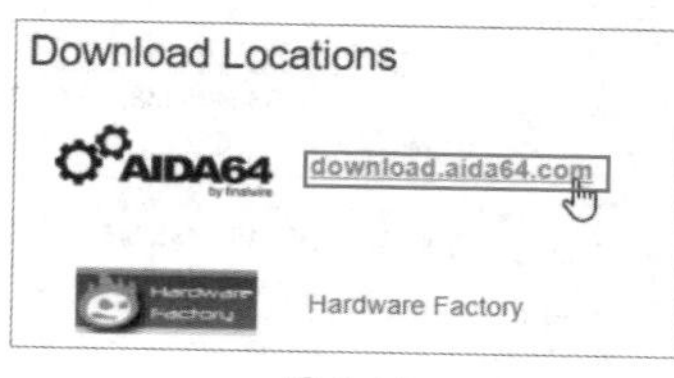

图 2-11

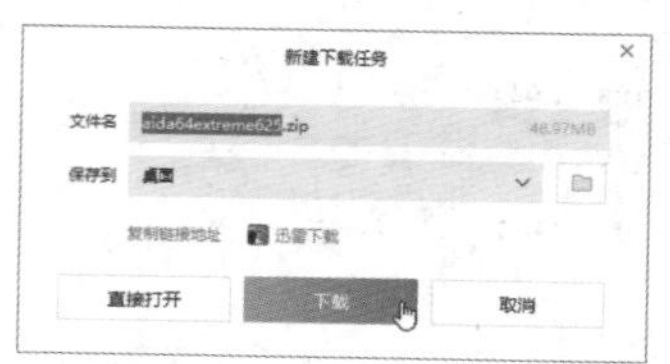

图 2-12

Step 05 下载完毕后，右击压缩包文件，在弹出的快捷菜单中选择“解压到aida64extreme625”选项，如图2-13所示。

Step 06 解压完毕后该文件夹中的内容如图2-14所示。

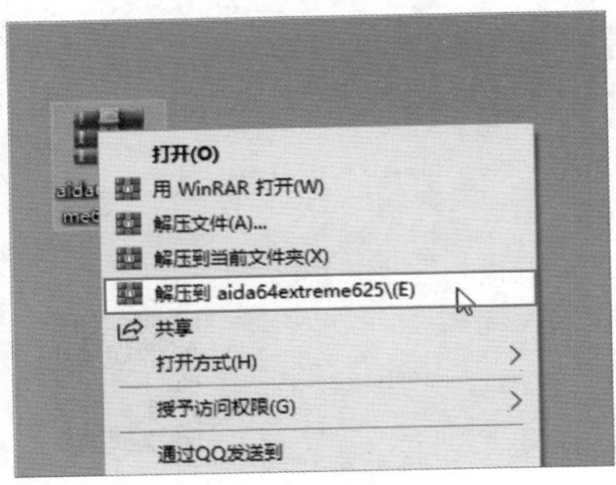

图 2-13

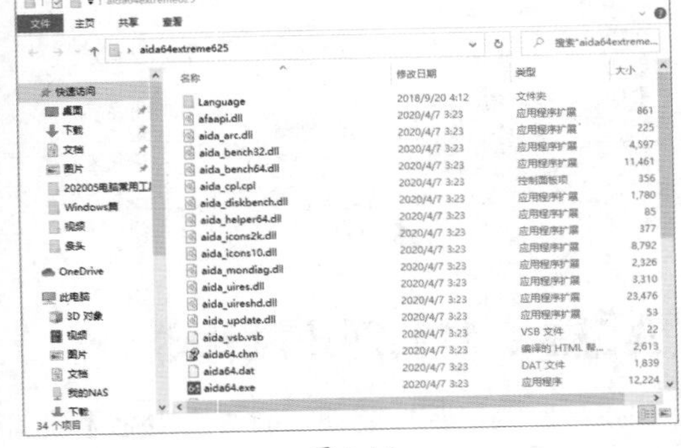

图 2-14

2.2.2 查看电脑信息

因为AIDA64是绿色软件，下载完毕后不用安装，解压缩后即可启动软件并使用。

Step 01 打开软件所在文件夹，从中找到主程序aida64.exe，双击启动。一般主程序文件的图标与其他文件图标略有不同，并且是.exe类可执行文件，如图2-15所示。

Step 02 启动后会弹出账户控制提示，确定即可。启动软件后，会弹出30天试用期的提示，单击“OK”按钮进入软件主界面。界面左侧列表是可检测的项目，右侧是相应项目详细信息展示区域，上方是菜单和功能按钮区，如图2-16所示。

图 2-15

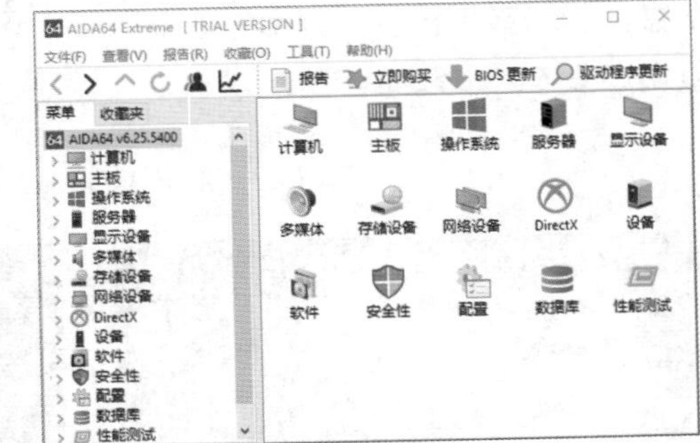

图 2-16

Step 03 展开左侧的“计算机”选项，选择“系统概述”选项，如图2-17所示。此时在右侧窗格可以查看到当前计算机的操作系统、计算机名称、处理器名称、主板芯片组、显卡、存储、分区、网络等信息。

Step 04 如果要查看其他检测项目的信息，单击左侧列表中的相应项即可，如单击主板中的中央处理器CPU，如图2-18所示，可以查看处理器名称、指令集、封装类型、工艺类型、典型功耗等信息。

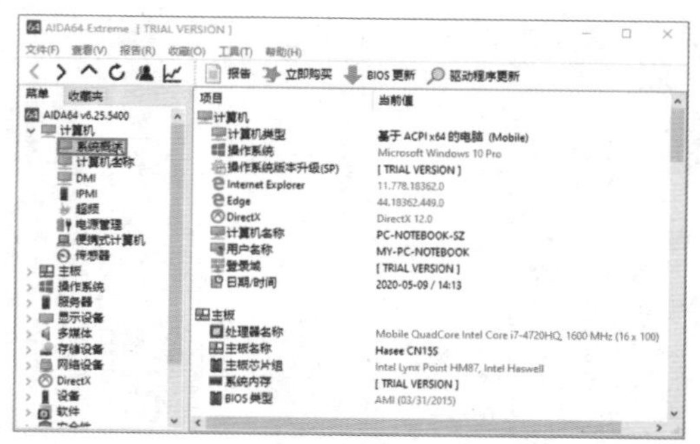

图 2-17

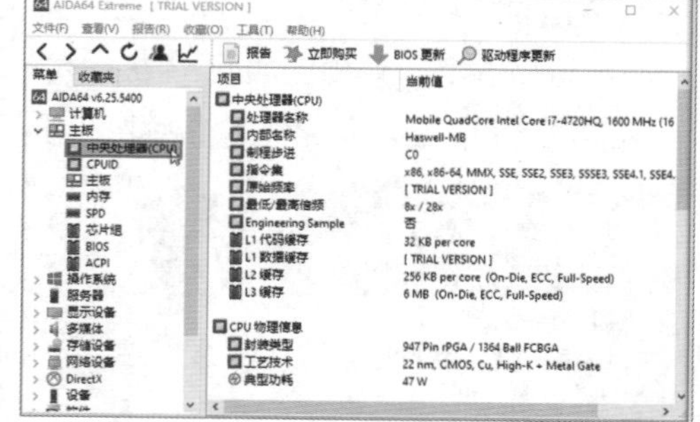

图 2-18

动手练 实时监测电脑性能

扫码看视频

实时监测电脑性能即实时查看电脑重要组件的状态。在此主要介绍AIDA64中的设置和使用方法，2.8节将着重介绍实时性能监测软件。

Step 01 选择主界面左侧列表的“计算机”→“传感器”选项，可以查看系统实时的温度、电压等信息如图2-19所示。

Step 02 在屏幕右下角的“AIDA64”按钮上右击，在弹出的快捷菜单中选择“显示传感器信息板”选项，如图2-20所示，会弹出传感器信息面板、显示温度、频率等信息，供用户参考，如图2-21所示。

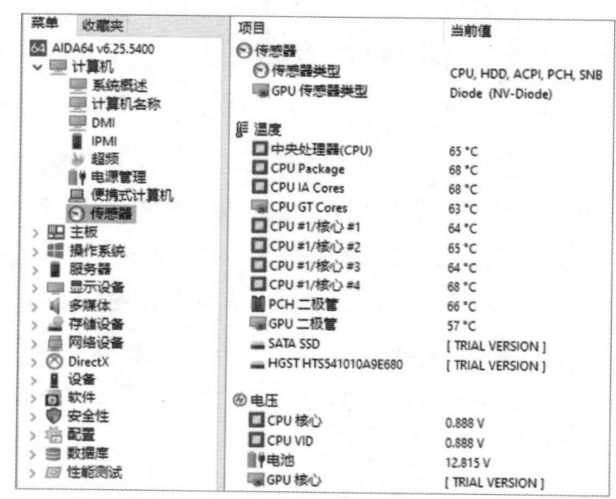

图 2-19

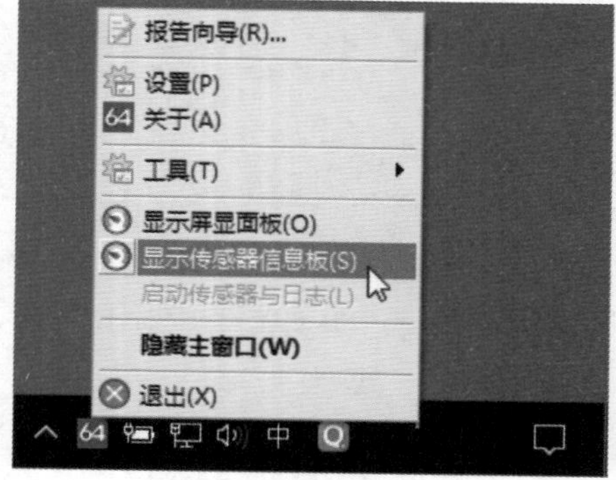

图 2-20

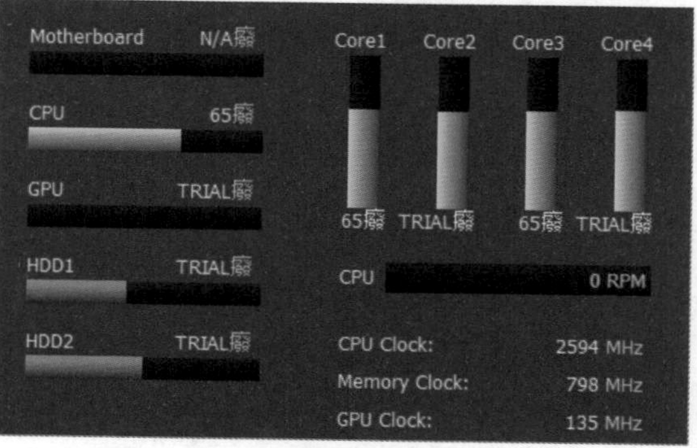

图 2-21

Step 03 用户也可以自定义显示参数。在屏幕右下角的“AIDA64”按钮上右击，在弹出的快捷菜单中选择“显示屏显面板”选项，如图2-22所示，在桌面的右上角会显示出当前系统各硬件的参数，如图2-23所示。这里的参数是笔者已经设置过的。

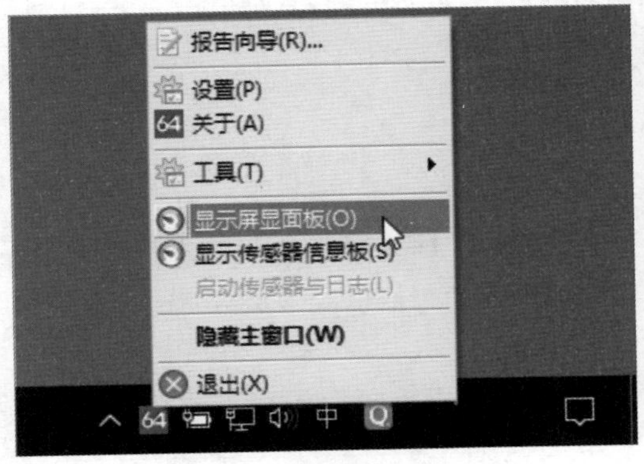

图 2-22

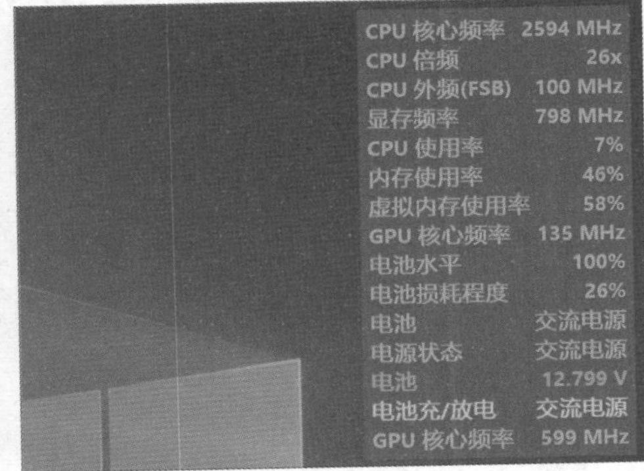

图 2-23

Step 04 如果用户要自己设置显示内容，可以在当前的屏显面板上右击，在弹出的快捷菜单中选择“配置”选项，如图2-24所示。在“屏显项目”列表中，勾选需要显示的内容，如图2-25所示。

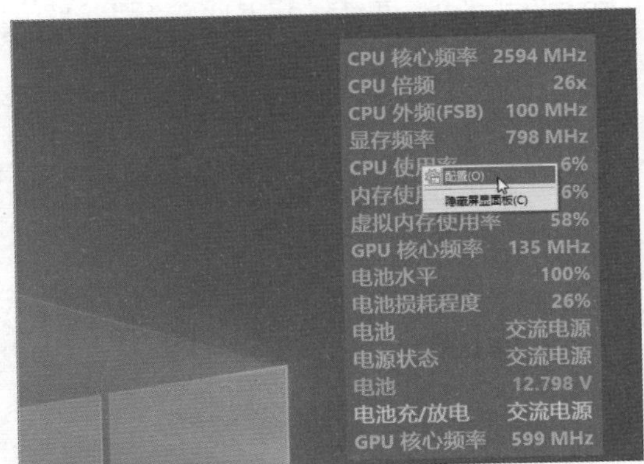

图 2-24

图 2-25

Step 05 用户也可以通过单击“配置”按钮设置显示的项目名称、文字颜色、字体等信息，如图2-26所示。

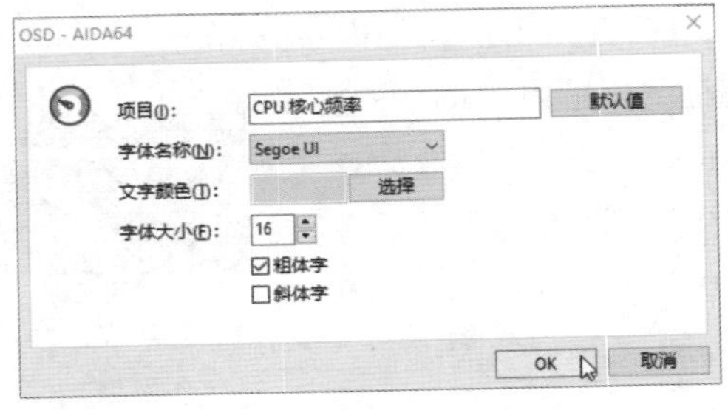

图 2-26

2.3 CPU检测软件

上一节介绍的AIDA64中，有专门的模块可以检测CPU的信息，对于新手已经完全够用了。如果用户需要了解更加专业的CPU相关信息，可以使用与硬件对应的专业检测软件。CPU的检测软件就是CPU-Z。

2.3.1 CPU-Z简介

CPU-Z是检测CPU使用率最高的软件。它支持的CPU种类相当全面，软件的启动速度及检测速度都很快。另外，它还能检测主板和内存的相关信息，以及检测内存双通道的功能。

1. CPU-Z 的下载

CPU-Z有很多版本和不同的下载安装包，建议去官网下载。

Step 01 打开浏览器，进入百度搜索，输入搜索内容“CPU-Z”，在弹出的搜索结果中单击认证的官网链接，如图2-27所示。

Step 02 在官网中搜索关键字“CPU-Z”，有“WINDOWS”和“ANDROID”两个软件下载按钮，分别用于下载Windows和Android平台软件。单击“WINDOWS”按钮，如图2-28所示。

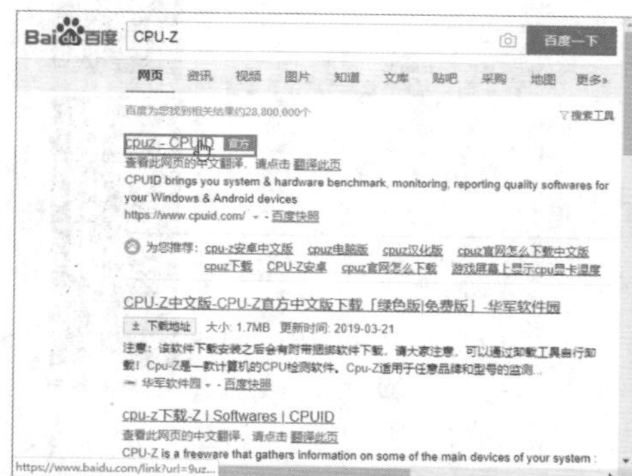

图 2-27

图 2-28

Step 03 在弹出的界面中可看到版本信息，当前版本为1.92，里面介绍了更新的内容。下面四个选项分别是SETUP•ENGLISH（英文安装版）、ZIP•ENGLISH（英文ZIP版）、SETUP•CHINESE（中文安装版）及ZIP•CHINESE（中文ZIP版），每一项都包括32位及64位两个版本。单击“ZIP•CHINESE”选项下载中文绿色版，如图2-29所示。

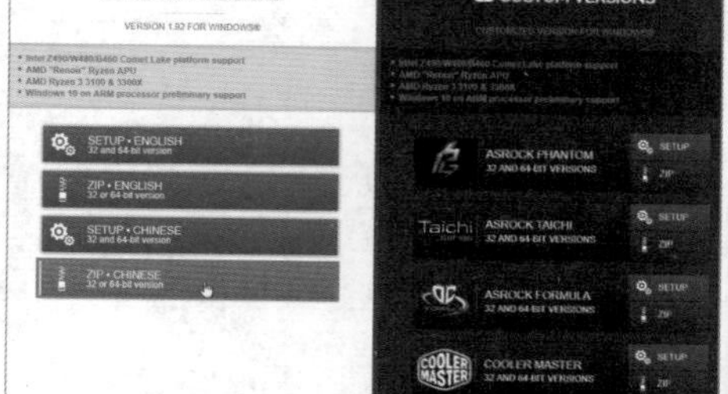

图 2-29

Step 04 在下载界面中单击"DOWNLOAD NOW！"按钮，浏览器会弹出下载对话框，选择下载的位置后，单击"下载"按钮，如图2-30所示。

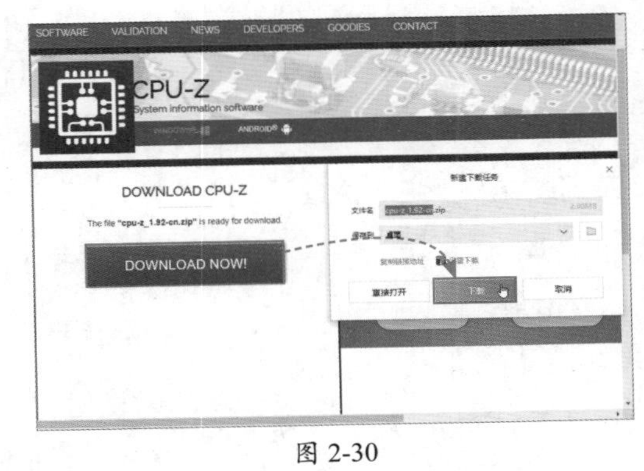

图 2-30

2. CPU-Z 的解压和启动

因为是CPU-Z的ZIP版本，所以下载的是ZIP压缩包文件。用户需要在系统中提前安装ZIP的解压软件才能解压。

Step 01 找到下载的ZIP包文件"cpu-z_1.92-cn.zip"，右击文件图标，在弹出的快捷菜单中选择"解压到cpu-z_1.92-cn"选项，如图2-31所示，将文件解压到cpu-z_1.92-cn文件夹中。本书6.1节有压缩软件的使用介绍。

Step 02 进入到解压后的文件夹中，有两个主程序，分别对应32位和64位两个版本。此处双击"cpuz_x64.exe"文件启动软件，如图2-32所示。

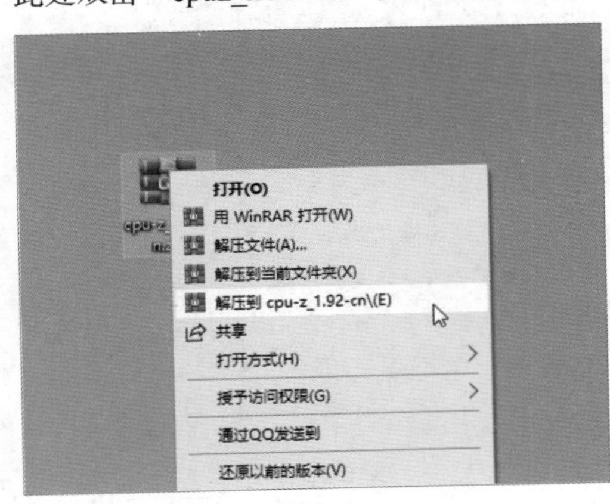

图 2-31

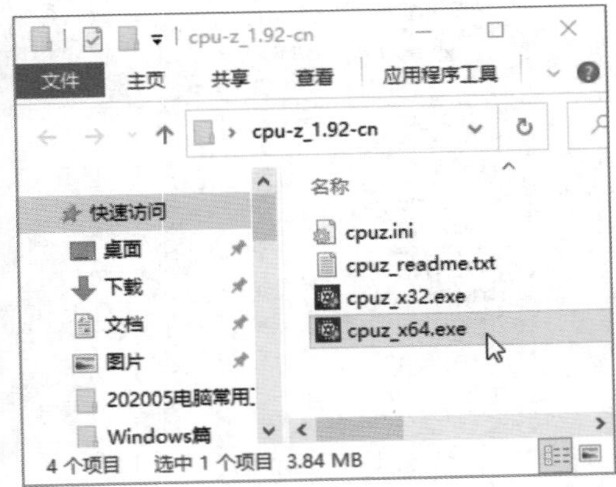

图 2-32

2.3.2 查看CPU信息

如果启动CPU-Z过程中弹出用户账户控制，允许即可。随后软件将读取CPU信息并弹出主界面，如图2-33所示。

在"处理器"选项卡中比较详细地显示了中央处理器的名字、代号、TDP、插槽、工艺、核心电压、指令集，在中央处理器的时钟（核心#0）区域有核心速度、倍频、总线速度、缓存信息、核心数及线程数，基本涵盖了CPU的所有参数。

在"内存"选项卡中显示了内存的类型、大小、通道数、内存频率等信息，如图2-34

所示。在“SPD”选项卡中显示了内存的SPD值，包括模块大小、最大带宽、制造商、型号、序列号等信息，如图2-35所示。在“显卡”选项卡中显示了显卡的信息，如名称、代号、工艺、核心频率、显存大小、类型、厂商等信息，如图2-36所示。此外，还可以看到缓存及主板等信息。

图 2-33

图 2-34

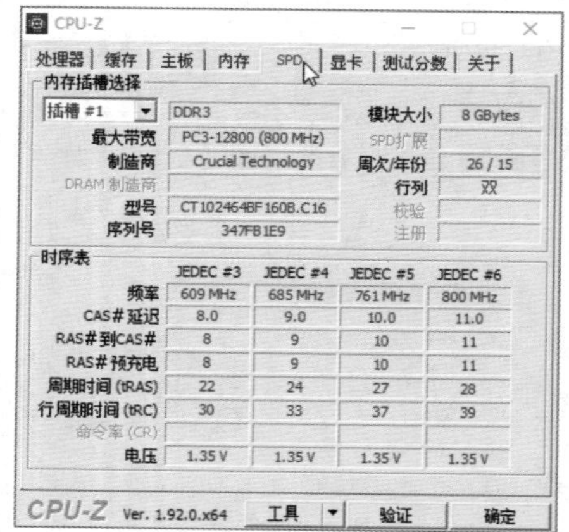

图 2-35

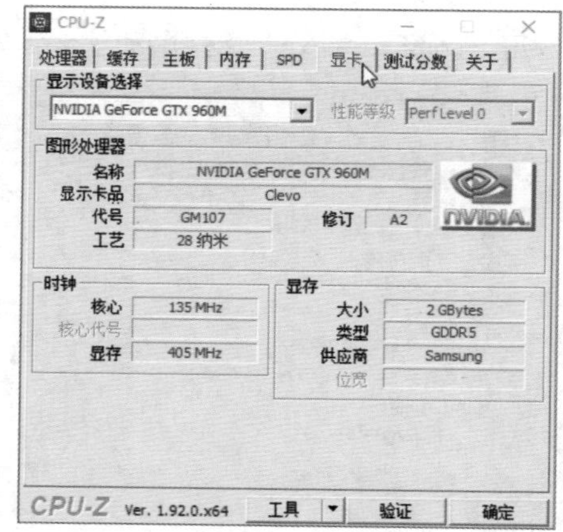

图 2-36

动手练 测试CPU性能

扫码看视频

CPU-Z还可以进行CPU的单处理器性能和多处理器性能测试，也就是跑分，下面介绍测试步骤。

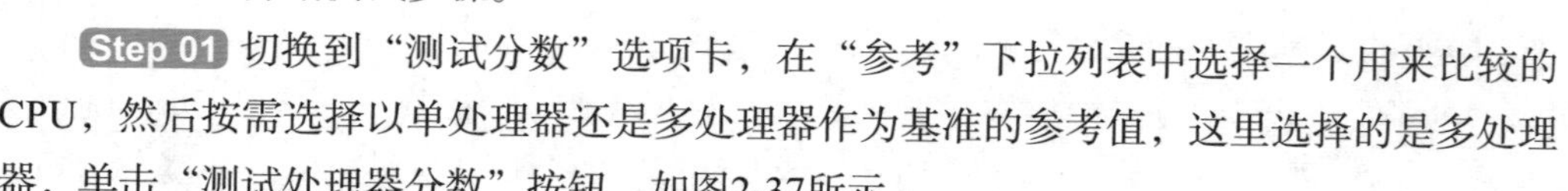

Step 01 切换到“测试分数”选项卡，在“参考”下拉列表中选择一个用来比较的CPU，然后按需选择以单处理器还是多处理器作为基准的参考值，这里选择的是多处理器，单击“测试处理器分数”按钮，如图2-37所示。

Step 02 从图2-38可以看到4代i7-4720HQ和i5-7600K CPU在单线程和多线程模式中的性能差异。

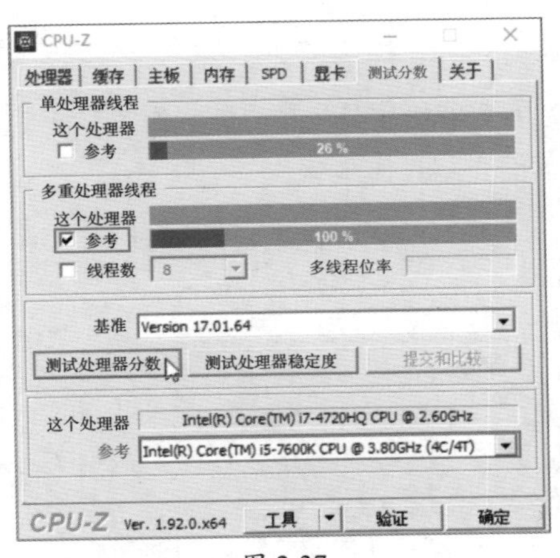

图 2-37

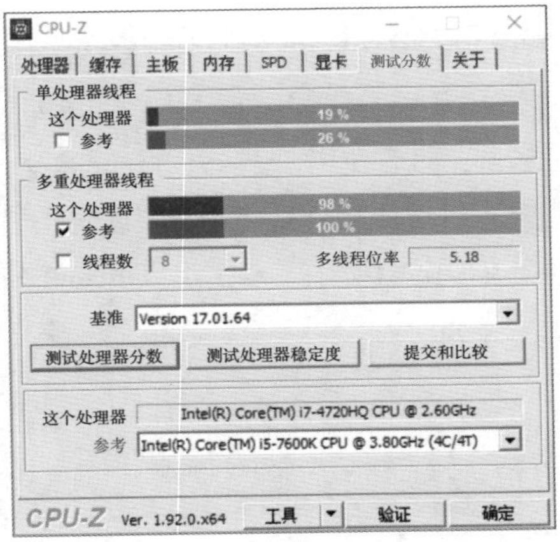

图 2-38

Step 03 在这里还可以测试CPU的稳定性，单击“测试处理器稳定度”按钮，如图2-39所示，CPU开始高负荷运行，基本达到100%，以此来测试CPU在满负载情况下的稳定性，如图2-40所示。此时可以在任务管理器中查看CPU的负载情况。

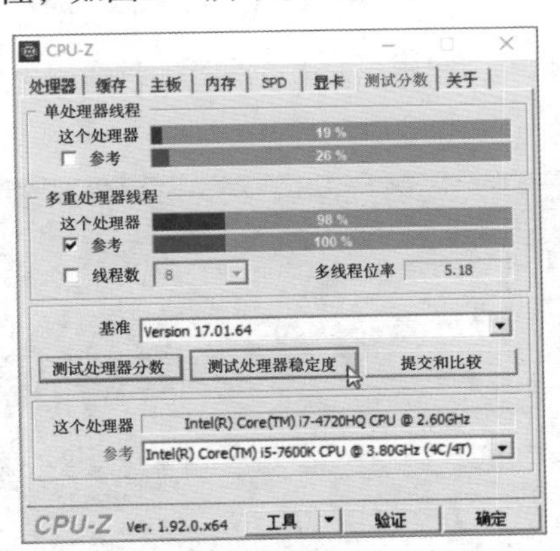

图 2-39

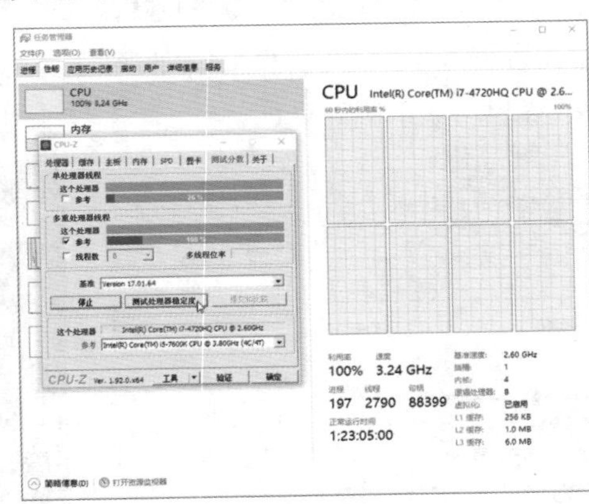

图 2-40

2.4 内存检测软件

常用的内存检测软件除了前面讲到的AIDA64，还有MemTest86软件。

MemTest86是一款免费的开源内存测试软件，测试准确度比较高，内存的隐性问题也能检查出来。和许多内存检测软件一样，MemTest86不能检测电脑配置的全部内存，但是比一般检测软件检测到的参数更多更精确。

注意事项 内存检测的特殊性

由于内存检测只能在内存不使用的情况下进行，所以无论什么情况，都不可能检测到100%的情况。而要想检测到最大空闲时的内存状态，只能在DOS环境下运行检测软件，这是和其他硬件检测不同的地方。

动手练 MemTest86的使用

首先在官网下载MemTest86软件压缩包，接下来使用其中的U盘制作工具将映像文件写入U盘，然后使用U盘启动并测试电脑。下面介绍具体步骤。

Step 01 解压软件后将得到U盘制作工具、MemTest86 IMG镜像文件以及一些说明性文件，如图2-41所示。双击运行imageUSB.exe文件。

图 2-41

Step 02 软件主界面如图2-42所示。这是可以制作启动U盘的工具：插入U盘，将IMG镜像文件写入U盘即可。关于该工具的使用方法，用户可以参考文件夹中的说明文件。主要步骤就是插入U盘，选择U盘，选择img镜像文件，单击“Write”按钮即可。

Step 03 MemTest86的启动U盘制作完毕后就可以使用了。开机前将U盘插入电脑，选择从U盘启动，如图2-43所示。

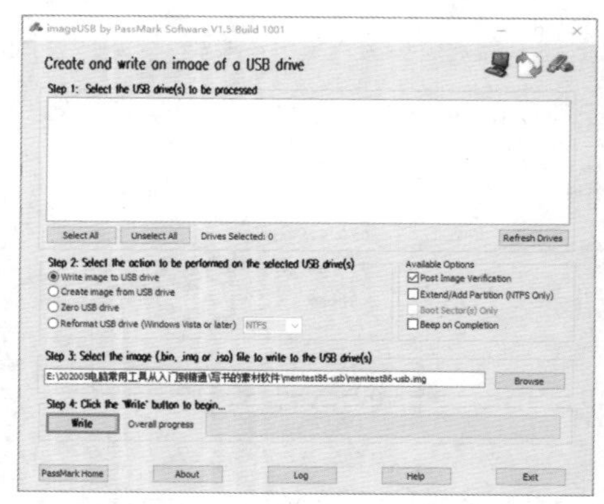

图 2-42

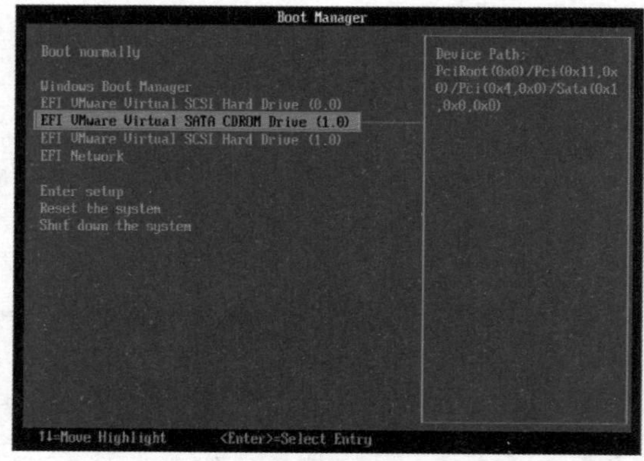

图 2-43

Step 04 启动后会自动加载检测程序，如图2-44所示，稍后将弹出开始界面，如图2-45所示。此时如果不做任何操作，则自动进入内存检测界面，如果单击“Config”按钮则进入软件配置界面，如图2-46所示。

```
Retrieving hardware info. Please wait...
Getting CPUID info...
Getting cache size...
Measuring CPU/cache/mem speeds...
Retrieving CPU MSR data...
Getting memory size...
Getting SPD details...
Getting memory controller details...
```

图 2-44

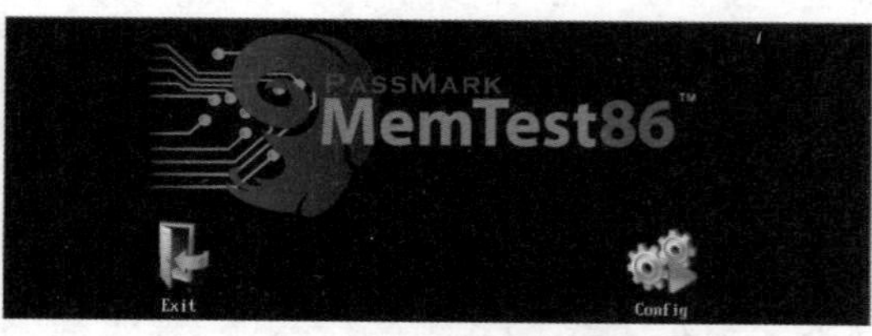

图 2-45

Step 05 在软件配置界面可查询和设置检测参数，通常保持默认设置即可。然后按Alt+S组合键开始进行测试。内存测试界面如图2-47所示，如果有问题，MemTest86会给出警告信息。

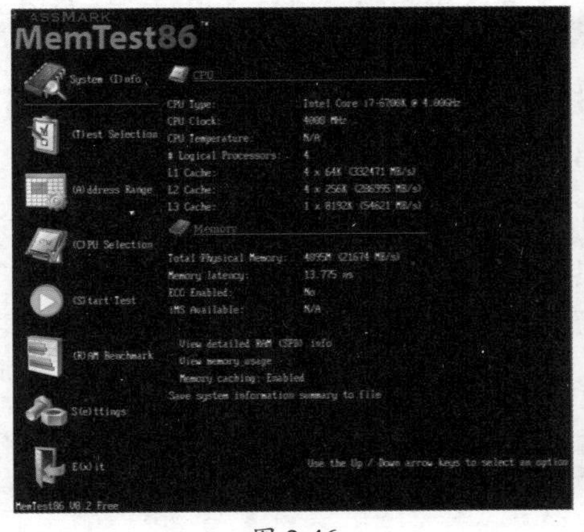

图 2-46

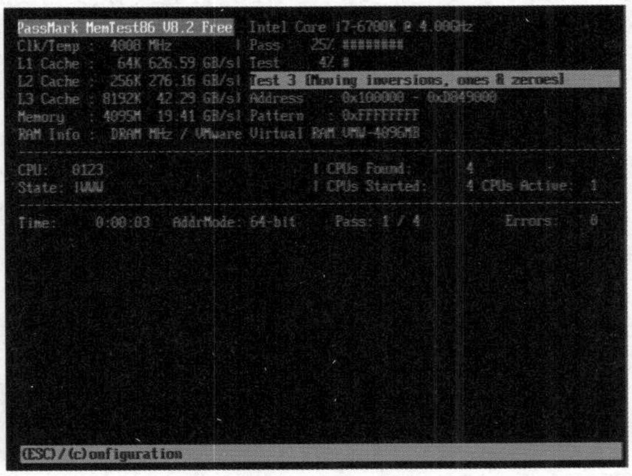

图 2-47

 2.5 硬盘检测软件

电脑中的信息基本都保存在硬盘中，所以对硬盘的检测要比其他的检测重要得多。下面介绍一些硬盘检测软件及其使用。

2.5.1 硬盘状态总览

硬盘状态查看软件有很多，经常用的是CrystalDiskInfo。CrystalDiskInfo硬盘检测工具通过读取S.M.A.R.T了解硬盘健康状况，打开后用户就可以迅速读到本机硬盘的详细信息，包括接口、转速、温度、使用时间等。CrystalDiskInfo还会根据S.M.A.R.T的评分做出评估，当硬盘快要损坏时还会发出警报。该软件支持简体中文。

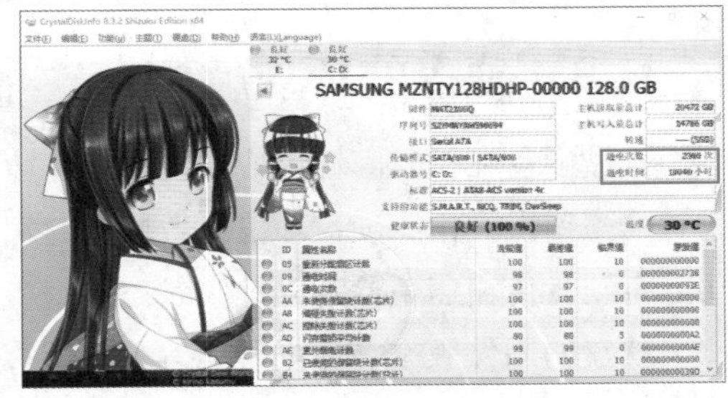

图 2-48

运行CrystalDiskInfo后，可以在主界面下方看到S.M.A.R.T信息，高级用户可以查看具体参数，普通用户可以在界面上方看到一些提取出的、比较重要的信息，如图2-48所示。

在界面上方有固件、序列号、接口、传输模式、驱动器号、主机读取量总计、主机写入量总计、转速、健康状态和温度等信息。其中比较重要的是通电次数和通电时间，用户在检测新购买的硬盘时，该数值一般都不大，否则有可能购买了返修盘或者二手盘。在界面最上方可以选择磁盘，对于安装了多块硬盘的电脑，可以在这里选择要查看的驱动器。

2.5.2 固态硬盘读写检测

固态硬盘读写检测主要测试速度，这类软件有很多，笔者经常使用的是AS SSD Benchmark。AS SSD Benchmark是一款来自德国的SSD专用测试软件，可以测试连续读写、4KB随机读写和响应时间的表现，并给出一个综合评分。

Step 01 运行AS SSD Benchmark软件后，可以查看当前分区所在硬盘的状态，用户可以通过单击分区选择下拉按钮来选择需要测试的固态硬盘。在主界面中还可以查看当前磁盘是否开启了AHCI协议，也就是iaStorA，如开启则字体是绿色，并且显示OK。如果是4K对齐，下面一项也是绿色、OK状态，如图2-49所示。

Step 02 单击下方的“Start”按钮开始进行读写测试。以笔者的硬盘为例，测试结果如图2-50所示，测试的各项从上往下依次为：Seq（顺序读写）、4K（4K随机读写）、4K-64Thrd（64线程4K读写）、Acc.time（寻道时间）以及Score（测试分数）。

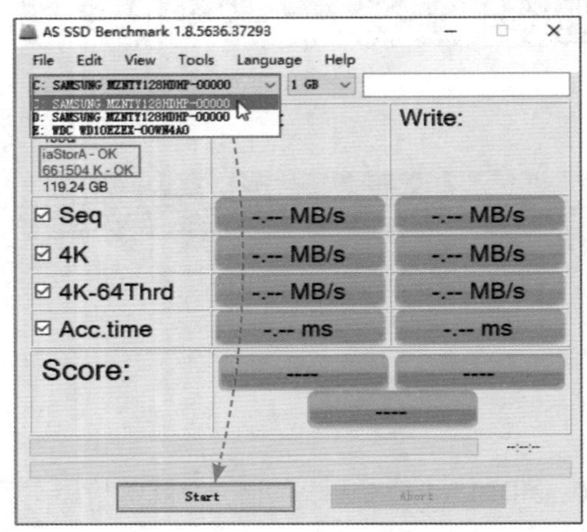

图 2-49

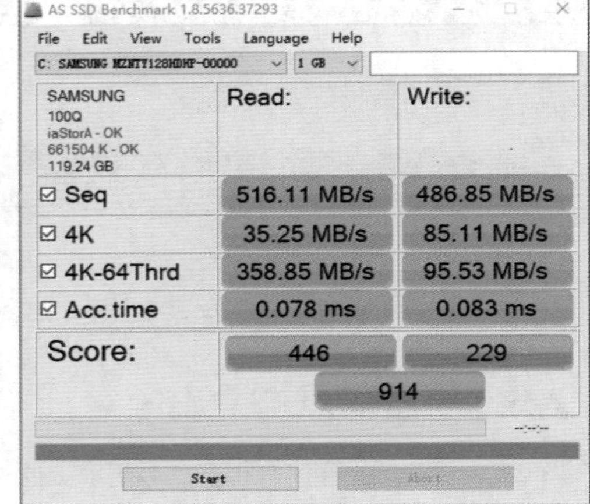

图 2-50

2.5.3 硬盘的坏块检测

机械硬盘在长时间使用或者在恶劣环境下使用，会产生坏道，从而造成数据的丢失或者读写错误。检测硬盘坏块或者坏道的常用软件是HD Tune Pro。HD Tune Pro的主要功能有硬盘传输速率检测、健康状态检测、温度检测及磁盘表面扫描等。此外，还能检测出硬盘的固件版本、序列号、容量、缓存大小以及当前的Ultra DMA模式等。基本上和写硬盘相关的检测都包含了。HD Tune Pro软件是绿色版的软件，下载后即可使用。

Step 01 双击运行HD Tune Pro主程序，选择需要查看的硬盘，进入“信息”选项卡，其中列出了硬盘的温度、硬盘详细信息，如支持的特性、固件版本、标准、序列号、容量等信息，如图2-51所示。

Step 02 切换到“健康状态”选项卡后，可查看硬盘的S.M.A.R.T信息，如图2-52所示。

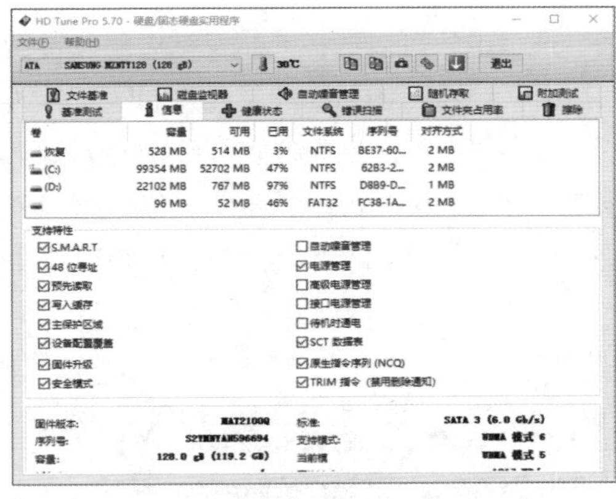

图 2-51

图 2-52

2.5.4 硬盘读/写速度的检测

硬盘的读/写速度是硬盘最常见的性能指标，使用HD Tune Pro可以非常快速地对该指标进行检测。

Step 01 切换到“基准测试”选项卡，单击“开始”按钮进行检测，如图2-53所示。此时检测的是“读取”速度，过程可能需要几分钟。

Step 02 如果需要测试“写入”速度，则选中“写入”单选按钮，再次单击“开始”按钮进行测试，如图2-54所示。注意HD Tune Pro只可以在硬盘未分区的情况下才能进行写入测试，所以有分区的硬盘要先删除分区才能进行硬盘写入速度的测试。

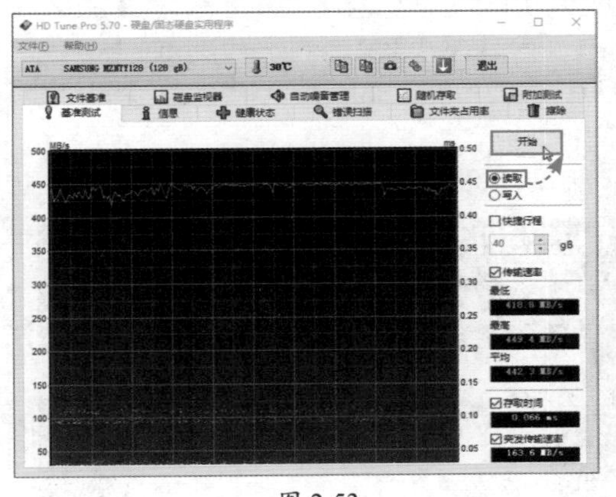

图 2-53

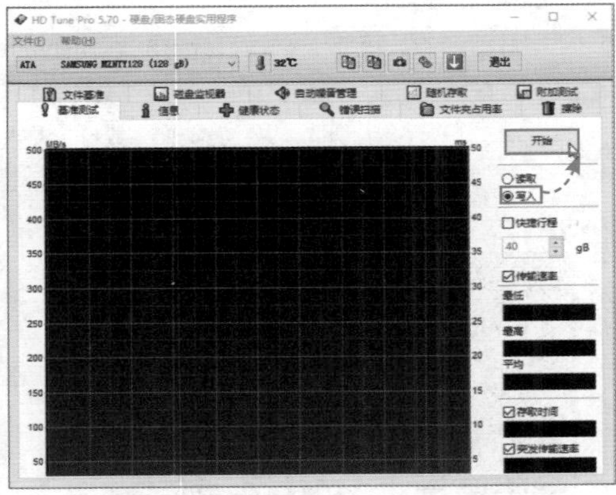

图 2-54

这个测试是完全基于底层的，只要写入了数据就有可能破坏原有数据，所以该软件禁止在硬盘上有数据时做写入测试，一般是用未分区的新硬盘进行测试。

扫码看视频

动手练 测试硬盘坏道

测试硬盘坏道一般针对机械硬盘进行。

Step 01 切换到HD Tune Pro的“错误扫描”选项卡，可以选择开始及结束的位置，以及是否进行快速扫描。快速扫描是磁盘扇区扫描；普通扫描扫描的是磁道和区块，速度更慢，扫描更仔细。勾选“快速扫描”复选框，单击“开始”按钮，如图2-55所示。

Step 02 软件开始对硬盘进行扫描时，会显示块的好坏和进度，用户可以根据颜色判断是否有坏块，正常块以绿色显示，损坏块以红色显示，如图2-56所示，用户可以决定是屏蔽坏道还是购买新硬盘。

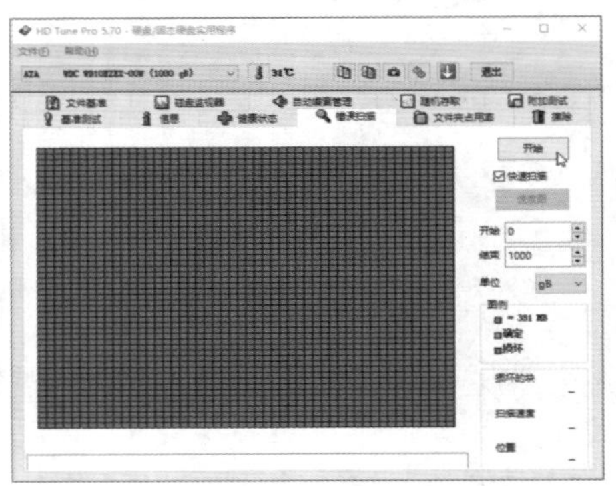

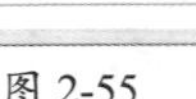

图 2-55

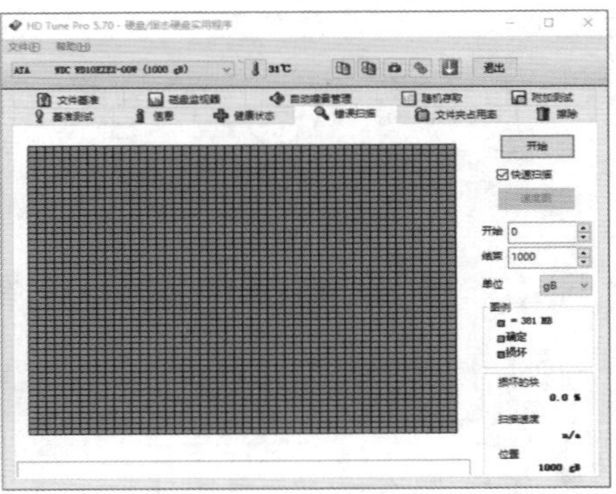

图 2-56

知识点拨

逻辑坏道和物理坏道

逻辑坏道是在使用硬盘时误操作，或者使用软件不当等造成的，可以通过格式化或者磁盘逻辑错误检查进行修复，如图2-57所示。物理坏道是因为在使用硬盘或者移动硬盘时，造成磁头与盘片的摩擦，产生了物理损坏。物理损坏会随着硬盘使用扩散到整块盘片，一般使用低格将坏道、坏块位置进行屏蔽，让磁头不再读写，可延缓其扩展，如图2-58所示。当然，这只是临时的做法。在坏道出现时就要考虑备份数据，尽早更换硬盘。

物理坏道一般出现在机械硬盘上，逻辑坏道在机械硬盘和固态硬盘上都可能存在。

图 2-57

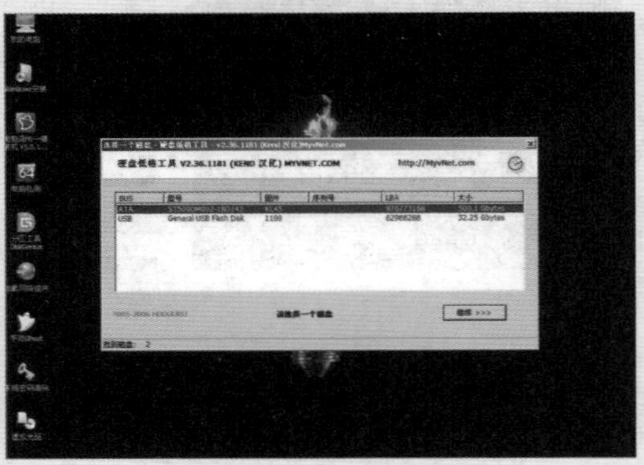

图 2-58

2.6 显卡检测软件

检测显卡的软件最常用的就是GPU-Z了。下面介绍GPU-Z的使用方法。

2.6.1 认识GPU-Z

说起处理器识别工具CPU-Z，其知名度和必备度无须多言。硬件网站TechPowerUp提供了一个类似的工具GPU-Z，用于识别显卡，甚至可以鉴别假卡（NVIDIA）。GPU-Z是一款轻量级显卡测试软件，绿色免安装，界面直观，运行后即可显示GPU核心、运行频率、带宽等。如同CPU-Z一样，GPU-Z也是一款硬件检测的必备工具。

2.6.2 使用GPU-Z

GPU-Z的使用方法和CPU-Z基本相似，下面介绍GPU-Z的常用功能。因为GPU-Z没有中文版，有需要的用户可以去下载汉化版。

1. 使用 GPU-Z 查看显卡参数

运行GPU-Z后，如果有多块显卡，可以在界面左下角进行切换，即可查看当前显卡的信息，如图2-59所示。主要的参数包括：名称、工艺、发布日期、总线接口、总线宽度、显存类型和大小、显存带宽、驱动版本、GPU频率、显存频率、计算能力和采用的技术等。其他参数可供高级用户校验和参考使用。

图 2-59

2. 使用 GPU-Z 监控显卡状态

GPU-Z还提供显卡实时监测功能。用户可以切换到“传感器”选项卡查看GPU频率、显存频率、GPU温度，显存使用、GPU负载、GPU电压、CPU温度等信息，如图2-60所示。

图 2-60

3. 使用 GPU-Z 的提示功能

GPU-Z还有一项比较好的功能，如果用户对其中的参数不甚了解，可以将鼠标指针悬停在参数上，软件即会弹出提示信息，如图2-61所示。

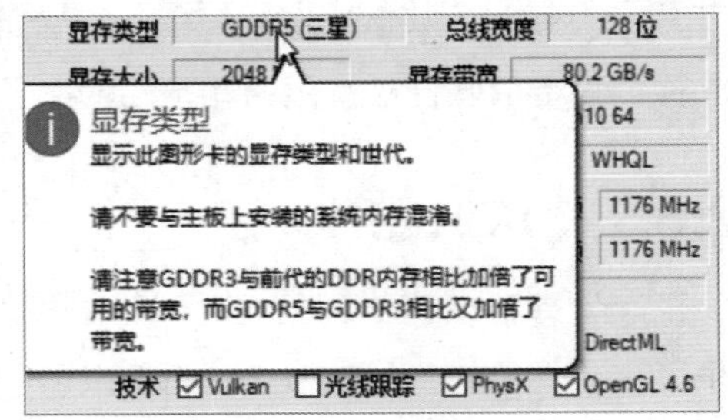

图 2-61

知识点拨

使用GPU-Z验证总线速度

因为显卡并不总是工作在全速状态，对于电脑而言，会在空闲时降低PCIe速度以节省电能，所以总线接口值有时显示是X16 1.1。为了验证真实的PCIe速度，在GPU-Z中提供了渲染检测，以确定正确的总线速度。过程是：单击“总线接口”后的“？”按钮，在弹出的测试窗口中单击“开始渲染测试”，即可看到正确的速度，如图2-62所示。

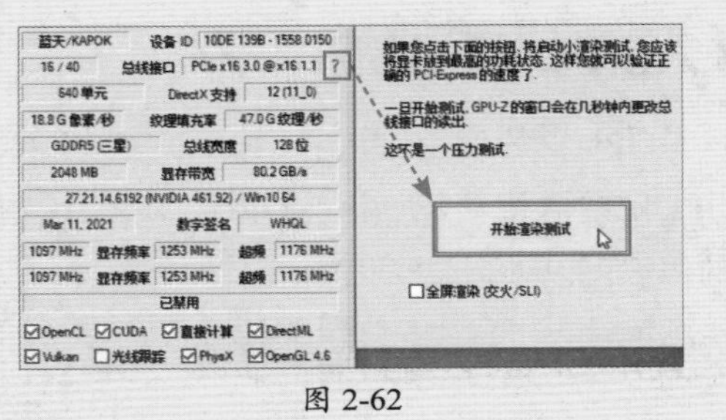

图 2-62

2.7 温度监控软件

高温是电脑的一大杀手，尤其在超频后或者夏天玩游戏时，经常会发生死机的情况。为了排除高温原因造成的死机，可以在电脑运行时启动一款温度监控软件，来监控电脑各组件的温度。之前介绍AIDA64时，提到了它的温度监测功能。这一功能很多综合型软件，比如QQ安全管家、驱动精灵里都有。这里介绍另一款软件——魔方温度监测软件。

魔方温度监测软件是从魔方软件中提取出来的，是一款用于监测电脑设备温度的小工具，它支持监测CPU、硬盘、主板等设备的实时温度，并且为用户提供了非常方便的悬浮窗来查看当前设备的温度。魔方温度监测软件为用户提供了声音报警功能，当温度达到警戒温度值时会发出刺耳的声音警告用户。警告温度可以在设置界面中由用户自行设置。

运行该软件后，可以在主界面中看到软件监控了4个位置，包括CPU、显卡、硬盘和主板，并且在正中以线条记录了最近几分钟的温度变化，每条线对应一个设备。在界面右侧显示了CPU和内存的使用率，如图2-63所示。

如果勾选了“任务栏显示”和“悬浮框显示”复选框，则会在任务栏和桌面上滚动显示4个设备的实时温度，如图2-64所示。

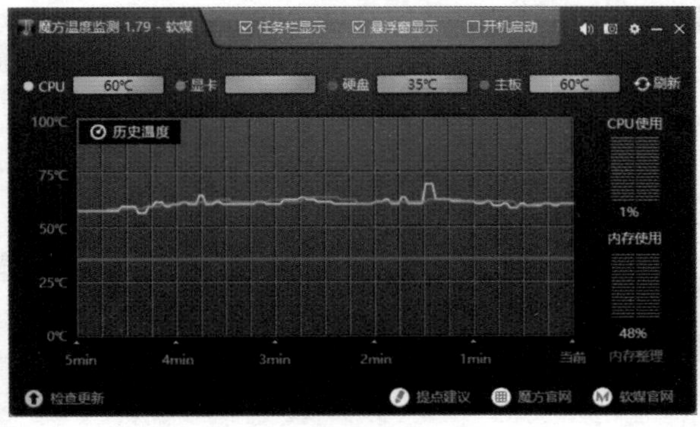

图 2-63

图 2-64

在设置界面可以设置各监测项目的显示颜色、警戒温度值、开启报警音以及是否开启内存整理等。有需要的用户可以针对不同的选项进行个性化设置，如图2-65所示。

悬浮框可以拖动到桌面任意位置，还可以对悬浮窗的显示进行设置，如图2-66所示。

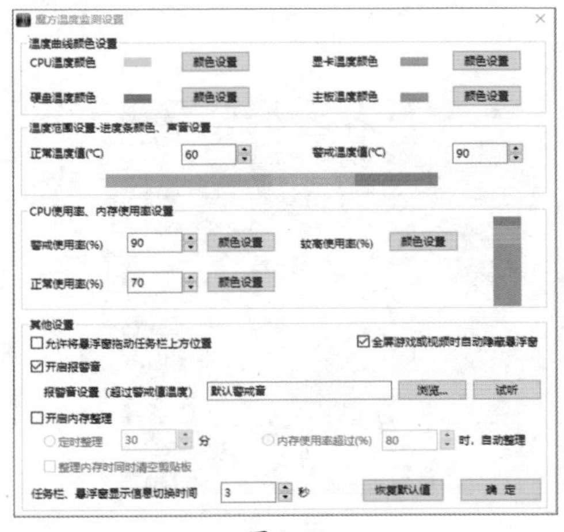

图 2-65

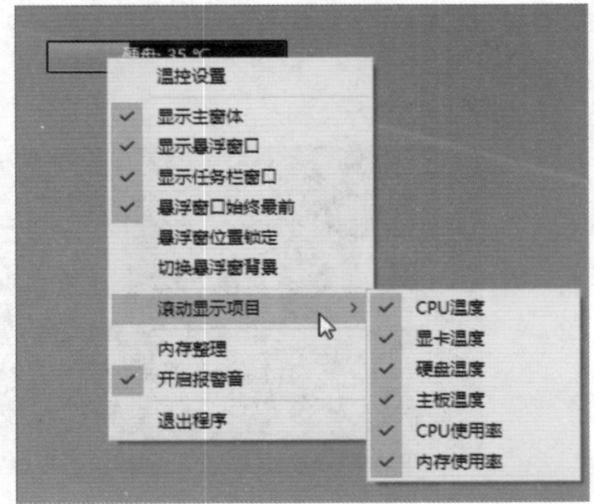

图 2-66

2.8 实时性能监测软件

之前介绍的AIDA64中，有一项实时性能监测功能，但是在游戏场景下不太适用。观看游戏主播直播电脑游戏时，游戏画面的左上或者右上角有几行文字，显示当前硬件频率变化和状态变化，这个功能就是由MSI Afterburner实现的。

2.8.1 认识MSI Afterburner

微星的MSI Afterburner也叫微星小飞机或者AB，是广受玩家喜爱的超频工具，实时监控只是其中的屏幕显示功能。该功能是在游戏屏幕上提供系统性能的实时信息显示，从而让玩家可以密切关注超频设置对游戏的影响，如图2-67所示。

图 2-67

2.8.2 使用MSI Afterburner

在微星官网找到MSI Afterburner板块，拖到页面底部，可以看到微星提供该软件在3种平台的客户端程序安装包，包括安卓客户端。这里单击第一个软件的下载按钮启动下载，如图2-68所示。安装后，通过开始菜单或者桌面快捷方式即可启动该软件，如图2-69所示。

图 2-68

图 2-69

扫码看视频

动手练 实时性能监测

MSI Afterburner主程序安装好后会自动安装RivaTuner Statistics Server程序，这个软件是真正提供所需的监控功能的组件，而且该组件必须配合MSI Afterburner才能设置和使用，运行时也不能关闭MSI Afterburner。

Step 01 MSI Afterburner的主程序界面如图2-70所示，不建议新手随意设置。有兴趣的读者可以先去学习一下该软件的超频设置，然后再调节参数。这里只介绍其中的实时监控的作用。在软件主界面中，单击“设置”按钮。

图 2-70

Step 02 在MSI Afterburner对话框中切换到“监控”选项卡，在“图表”列勾选需要显示的内容，如本例的“FB usage”，如图2-71所示。

Step 03 在界面下方勾选“在OSD上显示”复选框，然后在其右侧的下拉列表中选择显示方式是文本、图形，还是文本和图形一起显示，如图2-72所示。

Step 04 按同样的方法，设置需要显示的其余内容。完成所有设置后，单击“确定”按钮，关闭设置对话框。

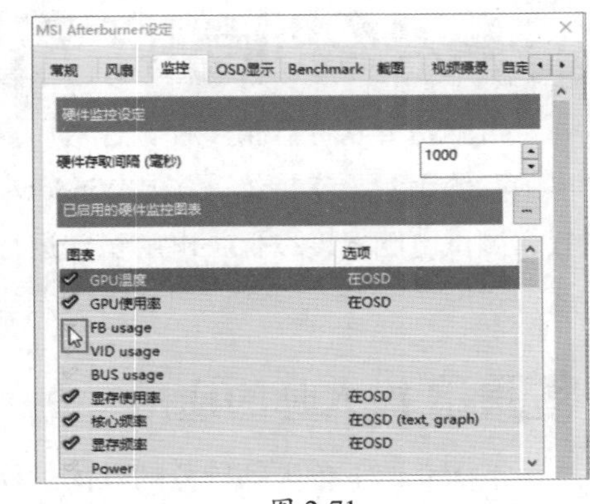

图 2-71

Step 05 单击桌面右下角的RivaTuner Statistics Server图标，启动软件并进行显示设置，如图2-73所示。

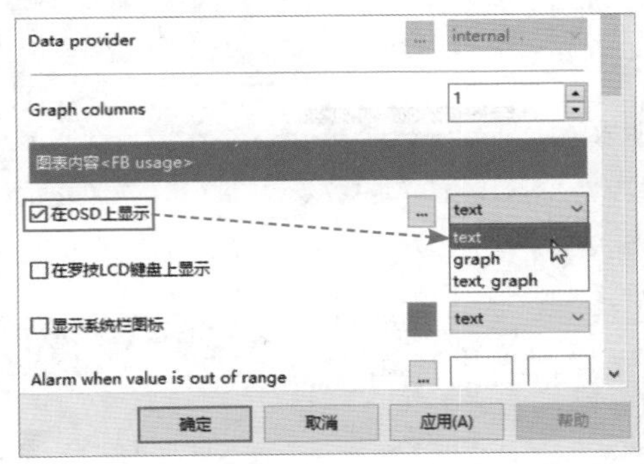

图 2-72

图 2-73

Step 06 在“On-Screen Display palette”选项中设置显示的字体颜色；在模拟屏幕中拖动“60”到左上角，用来设置监测数据在显示器上的显示位置，如图2-74所示。在左侧可以添加某个游戏，以便对某游戏采用单独的设置。

Step 07 关闭设置界面，启动游戏查看显示效果，如图2-75所示。如果有不满意的地方，还可以返回前面的步骤进行微调。

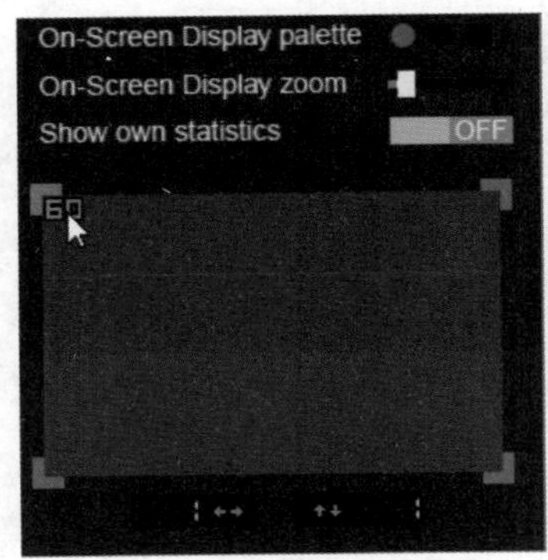

图 2-74

图 2-75

2.9 电脑跑分软件

电脑跑分软件有很多种，普通用户常使用的跑分软件是鲁大师。鲁大师是一款个人电脑系统工具，支持绝大多数Windows系统，能轻松辨别电脑硬件的真伪、测试电脑配置、测试电脑温度以保护电脑稳定运行、清查电脑病毒隐患、优化清理系统、提升电脑运行速度。

扫码看视频

动手练 鲁大师的应用

下面介绍下鲁大师跑分的具体过程。

Step 01 进入鲁大师官网，在主页中单击“立即下载”按钮，如图2-76所示。

Step 02 运行安装程序进行安装，安装完毕后，双击“鲁大师”图标即可运行该软件，如图2-77所示。

Step 03 在程序主界面中切换到“电脑性能测试”选项卡，单击“开始测评”按钮，如图2-78所示。

图 2-76

图 2-77

图 2-78

Step 04 鲁大师开始对CPU、显卡、内存、硬盘性能进行测试，如图2-79所示，通过渲染复杂画面的方式进行测试。

Step 05 测试完成后将显示各硬件得分和总分数，如图2-80所示。

图 2-79

图 2-80

知识延伸：查看Windows系统的相关信息

在使用Windows系统自带的功能查看时，还可以看到版本信息，比如当前安装的是什么版本的Windows，是专业版、教育版还是专业工作站版本等。除此之外，还可查看Windows的版本号以及到期时间等。

1. 查看 Windows 的版本号

Windows 10以后，Windows系统没有大的版本更新，但是还有一些小版本的更新，如1903、1909、2004等。而且，不同的版本有不同的到期时间，这和大版本的支持到期时间类似。用户可以在桌面上使用Win+R组合键，启动“运行”对话框，输入命令“winver”，单击“确定”按钮，如图2-81所示，之后，就可以在弹出的界面中查看到这些信息了，如图2-82所示。

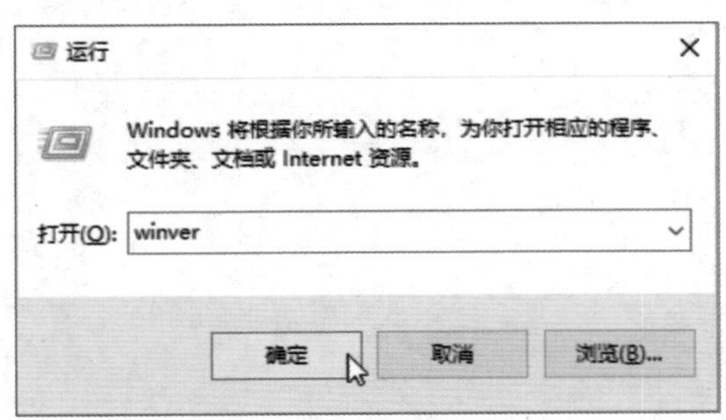

图 2-81

图 2-82

2. 查看 Windows 激活剩余时间

Windows的激活到期时间，根据不同的版本、不同的激活方式，有不同的时限。如果需要查看，启动“运行”对话框后，输入命令“slmgr.vbs -xpr”，会弹出当前系统的激活状态及到期时间，如图2-83所示。

除了该命令外，授权管理工具slmgr还有其他用法，读者可以直接运行“slmgr.vbs”命令，系统会给出该命令的所有参数及功能，如图2-84所示。

图 2-83

图 2-84

第3章 电脑常用安全软件

现在互联网已经应用到人们生活的方方面面，在带来便利的同时，也带来了各种不稳定因素。这些因素包括个人信息泄露、电脑病毒木马威胁、网络攻击和网络暴力构成的网络安全威胁等。所以电脑和网络安全已经成为人们必须认真对待的问题。

本章将向读者介绍一些常用的电脑安全和网络安全管控工具让读者能够在使用时及时屏蔽一些网络威胁，保护好自己的电脑。

3.1 电脑主要面临的风险

目前电脑与网络已融为一个整体，所有可以联网的设备都会面临同样的风险，例如数据泄露、病毒攻击、黑客攻击等。下面就电脑网络方面所面临的风险，提出一些解决方案，供读者参考。

3.1.1 电脑网络安全现状

通过网络，用户可以了解到一些重大网络安全事故。

1. 被监控

利用超级软件监控网络、电话或短信。黑客可轻而易举地监控有关国家机构或上百万网民的邮件、即时通话及相关数据。

2. 勒索病毒

2019年某国某市政府遭遇持续性重大勒索软件攻击，计算机系统和门户网站纷纷宕机。之后大量企业内部和面向客户的应用程序无法使用，其中包括一些用于支付账单或访问政府信息的应用程序。

在此次攻击事件中，黑客团伙加密了市政府文件，将文件名临时改为“I'm sorry”，且只给受害者一周时间支付赎金，超过一周未付赎金，文件将无法找回。当地居民无法通过政府网站在线支付票款、水费，全球最繁忙的空港也无法提供免费WiFi供旅客使用。

3. DDoS攻击

2019年某云服务商服务器遭到DDoS攻击，攻击者试图通过垃圾网络流量堵塞系统，造成服务器无法访问，攻击持续了15个小时。

4. 数据泄露

2019年2月，有消息显示，从16个被黑客入侵的网站上窃取的约6.17亿个在线账户信息在暗网出售，价格不到2万美元，可用比特币支付。从已经放出的数据可以看到，这些账户都是真实有效的，不仅包括账户持有人的姓名，还有其电子邮件地址和账户密码等信息。尽管这些数据经过散列处理或单项加密，但破解起来并不是一件难事。

5. 网络钓鱼

钓鱼网站是窃取用户数据的一个主要途径。某互联网门户网站曾通报一起大范围的钓鱼邮件攻击事件，多个国家的网站被利用，数万家中国企业受影响。

6. 盗取虚拟货币

虚拟货币是包括游戏币在内的非现金形式货币，是重要的盗取对象。2019年6月，一黑客团伙入侵破坏某游戏公司计算机信息系统，盗取游戏虚拟货币，折合人民币数百万元。他们利用该游戏的竞争漏洞，通过黑客软件入侵，在游戏发放红包时，复制一份“红包”到自己的账户，从而盗取游戏中的虚拟货币。

7. 系统漏洞

操作系统本身就是程序，是程序就必然存在一些缺陷或隐患，这些都可以称为漏洞。如果不及时修补，通过漏洞攻击者能够在未授权的情况下非法访问或破坏系统。在国家信息安全漏洞库（简称CNNVD）上，可以查看最新发布的漏洞信息、漏洞说明、补丁信息等，用户可下载对应的补丁对漏洞进行修补，如图3-1所示。

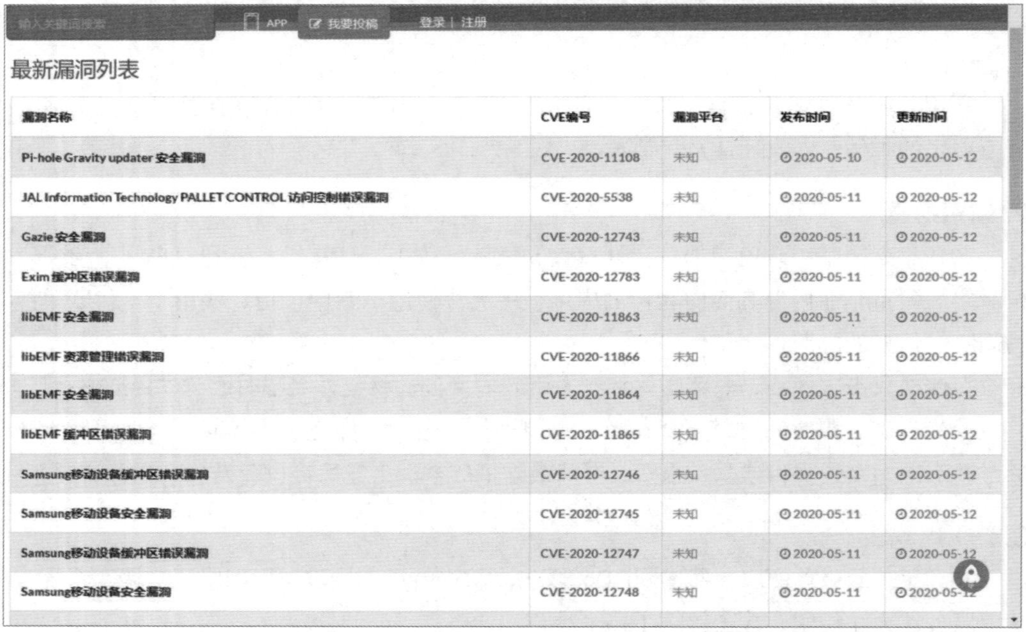

输入关键词搜索　APP　我要投稿　登录 | 注册

最新漏洞列表

漏洞名称	CVE编号	漏洞平台	发布时间	更新时间
Pi-hole Gravity updater 安全漏洞	CVE-2020-11108	未知	2020-05-10	2020-05-12
JAL Information Technology PALLET CONTROL 访问控制错误漏洞	CVE-2020-5538	未知	2020-05-11	2020-05-12
Gazie 安全漏洞	CVE-2020-12743	未知	2020-05-11	2020-05-12
Exim 缓冲区错误漏洞	CVE-2020-12783	未知	2020-05-11	2020-05-12
libEMF 安全漏洞	CVE-2020-11863	未知	2020-05-11	2020-05-12
libEMF 资源管理错误漏洞	CVE-2020-11866	未知	2020-05-11	2020-05-12
libEMF 安全漏洞	CVE-2020-11864	未知	2020-05-11	2020-05-12
libEMF 缓冲区错误漏洞	CVE-2020-11865	未知	2020-05-11	2020-05-12
Samsung移动设备缓冲区错误漏洞	CVE-2020-12746	未知	2020-05-11	2020-05-12
Samsung移动设备安全漏洞	CVE-2020-12745	未知	2020-05-11	2020-05-12
Samsung移动设备缓冲区错误漏洞	CVE-2020-12747	未知	2020-05-11	2020-05-12
Samsung移动设备安全漏洞	CVE-2020-12748	未知	2020-05-11	2020-05-12

图 3-1

8. 黑客攻击

上面介绍的案例或多或少都有黑客的身影活跃在其中。对于网络安全而言，黑客属于人为因素，而且是具有重大威胁的因素。由于利益驱动，科技的发展以及网络的大规模普及，更为黑客的活动提供了温床。在与黑客的较量中，首先需要了解黑客以及黑客的手段，才能进行防范和对抗。

3.1.2 电脑面临的主要威胁及表现

电脑面临的威胁有很多，如物理方面的、方案设计本身的不足、安全漏洞和个人安全意识方面的因素等。电脑受到的主要威胁形式和表现有以下几类。

1. 病毒和木马

病毒和木马从本质上讲是两种形式，一种是破坏性质的，另一种是盗取性质的。但是两者界线越来越不明显。纯破坏性的病毒，因无法直接获取经济利益，已经越来越少，就算是病毒发作，也是通过病毒的破坏性来对用户进行威胁，如“熊猫烧香”病毒。

取而代之的是各种木马。它们会随着电脑启动联网而运行，并通知黑客打开端口。黑客利用木马程序，可任意地修改电脑的参数设置、复制文件、窥视整个硬盘中的内容等，从而达到控制电脑及窃取财产的目的。

电脑中病毒后，一般会表现为死机、蓝屏、电脑卡顿、出现莫明的弹窗、篡改桌面图标、恶意加密文件、删除文件等。前面提到的勒索病毒就是木马的一种。中木马后电脑不会有明显的异常，只是偶尔会有卡顿、网速变慢等情况。因为只有电脑正常运行，木马才能窃取到信息。

2. 信息炸弹

信息炸弹主要是通过一些特殊工具软件，向目标电脑发送大量的超过其负荷的信息，造成目标电脑发生网络堵塞、系统崩溃等。例如，向未打补丁的Windows系统发送特定组合的UDP数据包，导致目标系统死机或重启；向某型号的路由器发送特定数据包等致路由器死机；向某人的电子邮件发送大量的垃圾邮件，导致邮件系统瘫痪，无法使用等。

信息炸弹还会利用网络验证码的漏洞，向目标手机发送大量验证码，导致手机无法正常使用，如图3-2所示，或利用通信软件发送大量信息，造成软件崩溃，如图3-3所示。

图 3-2

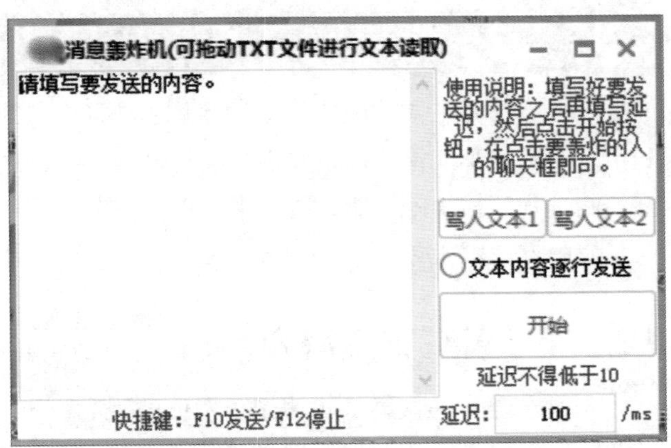

图 3-3

3. 密码破解

黑客会使用键盘记录器，获取安全性较低的电脑中的管理员或者用户信息，从而达到获取利益的目的，如图3-4所示。用户在发现输入有异常的情况下，需及时使用杀毒防毒软件为电脑进行全面体检杀毒。

4. 软件漏洞

除了操作系统有漏洞外，一些软件本身也有漏洞及缺陷，容易被不法之徒利用。当用户安装了这类软件，就会有风险。这里建议用户尽量使用正版软件，尽量给系统打上最新的补丁，定期对系统进行更新操作，如图3-5所示。

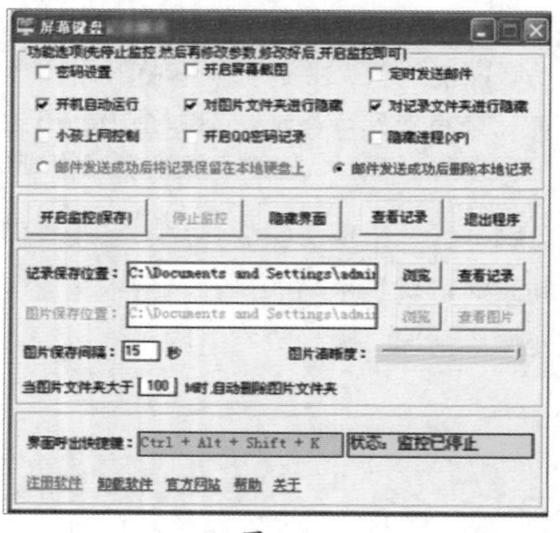

图 3-4

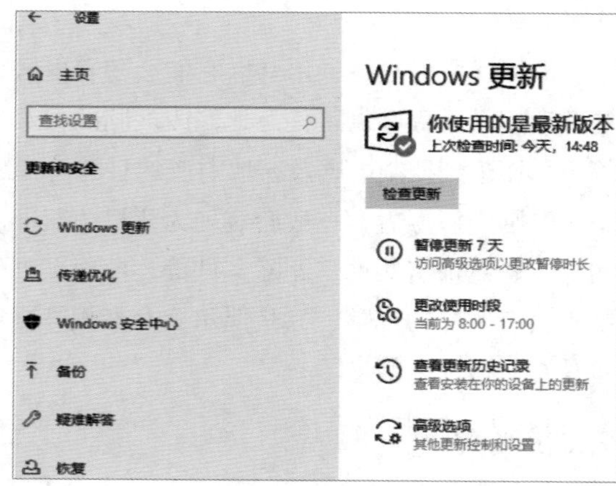

图 3-5

5. 人为因素

再强大的网络防御也抵挡不住从内而外的突破。尤其是可以直接接触到电脑的人。这些人的恶意因素、水平问题，都会对电脑的安全使用造成威胁。所以，养成良好的电脑使用习惯、提高电脑安全知识水平，才能做到从内而外的安全。

3.2 常用防毒杀毒软件

个人电脑最主要的威胁就是病毒和木马，现在的防毒杀毒软件对于比较流行的病毒和木马，基本都能检测出来并进行隔离处理。同时这些防毒软件已经融合了防火墙、联网控制、程序控制等功能，能够很好地保护电脑。本节将介绍一款好用的防毒杀毒软件及其使用方法。

3.2.1 火绒安全简介

火绒安全是一款集杀防功能于一体的安全软件，拥有丰富的功能和完美的用户体验，如图3-6所示。该软件特别针对国内网络安全趋势，自主研发了高性能病毒通杀引擎，此引擎由前瑞星核心研发成员打造。

图 3-6

该软件简单易用，一键安装。安装后即可获得安全防护，其主要优势有：

- **干净：** 无任何具有推广性质的广告弹窗和捆绑软件。
- **简单：** 一键下载，安装后使用默认配置即可获得安全防护。
- **轻巧：** 占用资源少，不影响日常办公、生活。
- **易用：** 产品性能经历数次优化，兼容性好，运行流畅。

3.2.2 火绒安全的下载与安装

下面介绍火绒安全的下载和与安装方法。

1. 下载软件

该软件可在火绒官网下载。在主页中单击“请在PC端下载使用”按钮，如图3-7所示。

图 3-7

在下载对话框中，要仔细核实软件的名称、扩展名、大小以及保存位置，确认无误后，单击“下载”按钮下载即可，如图3-8所示。如浏览器支持迅雷下载，则可单击“迅雷下载”链接，打开如图3-9所示的迅雷下载对话框进行下载。

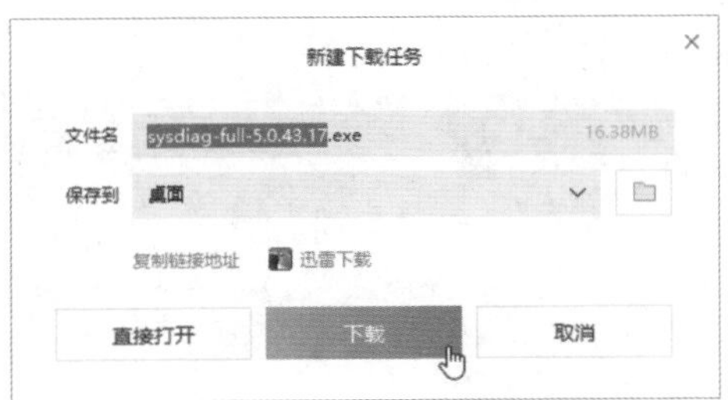

图 3-8

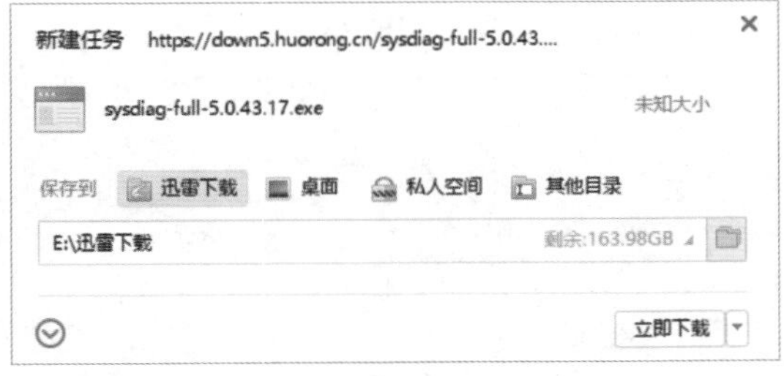

图 3-9

> **知识点拨**
>
> **主页下载技巧**
>
> 因为这类软件官网的主页经常变化，所以在主页的滚动广告中就会有下载链接。如果没有，可在网站的导航选项中单击“下载”按钮，直达下载地址。如果还没有，那么就在主页的中间位置找，一般都会有下载链接。

> **知识点拨**
>
> **使用“直接打开”功能安装**
>
> 除了直接使用浏览器下载外，还可在下载对话框中单击“直接打开”按钮，这样，软件只是作为临时文件保存在电脑中。在安装完毕后，或清理系统时，系统会将这些临时文件自动删除。

2. 安装软件

下载安装包后，双击其桌面上的图标即可启动安装程序，如图3-10所示。在安装配置界面中单击“安装目录”下拉按钮，选择安装位置。这里将C盘改成D盘，单击“极速安装”按钮，如图3-11所示。

图 3-10

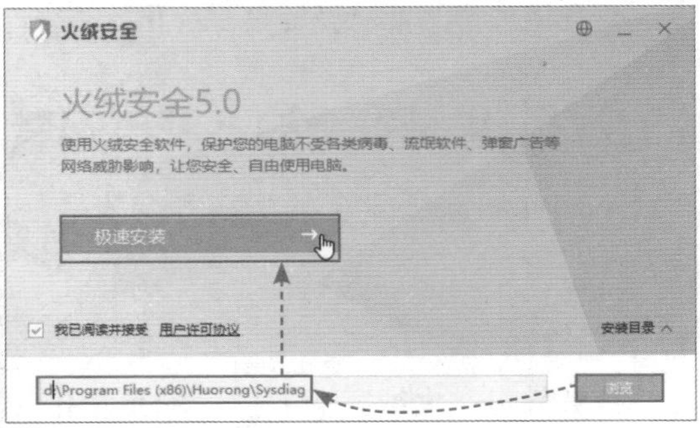

图 3-11

极速安装

这里的“极速安装”与“一键安装”类似，是指用户无须手动设置，单击它即可自动安装。

进入安装界面，会显示安装进度条指示安装进度，如图3-12所示。安装完毕后会自动启动软件，如图3-13所示。

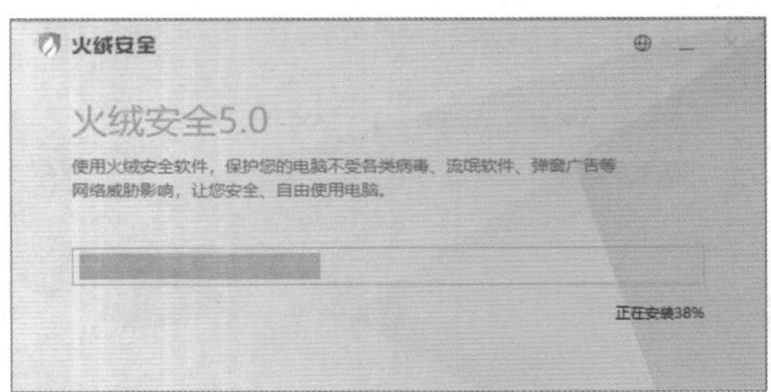

图 3-12

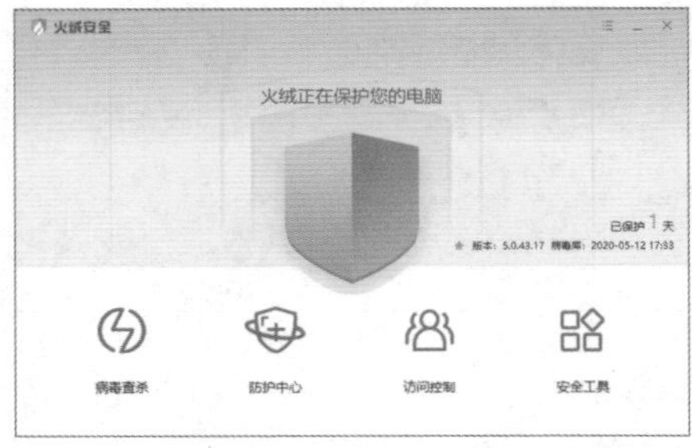

图 3-13

3.2.3 火绒安全软件的使用方法

下面将对火绒安全软件的使用及设置操作进行介绍。

1. 防护设置

利用该软件可进行病毒的防控，可实时查看用户及软件操作，以及检测正在使用文件的安全性。

Step 01 在主界面中单击“防护中心”按钮，如图3-14所示。

图 3-14

Step 02 在“防护中心”对话框中，可对“病毒防护”“系统防护”“网络防护”和“高级防护”这4类监控项目进行设置。选择其中任意一项，即可打开相应的选项列表。图3-15所示是“病毒防护”设置选项，图3-16所示是“系统防护”设置选项。

图 3-15

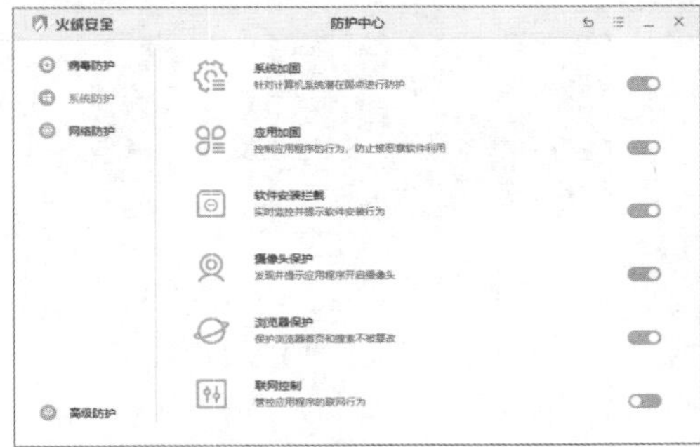

图 3-16

Step 03 在进行设置时，用户只需单击选项后的滑块，即可开启或关闭相应功能。单击选项名称进入“设置”界面，在此可进行更为详细的设置。如需重新设置，只需单击右上角的三角箭头按钮，选择“恢复默认设置”选项即可，如图3-17所示。

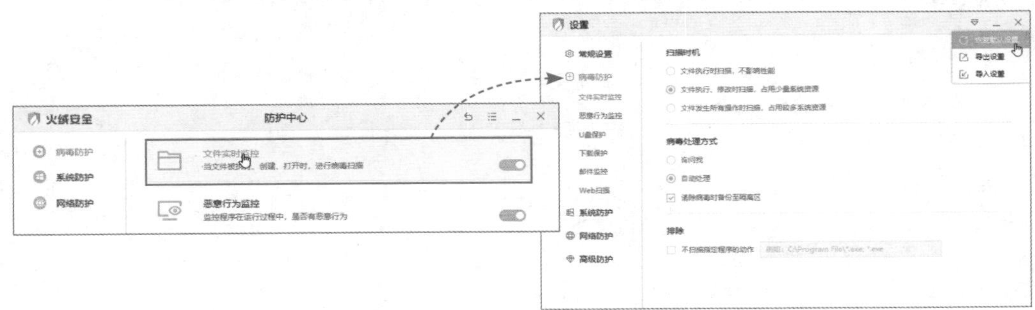

图 3-17

2. 访问控制

在火绒安全的主界面中单击“访问控制”按钮可以进入访问控制界面。访问控制是针对一些最常用的功能进行控制，如控制上网时段、可以浏览的网页、不可以运行的程序、可以连接电脑的U盘等。

Step 01 在“访问控制”界面中单击“密码保护”按钮，可以设置密码，并通过密码进行保护，以防止其他用户更改控制设置，如图3-18所示。

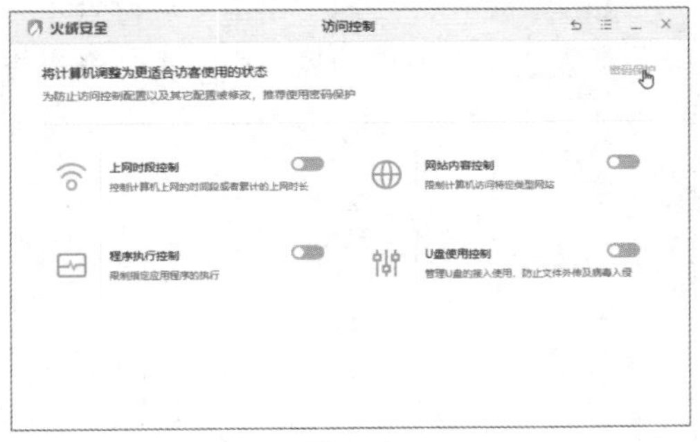

图 3-18

Step 02 在“上网时段控制”中，可以设置允许上网的时间，如图3-19所示。

Step 03 在“网站内容控制”中，可以限制用户访问某些网站，如图3-20所示。

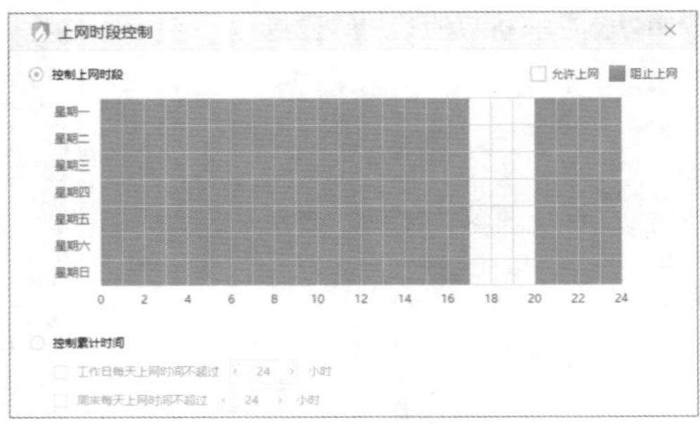

图 3-19

图 3-20

Step 04 在“程序执行控制”中，可以设置不允许某些程序、游戏运行，如图3-21所示。

Step 05 在“U盘使用控制”中，可以设置拒绝非信任的U盘接入电脑，如图3-22所示。

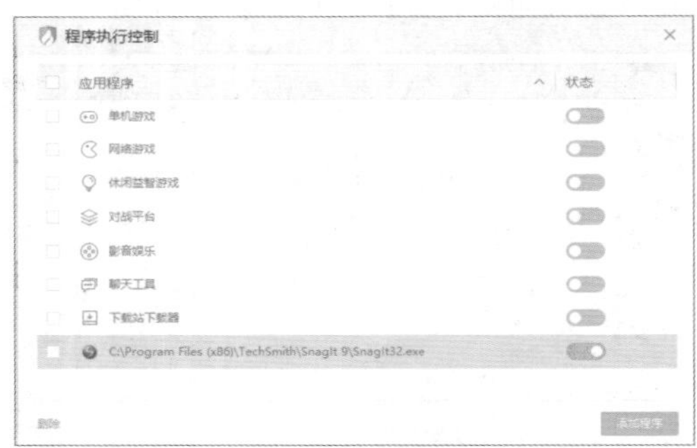

图 3-21

图 3-22

动手练 查杀病毒

扫码看视频

查杀病毒是杀毒软件的必备技能。启动火绒安全杀毒功能的具体操作如下。

Step 01 在主界面中单击“病毒查杀”按钮，如图3-23所示。

Step 02 在弹出的界面中单击“全盘查杀”按钮，如图3-24所示。

图 3-23

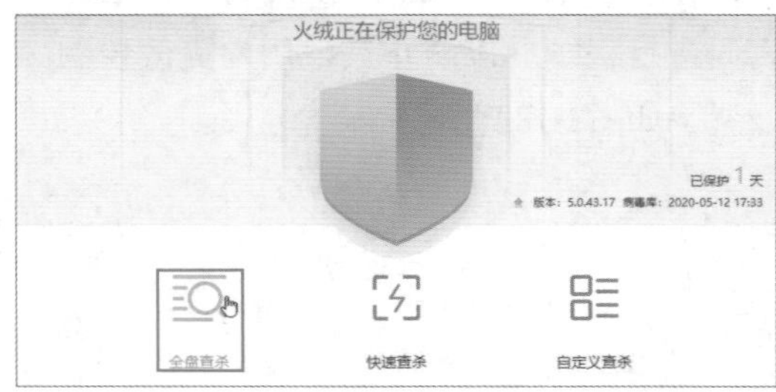

图 3-24

注意事项 杀毒模式的选择

杀毒有全盘、快速和自定义三种模式。快速查杀是查杀电脑的关键区域，一般是系统的一些工作区，可以保证电脑正常运作，没有病毒侵扰；快速查杀可在电脑空闲时进行查杀。全盘查杀针对电脑中所有文件进行查杀，比较费时间，建议定期进行查杀。自定义查杀指根据实际情况，选择经常下载的项目进行查杀，如图3-25所示。如果想对某个文件或文件夹进行杀毒，那么只需右击该文件或文件夹，在弹出的快捷菜单中选择“使用火绒安全进行杀毒”选项即可，如图3-26所示。

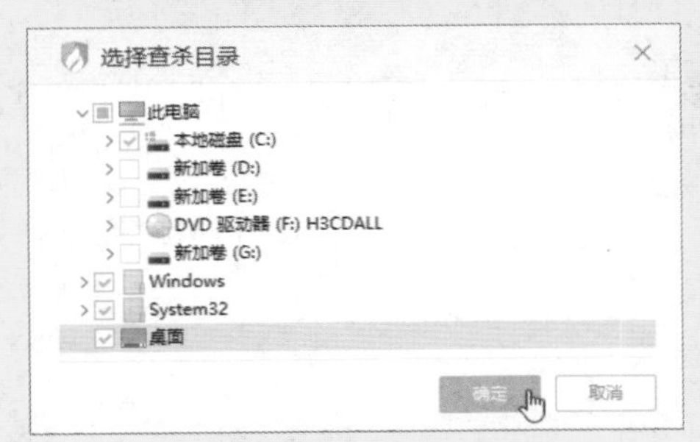

图 3-25

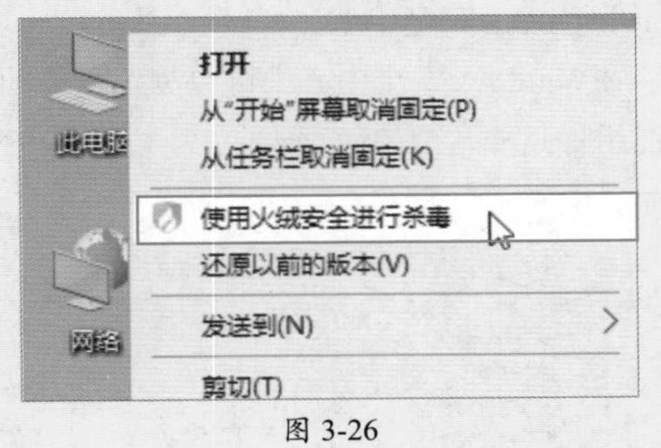

图 3-26

Step 03 全盘查杀会对引导区、系统进程、启动项、服务与驱动、系统组件、系统关键位置以及本地磁盘，进行文件和病毒库的对比工作，也就是进行杀毒操作，如图3-27所示。如果进行无人值守杀毒，可以勾选“查杀完成后自动关机”复选框。在杀毒过程中，用户可随时停止杀毒操作。

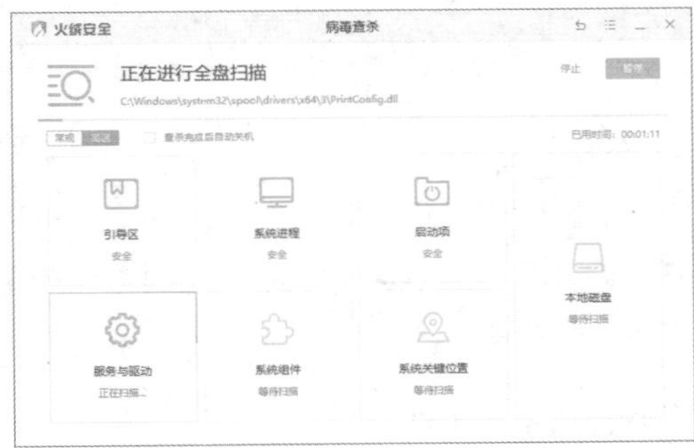

图 3-27

Step 04 杀毒完毕后，如有病毒或木马程序则会提示用户，并将之放入隔离区；如果没有发现病毒木马，则弹出完成提示。单击“完成”按钮完成杀毒操作，如图3-28所示。

图 3-28

知识延伸：Windows自身的安全防护组件

Windows自身就有一套完整的安全防护组件及防护策略。除非是重大漏洞被利用，大部分的系统安全隐患都是用户自己安装各种软件及使用不当造成的。那么Windows自身的安全防护组件都有哪些，有什么作用呢？

1. Windows安全中心

在Windows安全中心中可以浏览当前的系统安全状态，如图3-29所示。其中的安全功能组件是非常全的。

图 3-29

单击所列项目即可调用相应功能，可以使用的功能包括：病毒和威胁防护、账户保护、防火墙和网络保护、应用和浏览器控制、设备安全性、设备性能和运行状况、家庭选项等，功能很齐全。

2. Windows更新

Windows更新用来安装发现的Windows漏洞补丁，增强安全性；可更新系统；可安装驱动服务以及一些系统软件的更新等。建议用户开启该功能并定时更新，如图3-30所示。

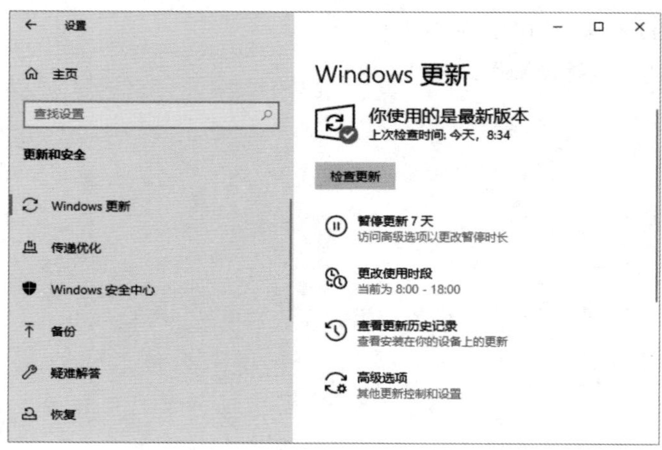

图 3-30

3. 系统恢复

用户可使用“备份”功能定期备份文件到本地或者OneDrive上，以便在遇到问题时还原文件；还可重置系统到安装状态，如图3-31所示。

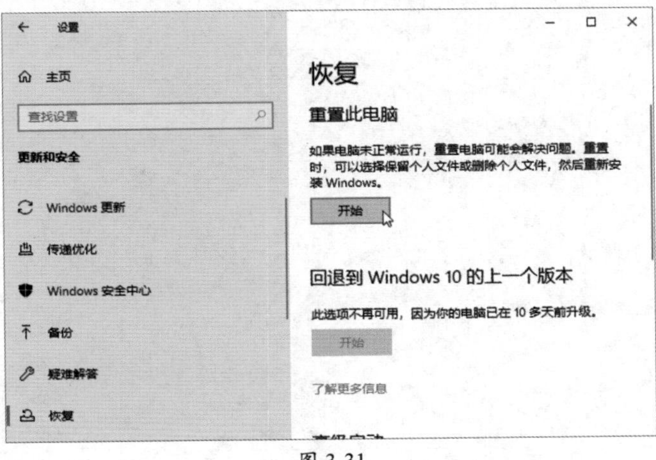

图 3-31

虽然对普通用户来说Windows自带安全防护组件可能没有第三方软件那么直观和方便，但它们的功能确实非常强大，不想安装第三方软件的用户，可以学习这些自带的安全组件的用法。

第4章 电脑管理优化软件

电脑的管理优化一般是对电脑中的垃圾进行清理、为电脑加速、硬件驱动的安装升级、注册表的管理、电脑常用功能的设置、软件管理、账户管理、电脑出现问题后的处理等。其目的是使电脑更加干净、稳定、高效地运行。本章将向读者介绍一些常见的管理优化软件及它们的使用方法。

4.1 常见电脑综合管理优化软件

对于新手用户来说，常因找不到Windows中需要的设置而苦恼，因此第三方电脑综合管理软件应运而生。这类软件提供了大多数常见的管理优化功能，用户只需根据引导提示，就能够快速准确地对电脑进行管理。常见的第三方管理软件有电脑管家、360安全卫士等。它们不仅提供了很多电脑管理方面的功能，还带有电脑防护功能。下面将以腾讯电脑管家为例，介绍与电脑管理优化相关的操作。

4.1.1 认识腾讯电脑管家

腾讯电脑管家是腾讯公司推出的免费安全软件，它拥有云查杀木马、系统加速、漏洞修复、实时防护、网速保护、电脑诊所、健康小助手、桌面整理、文档保护等功能，基本上可以满足用户的管理需求。用户可通过腾讯官网下载该软件，图4-1所示是其官网下载界面。

图 4-1

Step 01 下载软件。下载完毕后将得到一个下载器。启动该下载器并配置好下载位置,单击“一键安装”按钮，如图4-2所示。随后系统自动启动电脑管家程序的下载与安装流程。完成安装后，Windows 10会弹出联网控制对话框，单击“允许访问”按钮，如图4-3所示。

图 4-2

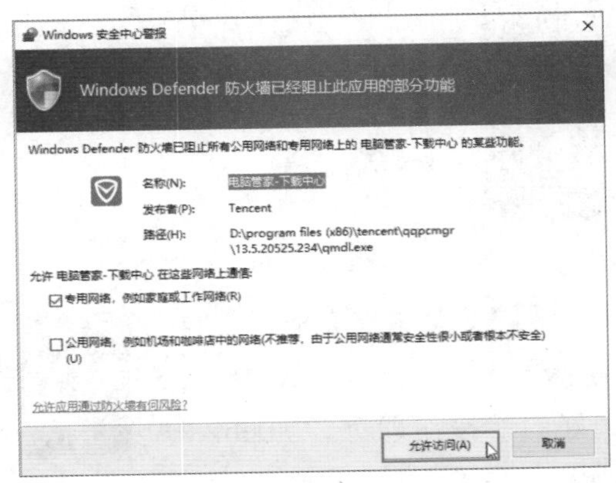

图 4-3

Step 02 返回到上一界面，单击“开始启航”按钮，如图4-4所示。启动后到达软件主界面，如图4-5所示。

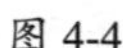

图 4-4

图 4-5

4.1.2 使用电脑管家

软件安装完毕后，用户就可以启动该软件进行操作。双击桌面上的快捷图标或选择相应的开始菜单项即可启动电脑管家。

1. 全面体检功能

电脑管家提供了全面的体检功能，可以快速检查用户的电脑是否存在问题，或提出优化建议。

Step 01 在主界面中切换到“首页体检”选项卡，单击“全面体检”按钮，如图4-6所示。

Step 02 软件开始体检，检查项目包括电脑速度、账号风险、病毒木马、优化建议、系统漏洞等。体检完成后会显示得分以及修复建议。用户需判断是否对修复建议进行调整，若确认无误后单击“一键修复”按钮即可修复，如图4-7所示。

图 4-6

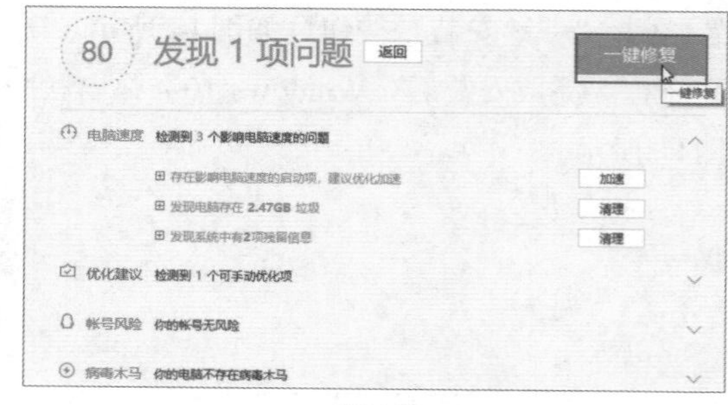

图 4-7

Step 03 修复完成后会显示修复完成的提示信息，单击“好的”按钮即可，如图4-8所示。

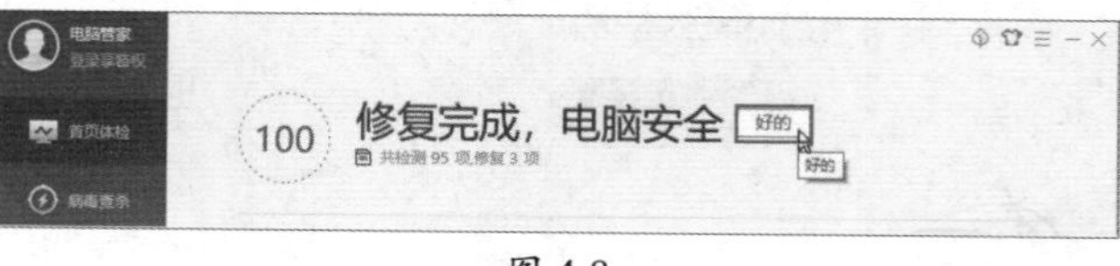

图 4-8

2. 修复漏洞功能

由于微软官方已对Windows 7系统停止了技术支持，所以建议用户升级或安装Windows 10系统。如继续使用Windows 7，则需要第三方软件提供的漏洞修复工具，以确保系统安全性。下面同样以电脑管家为例，介绍系统漏洞的检查与修复操作。

Step 01 在主界面中选择“病毒查杀”选项，进入到该界面，单击“修复漏洞”按钮，启动漏洞修复程序，如图4-9所示。

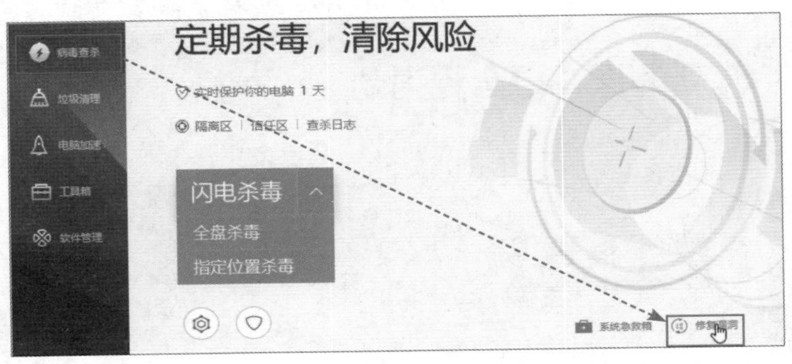

图 4-9

Step 02 如有漏洞，则会列出并提示修补。若单击所列补丁的“忽略”选项则可在修复时略过相应补丁。确定要做的修补，单击“一键修复”按钮，如图4-10所示。

Step 03 此时软件会自动下载对应的补丁程序，如图4-11所示，补丁安装完成后，会显示“修复成功”信息。建议用户给高危漏洞打上补丁即可。

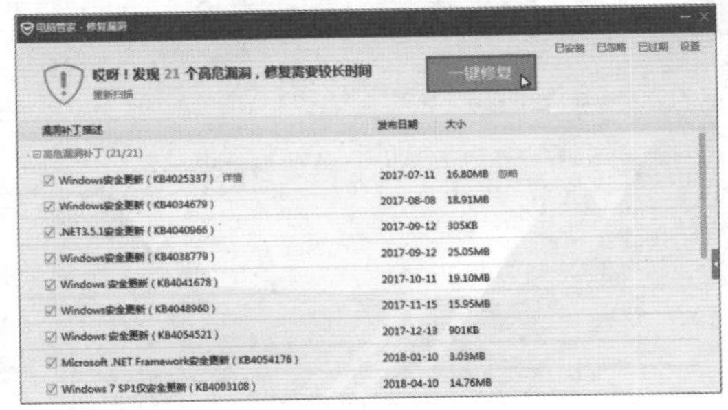

图 4-10

图 4-11

Step 04 在界面右上角可以选择相应的选项查看已安装、已忽略以及已过期的补丁信息。正常修复完成后，在完成界面中会显示出本次漏洞修复成功的数据信息，如图4-12所示。

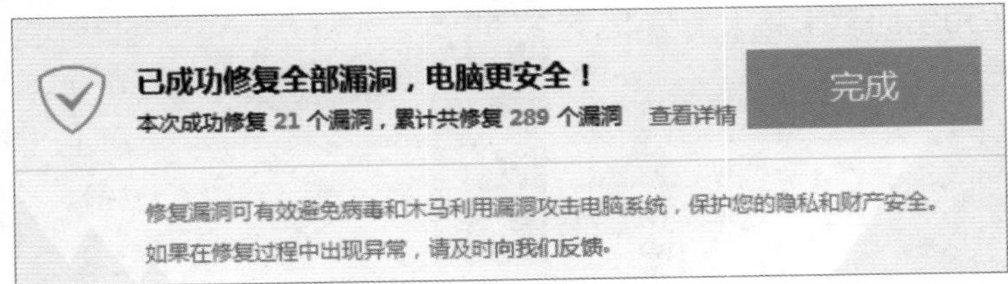

图 4-12

3. 垃圾清理功能

电脑使用久了，会产生大量的垃圾文件和临时文件。手动清除容易产生误删除系统文件的风险。使用电脑管家的垃圾清理功能则是不错的选择。下面介绍具体的清理方法。

Step 01 在电脑管家主界面中单击“扫描垃圾”按钮启动扫描，如图4-13所示。此时软件会针对系统垃圾、常用软件垃圾、上网垃圾、注册表垃圾等进行扫描，如图4-14所示。

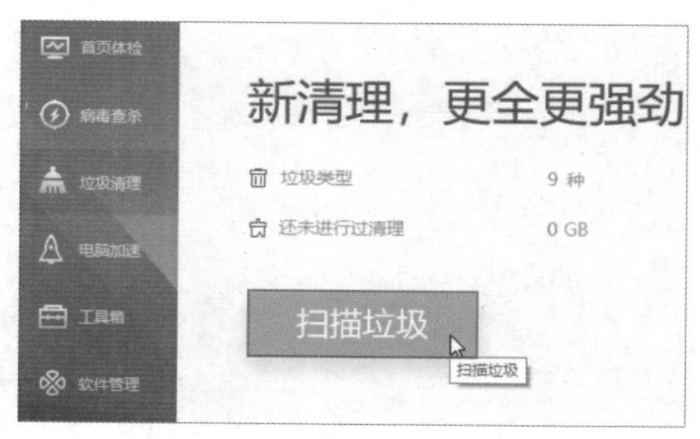

图 4-13

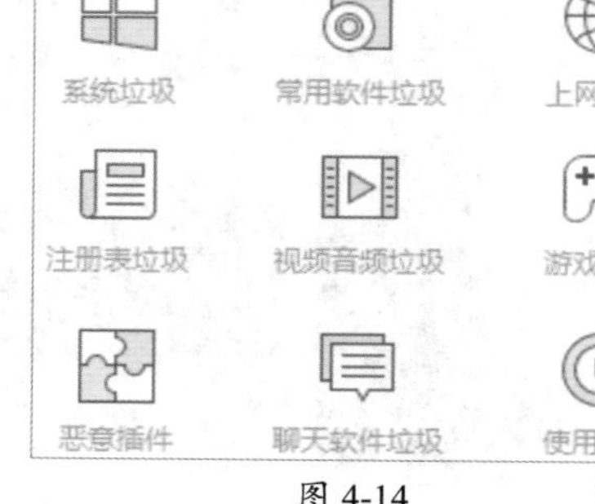

图 4-14

Step 02 扫描完毕后会显示出扫描结果，用户可根据具体情况确认是否为垃圾文件，确认后单击“立即清理”按钮，如图4-15所示。

Step 03 完成后会显示清理结果，如图4-16所示，单击“好的”按钮返回主界面。

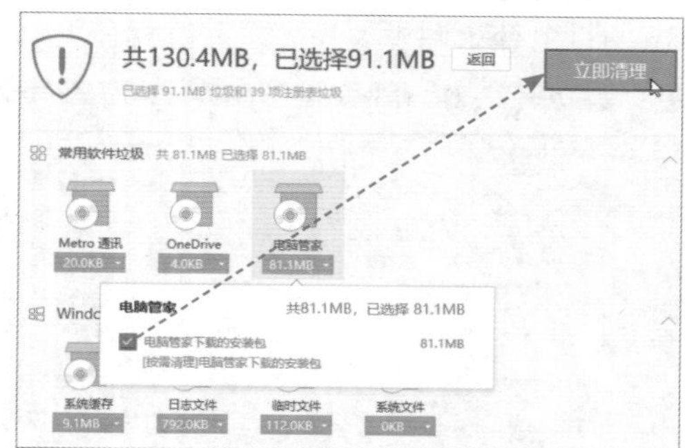

图 4-15

图 4-16

除了日常清理操作外，电脑管家还推出了“系统盘瘦身”功能，用于清理系统盘的一些系统文件，以避免造成系统盘占用空间越来越大的情况，如图4-17所示。

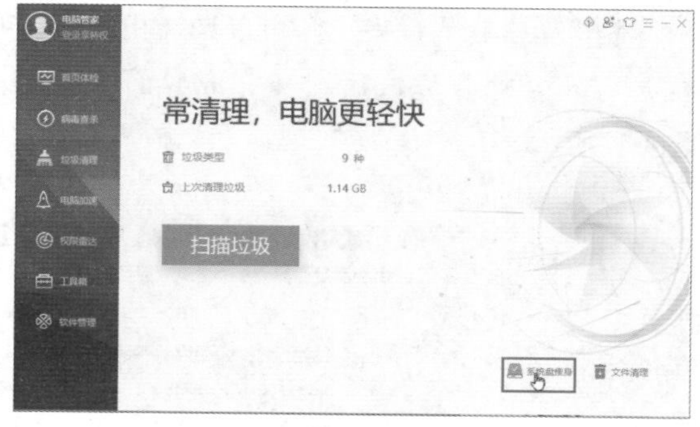

图 4-17

Step 01 在主界面中单击“系统盘瘦身”按钮，进入到扫描界面，单击“开始扫描”按钮开始扫描，如图4-18所示。

Step 02 扫描完成后，勾选要释放的功能或组件项目，单击“立即释放”按钮即可进行删除操作，如图4-19所示。

图 4-18

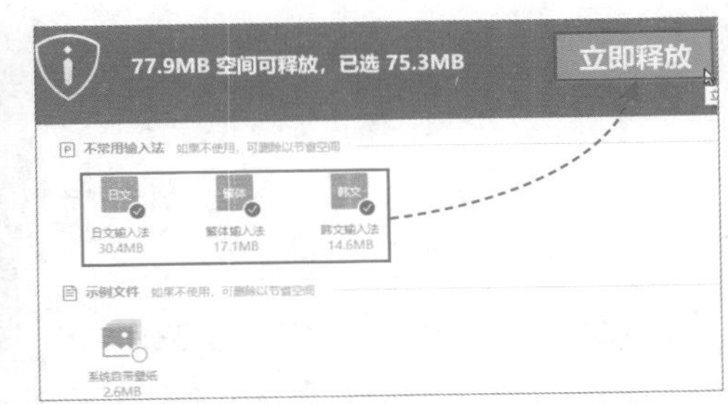

图 4-19

4. 优化加速功能

电脑开机速度可以通过禁用一些启动项来提升。而一些验证服务和需常驻内存的软件，若被禁用开机启动，则会导致软件的正常使用受阻现象。下面将介绍电脑优化加速的操作。

Step 01 在电脑管家主界面中切换到“电脑加速”界面，单击“一键扫描”按钮，如图4-20所示。

Step 02 在扫描结果中，勾选内存中不需运行的软件，单击“一键加速”按钮，如图4-21所示。

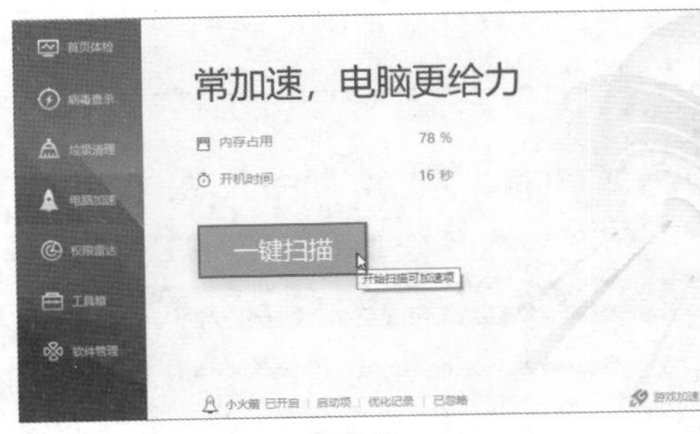

图 4-20

图 4-21

Step 03 完成优化后，单击“返回”按钮，返回到“电脑加速”主界面中。单击右下角的“开机时间管理”选项，如图4-22所示。

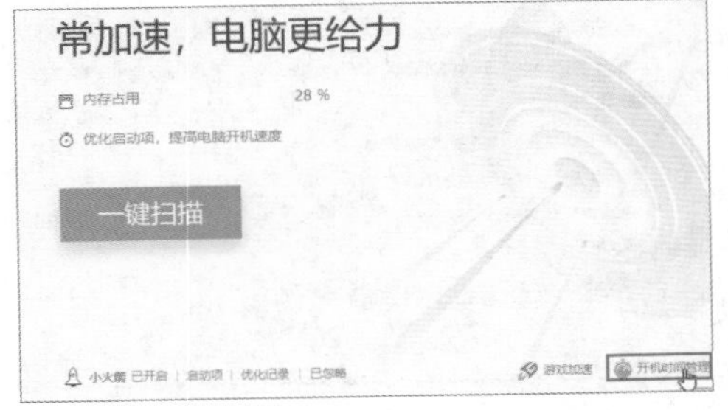

图 4-22

Step 04 在打开的界面中选择不需开机启动的软件，单击“禁用”按钮，如图4-23所示。

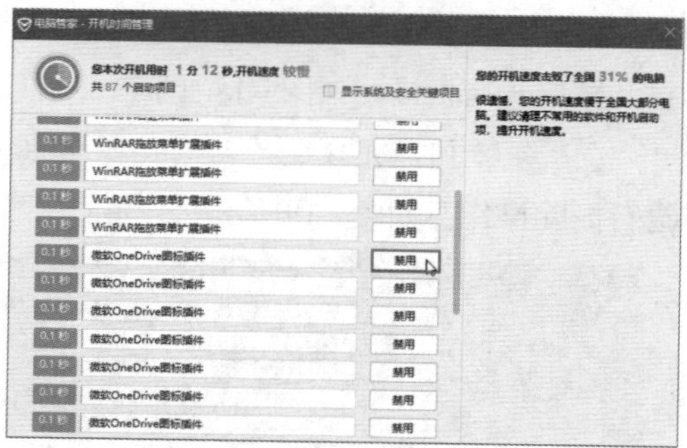

图 4-23

Step 05 在“电脑加速”主界面单击“启动项”选项，打开“启动项管理”界面。在“启动项”选项卡中，查看并关闭开机时自动启动的应用程序，如图4-24所示。

Step 06 在“电脑加速”主界面中，选择“优化记录”选项，可用于查看优化的软件，并可随时还原操作，如图4-25所示。

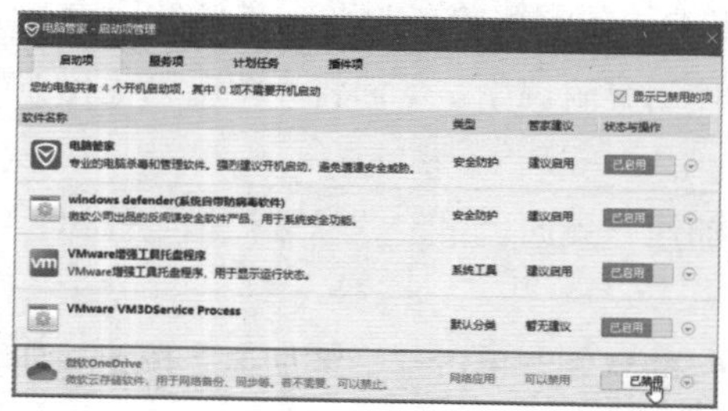

图 4-24

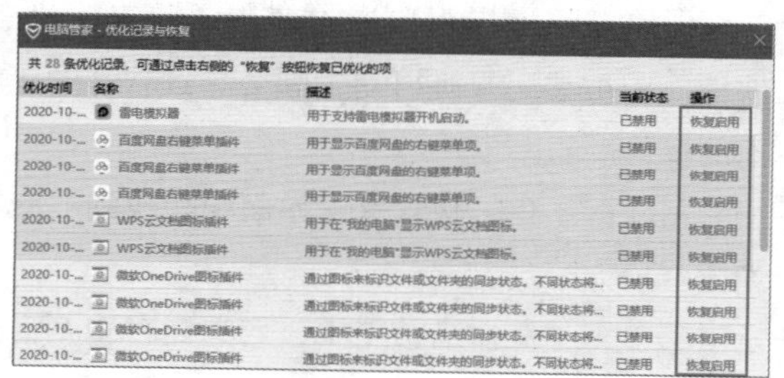

图 4-25

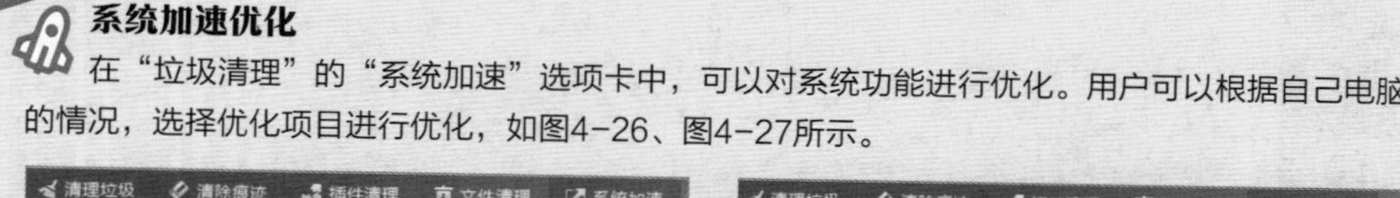

系统加速优化

在“垃圾清理”的“系统加速”选项卡中，可以对系统功能进行优化。用户可以根据自己电脑的情况，选择优化项目进行优化，如图4-26、图4-27所示。

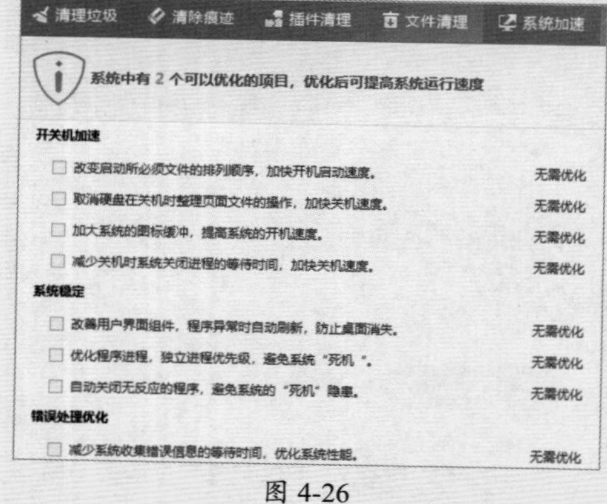

图 4-26

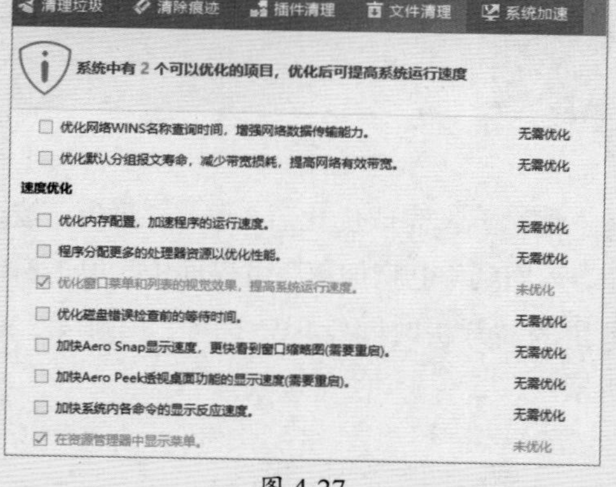

图 4-27

4.1.3 电脑管家专项功能

电脑管家除了对系统进行修复、优化操作外，还能够对“文档”“上网”“系统”“软件”等项目进行管理优化，图4-28所示的是“工具箱”主界面的“文档”管理工具，图4-29所示的是“上网”管理工具。

图 4-28

图 4-29

下面将向用户介绍四种较为典型的管理工具使用方法。

1. 文档守护者

电脑一旦中了勒索病毒，文档会被恶意加密，即使清除了病毒，文档仍无法使用。此时用户可使用“文档守护者”功能来进行解密和备份工作。

单击“文档守护者”按钮，在打开的界面中选择“文档解密”选项卡，单击“快速解密”按钮对选中文件进行解密，如图4-30所示。

开启文档守护功能后，电脑管家会自动对文档进行备份。在“实时防护”选项界面中，单击“防护状态”选项可启动勒索病毒拦截设置，并可设置自动备份的路径，如图4-31所示。

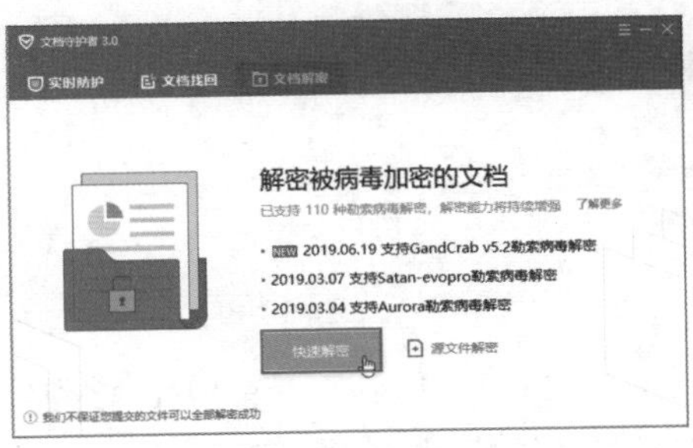

图 4-30

图 4-31

在“文档找回”选项界面中，可以通过勒索病毒急救、文档时光机、误删文档找回等设置来处理，如图4-32所示。

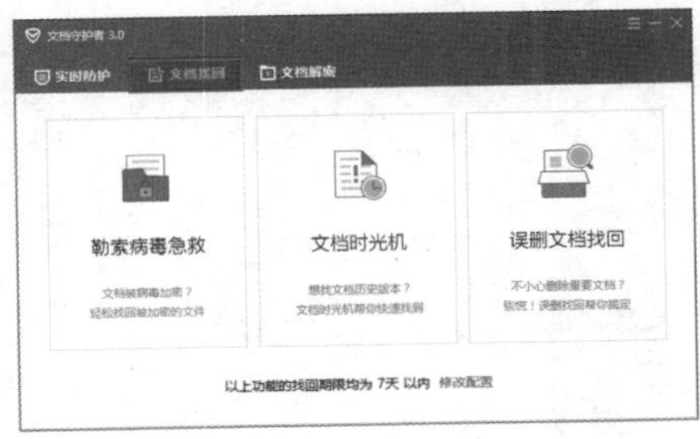

图 4-32

2. 企鹅守护

企鹅守护主要是针对不良网站、网页广告和不良信息提供拦截功能，用于打造绿色上网环境，如图4-33所示，双击“企鹅守护”选项即可打开软件界面。

图 4-33

3. 权限雷达

“权限雷达”工具主要是查看并设置弹窗、推装软件、开机启动、生成桌面图标、添加右键菜单、获取QQ及微信聊天记录的软件权限。

打开“权限雷达”选项界面，单击“立即扫描”按钮开始扫描，如图4-34所示。扫描完毕后会显示出扫描结果，勾选需阻止的选项，单击“一键阻止”按钮即可阻止其获取的权限，如图4-35所示。

图 4-34

图 4-35

4. 硬件检测

硬件检测功能主要用于查看当前电脑的配置情况，对电脑进行简单的测评跑分、驱动查看等操作。用户需要下载并安装该工具软件后才能使用，如图4-36所示。

图 4-36

动手练 对网络进行管理

电脑管家还可以对正在使用的网络进行管理，下面介绍具体操作。

Step 01 如果需要检测当前的网速，可使用“测试网速”工具来检测，如图4-37所示。在界面中会显示当前的地理位置、下载和上传速度。

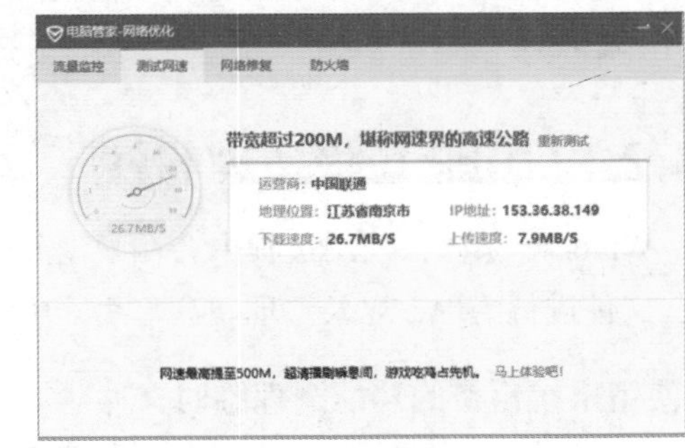

图 4-37

Step 02 切换到“流量监控”选项卡，可以查看当前系统进程占用网络的情况，如发现有异常程序，或者不希望某些程序联网，可选择对应的进程，单击“禁用网络”按钮断开其连接即可，如图4-38所示。

Step 03 如需对某些程序限速，则可选择该程序，单击对应的按钮，输入速度的最大值即可，如图4-39所示，输入“0”表示不限速。

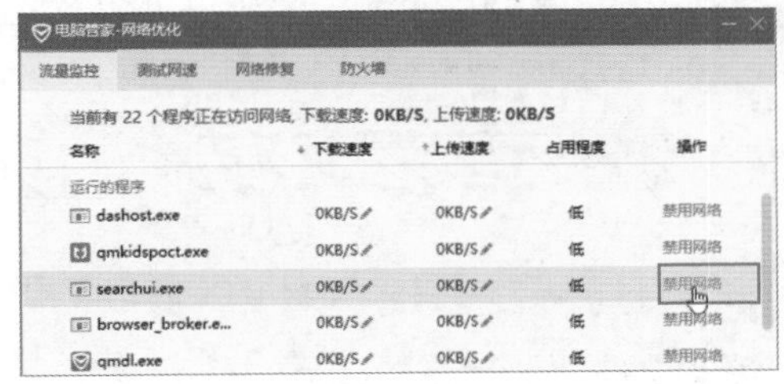

图 4-38

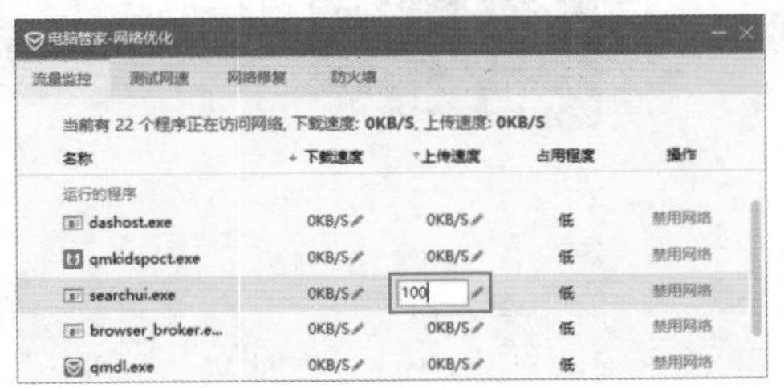

图 4-39

Step 04 如果上不了网或者出现上网故障，可使用“网络修复”选项卡中的功能来检查和修复网络，如图4-40所示。

Step 05 在“防火墙”选项卡中可对常用端口进行管理；可关闭一些不使用的端口来提高电脑的安全性，如图4-41所示。

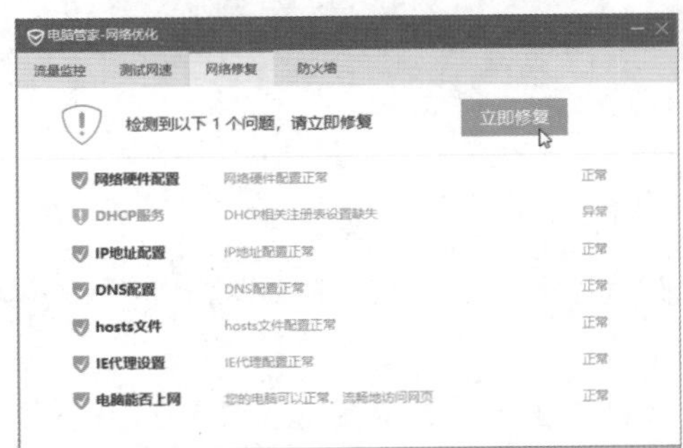

图 4-40

图 4-41

4.2 常见电脑单项管理优化软件

上一节介绍的是综合型的管理优化软件，本节将对那些功能单一但实用的优化软件展开介绍。

4.2.1 电脑垃圾清理软件

Windows系统在使用过程中会在硬盘上产生大量的碎片文件、临时文件。用户可对这些文件进行清理，以及整理硬盘碎片，从而提高电脑运行效率。

1. 使用系统自带的功能清理临时文件

Windows 10自带清理优化功能，如磁盘分析、存储感知，可以满足用户日常清理文件的需求。在“开始”菜单中选择“设置”选项，在“Windows设置”窗口中单击“系统”选项，然后在系统设置界面中选择“存储”选项，电脑会自动开始扫描，并在界面右侧显示当前的磁盘分析信息，如图4-42所示。

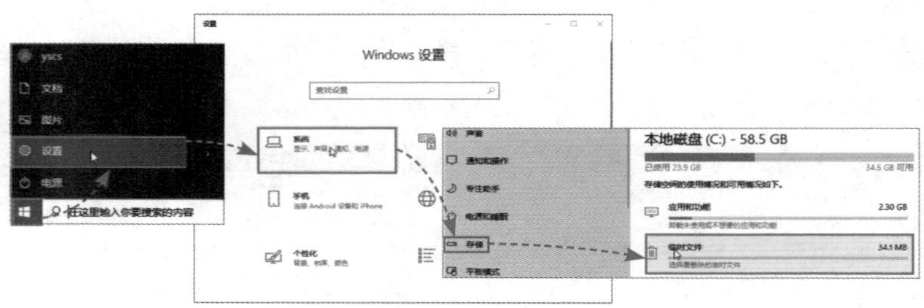

图 4-42

单击检测结果中的“临时文件”项，系统会分析并分类显示出当前的临时文件信息及其大小。选中需要删除的类型，单击“删除文件”按钮即可将之删除，如图4-43所示。

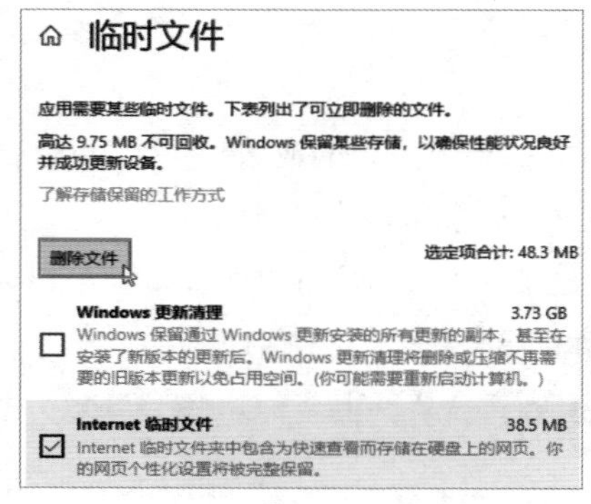

图 4-43

2. 配置存储感知

存储感知是指可以按照指定的方式来判断磁盘空间，当达到条件后就清理磁盘，以自动保持硬盘的健康状态。

在“存储”主界面中，启动“存储感知”功能并单击“配置存储感知或立即运行”按钮；在弹出的界面中单击“运行存储感知”下拉按钮，选择“每天”选项，并在“临时文件”选项组中按照需求进行配置。例如要让回收站文件保存14天，则设置如图4-44所示，配置完毕后可以立即启动清理。

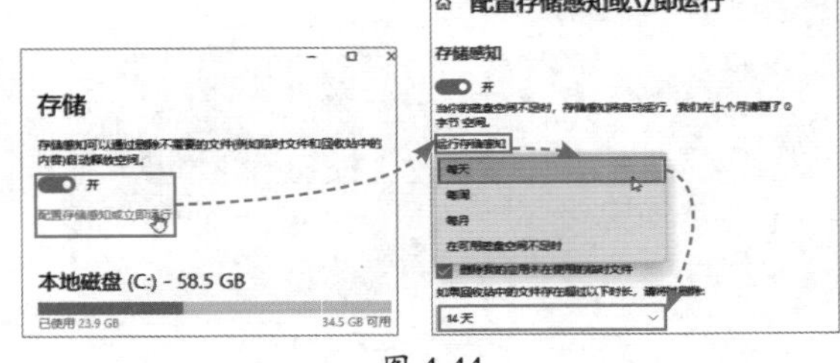

图 4-44

知识点拨

管理新内容保存位置

在以往的Windows中，文档、图片、音乐等文件默认保存到C盘。如用户没有养成良好的使用习惯，C盘的可用空间会越来越少。而在Windows 10中可以配置文件默认保存位置至其他分区中，这样就从一定程度上解决了C盘容量小的问题。其操作为：在“存储”功能主界面中的“更多存储设置”选项下，单击“更改新内容的保存位置”按钮，在弹出的界面中设置新的保存位置，单击“应用”按钮即可，如图4-45所示。

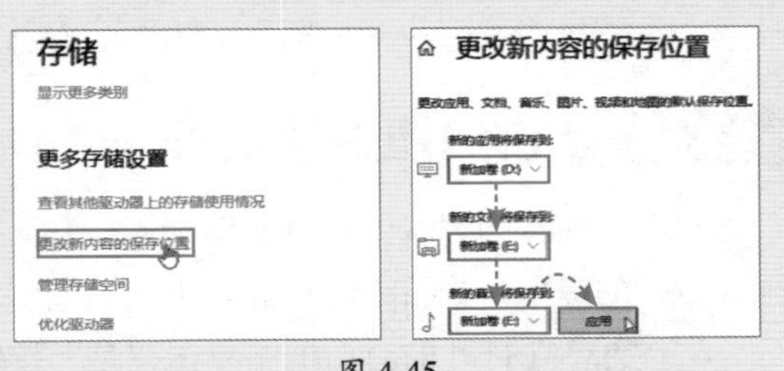

图 4-45

4.2.2　注册表管理软件

注册表是系统中一个关键的组件。本节将介绍注册表以及注册表的备份与管理。

1. 注册表的概念

注册表是Windows中一个重要的数据库，用于存储系统和应用程序的设置信息。用户可以通过运行“Regedit”命令启动注册表编辑器进行修改和管理，如图4-46所示。

可以把注册表理解为配置信息和一些功能的开关。系统及软件启动时，均会读取注册表信息，以确定配置和一些功能的工作状态。对于新手用户来说，注册表慎改。

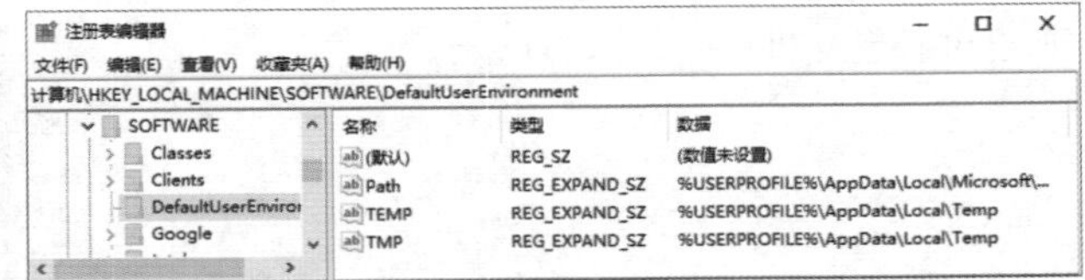

图 4-46

2. Wise Registry Cleaner 简介

Wise Registry Cleaner是一款安全的注册表清理工具，可以安全快速地扫描注册表，查找无效、冗余的信息并清理。用户可以通过官网直接下载。

在官网中选择该软件，进入下载界面，单击“免费下载”按钮即可，如图4-47所示。下载完成后选择安装程序，双击启动，设置下载位置后单击“下一步”按钮即可安装，如图4-48所示。

图 4-47

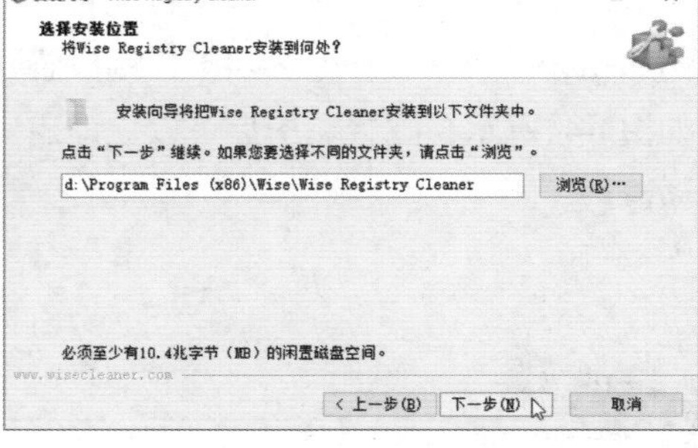

图 4-48

动手练 备份与还原注册表

扫码看视频

双击桌面上的Wise Registry Cleaner图标，启动该软件后，会给出第一次运行的提示：先备份注册表。下面介绍注册表的备份操作。

Step 01 在打开的对话框中单击“是”按钮，开始自动备份注册表，如图4-49所示。

Step 02 在打开的提示界面中单击“创建完整的注册表备份”按钮，如图4-50所示。

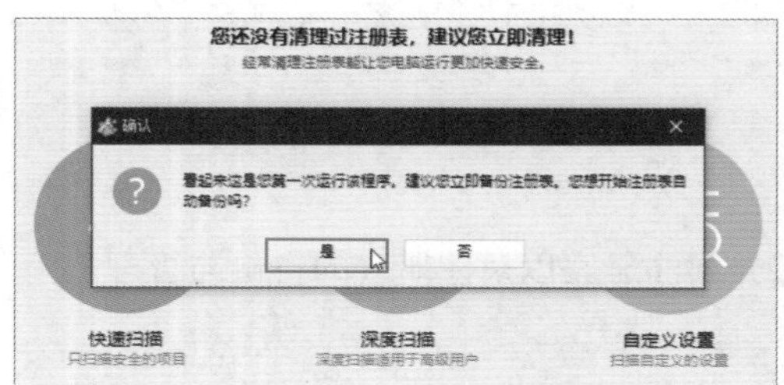

图 4-49

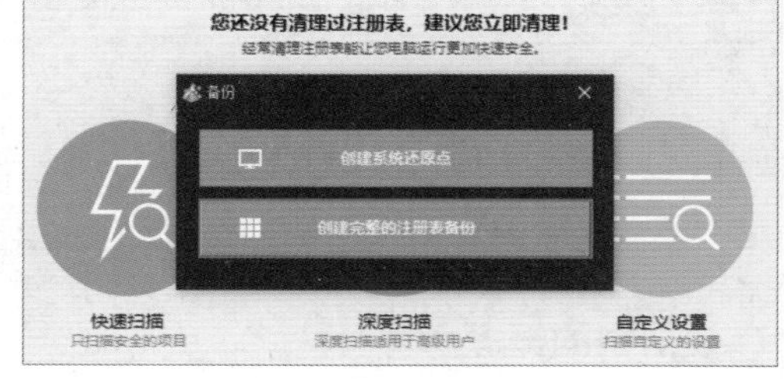

图 4-50

Step 03 软件开始自动备份当前状态下的注册表文件，如图4-51所示。

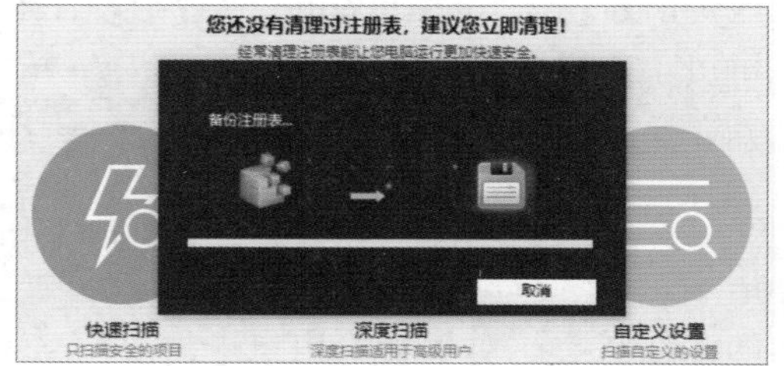

图 4-51

如果注册表出现问题，并且之前进行过备份，则可将其还原。具体操作方法如下。

Step 01 启动Wise Registry Cleaner软件，在菜单栏中单击“菜单”按钮，选择“还原”选项，如图4-52所示。

图 4-52

Step 02 在“还原中心”界面中，根据备份时间选择需要的还原点，单击“还原”按钮进行还原操作，如图4-53所示。

Step 03 还原结束后，在打开的提示信息对话框中单击“确定”按钮，如图4-54所示。

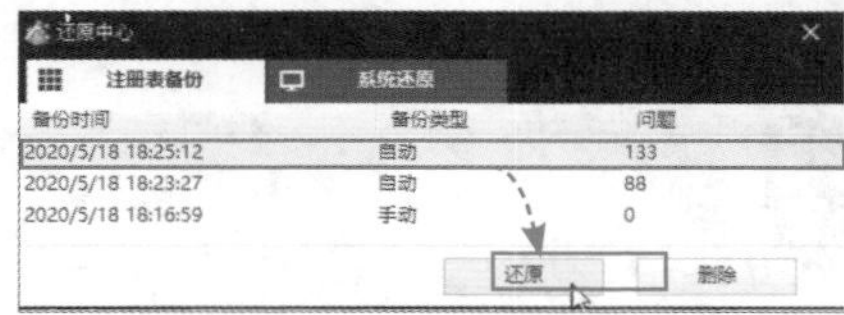

图 4-53

图 4-54

4.3 驱动检测及自动安装驱动

驱动程序是为了使硬件在最优的模式下工作而安装的特定程序。驱动程序用于操作系统与硬件的通信。由于一些驱动程序下载起来比较烦琐，所以建议用户使用第三方驱动扫描及自动安装软件来安装驱动程序，例如驱动人生、驱动精灵等。

本节以驱动精灵为例，向用户介绍驱动安装、备份恢复等操作。

4.3.1 软件的下载与安装

驱动精灵的下载与安装与之前介绍的软件类似，用户可进入官网下载。

进入官网后，选择所需版本，这里选择“驱动精灵 网卡版”，单击“立即下载”按钮下载，如图4-55所示。下载完毕后，双击启动安装程序，建议安装在非系统分区。在安装界面取消勾选其他软件和设置，单击“一键安装”按钮即可安装，如图4-56所示。

图 4-55

图 4-56

4.3.2 自动安装驱动

驱动精灵是可以自动安装硬件的驱动程序。双击其桌面图标启动软件，会弹出全面体检界面，单击“立即检测”按钮，如图4-57所示。此时软件将自动检测驱动程序的安装情况，完成后会显示摘要信息。在“驱动管理”选项卡中，如果有未安装驱动程序的硬件设备，则选择对应的设备选项，单击“一键安装”按钮即可，如图4-58所示。之后，驱动精灵就会把与该硬件对应的驱动程序安装好，使硬件能正常工作。

图 4-57

图 4-58

动手练 备份及还原驱动

扫码看视频

除了驱动的自动检测与安装外，驱动精灵还可对已经安装的驱动程序进行备份和还原，具体操作如下。

Step 01 在驱动精灵中，可以查看到当前安装的驱动程序，单击要备份的驱动程序右侧的下拉按钮，选择“备份”选项，如图4-59所示。

Step 02 在打开的界面中，勾选需要备份的驱动程序，单击“一键备份”按钮即可将所选硬件驱动程序备份到电脑中，如图4-60所示。

图 4-59

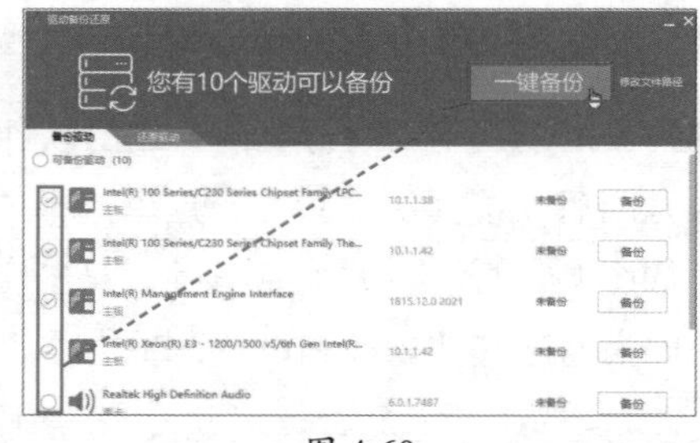

图 4-60

Step 03 备份好后如需要重装，或更新驱动程序后系统有问题时，则可将备份的驱动程序还原。选择“驱动管理”选项卡，单击要恢复驱动的硬件右侧的下拉按钮，选择“还原”选项，如图4-61所示。

Step 04 在“还原驱动”界面中选择需还原的驱动项，单击“一键还原”按钮即可还原驱动，如图4-62所示。

图 4-61

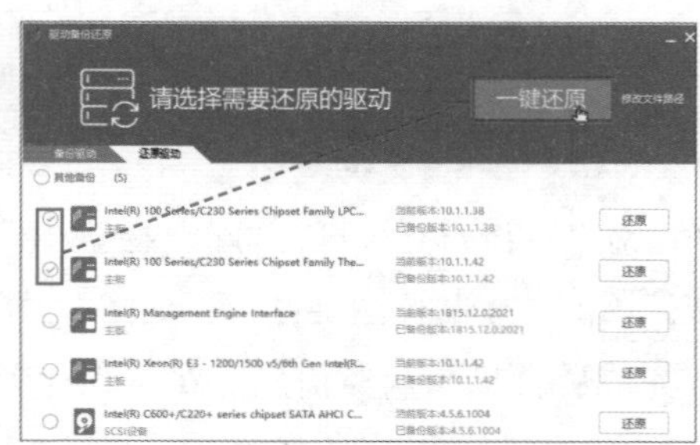

图 4-62

知识延伸：全面认识计算机的端口

端口（Port）可认为是计算机与外界通信交流的通道。端口号可分为三大类：公认端口（Well Known Ports）、注册端口（Registered Ports）、动态/私有端口（Dynamic and/or Private Ports）。

1. 公认端口

端口号：1~1023，经常可以看到它们紧密绑定于一些服务。通常这些端口的通信明确表明了某种服务的协议。如80端口就是HTTP端口；FTP为20、21端口；SSH为22端口；Telnet为23端口；SMTP为25端口等。

2. 注册端口

端口号：1024~49151，它们松散地绑定了一些服务。也就是说有许多服务绑定于这些端口，这些端口同样用于许多其他目的。例如，许多系统处理动态端口从1024左右开始。

3. 动态 / 私有端口

端口号：49152~65535，理论上不应为服务分配这些端口。实际上机器通常从1024起分配动态端口。但也有例外，SUN的RPC端口从32768开始。

黑客经常使用一些端口来对计算机进行攻击，或者使用病毒或木马来打开一些特定端口。所以从安全角度，应该经常检查计算机是否打开了一些异常端口，如果有，可手动关闭。查看端口的命令为“netstat -ano”，可以在命令提示符界面执行并查看结果，如图4-63所示。

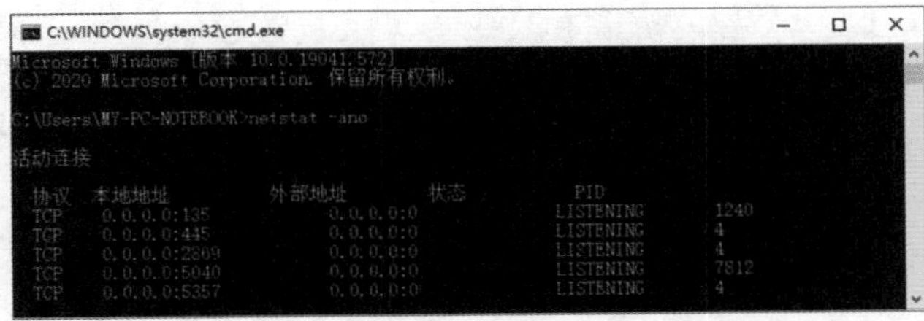

图 4-63

知识点拨

网址解析及端口映射

网址解析（Network Address Translation, NAT）的主要功能是将私有地址转换为公有地址+端口号的形式来访问外网。端口映射是NAT地址转换的一种，它可以反过来，让公网的用户访问局域网中的设备。

端口映射的主要作用是将内网机器发布为对外网的服务器。在本地配置了一台服务器后，在路由器上进行端口映射，就可以将该服务器发布出去。外网的设备通过本地路由器的IP+端口号或者域名+端口号的形式，就可以访问到内网中的服务器。

例如远程访问、P2P模式等，都可使用端口映射实现具体软件的功能。

第5章

硬盘管理优化软件

硬盘是电脑中最常用的存储介质，硬盘管理直接关系到数据的存储。在安装操作系统时，也需要对硬盘进行分区和格式化，然后才能使用。本章将着重讲解使用软件对硬盘进行管理以及优化的方法。

5.1 硬盘分区软件

新电脑在安装操作系统前，都需对硬盘进行分区。什么是硬盘的分区，为什么要分区，怎么分区，如何使用第三方软件对硬盘分区进行管理呢？本节将对这些问题进行解答。

5.1.1 什么是硬盘分区

硬盘分区是指将硬盘的整体存储空间划分成多个独立的区域，分别用来安装操作系统、应用程序以及存储数据文件等。笔者的硬盘分区情况如图5-1所示。这里的本地磁盘C、D、E就是硬盘的分区。在分区前需要了解一些硬盘分区的知识。

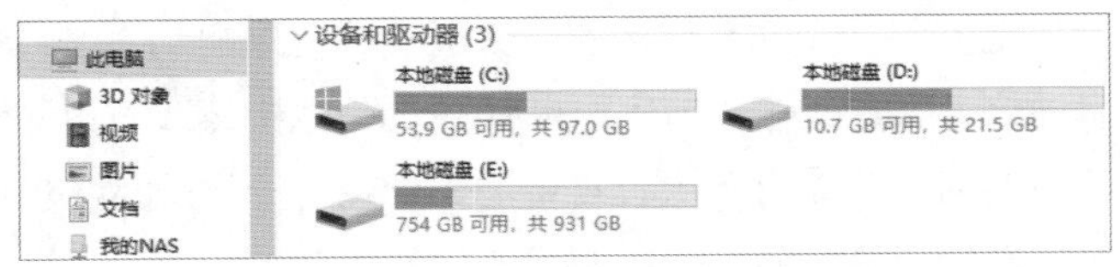

图 5-1

1. 怎么查看硬盘及分区状态

在“此电脑”界面中可以看到当前电脑的所有分区。以图5-1为例，显示出一共有两块硬盘，其中C、D盘是固态硬盘、E盘为机械硬盘。因为笔者使用的是UEFI+GPT的模式，所以还有启动分区等没显示出来。所以要想综合查看当前硬盘状态，可以使用磁盘管理功能进行查看。

右击桌面上的“此电脑”图标，在弹出的快捷菜单中选择“管理”选项；在弹出的“计算机管理”界面中选择左侧窗格的“磁盘管理”选项，即显示当前的磁盘状态，如图5-2所示。

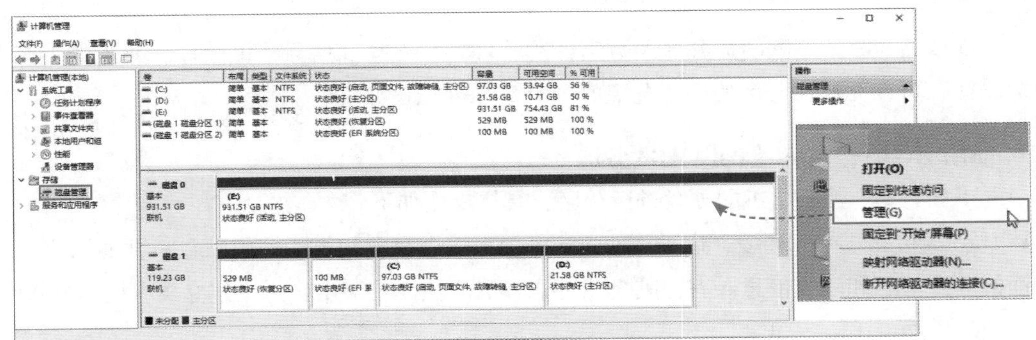

图 5-2

从图5-2可以看到，磁盘0的容量为931.51GB，只有一个分区。磁盘1的容量为119.23GB，有四个分区，其中有100MB的EFI引导分区，529MB的恢复分区，这两个分区是无法直接使用的，有其特殊功能；容量为97.03GB的分区为C盘，是系统盘，容量为21.58GB的分区为D盘，用于存储软件和数据，这两个分区可以被查看到。

2. MBR 与 GPT 的关系和区别

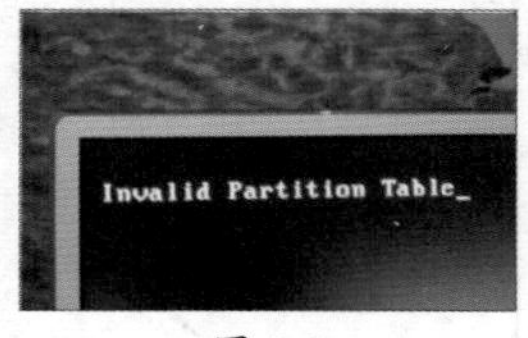

图 5-3

硬盘在完成分区后，就会生成一张记录着硬盘分区信息、启动分区信息等的表格。电脑在启动后，会读取硬盘分区表，找到引导程序所在位置并进行引导，从而完成系统的启动。如果该表格损坏，那么电脑启动后将无法找到启动分区的位置，从而造成引导失败，无法进入系统，并且报错，如图5-3所示。

硬盘分区可分为MBR分区和GPT分区，所以分区表也分别对应这两个分区。

（1）MBR。

MBR称为“主引导记录”，它是存在于硬盘驱动器开始部分的一个特殊的启动扇区，这个扇区包含了已安装的操作系统信息，并通过代码来启动系统。安装了Windows操作系统后，其启动信息就置于代码中。如果MBR的信息损坏或被误删除，则不能正常启动Windows。启动电脑时会先启动主板自带的BIOS系统，再加载MBR，MBR再启动Windows。MBR对应着传统的Legacy+MBR的启动模式。

（2）GPT。

GPT称为“全局唯一标识硬盘分区表”，它是一种更先进的硬盘组织方式，是一种使用UEFI启动的硬盘组织方式。起初是为了更好的兼容性，后期则因其更大的支持容量和更多的兼容而被广泛使用。GPT对应着UEFI+GPT的启动模式。

GPT分区的优势有：MBR最大支持2TB硬盘，GPT最大支持18EB的硬盘（1EB=1024PB，1PB=1024TB）。MBR最多支持4个主分区或者3个主分区+1个扩展分区，GPT支持128个主分区。GPT分区表有备份。UEFI模式启动的系统，只能安装在GPT分区中。

5.1.2 认识DiskGenius

DiskGenius是一款硬盘分区及数据恢复软件。它继承并增强了该软件DOS版的大部分功能，可在无任何分区使用情况下的PE环境中使用。

1. 使用 DiskGenius 创建 MBR 分区

下面将对一个120GB的硬盘进行分区，具体操作如下。

Step 01 进入PE环境，启动DiskGenius，系统会自动扫描当前的硬盘，并显示出当前的分区信息和硬盘信息。右击硬盘项，在弹出的快捷菜单中选择“建立新分区”选项，如图5-4所示。

图 5-4

Step 02 弹出“建立新分区”对话框，选中“主磁盘分区”单选按钮，默认为NTFS文件系统。设置系统分区大小为60GB。若是固态硬盘，需要4K对齐。这里保持默认设置，单击“确定”按钮，如图5-5所示。

Step 03 建立新分区后自动跳转到主界面，右击剩余的磁盘区域，在弹出的快捷菜单中选择“建立新分区”选项，如图5-6所示。

图 5-5

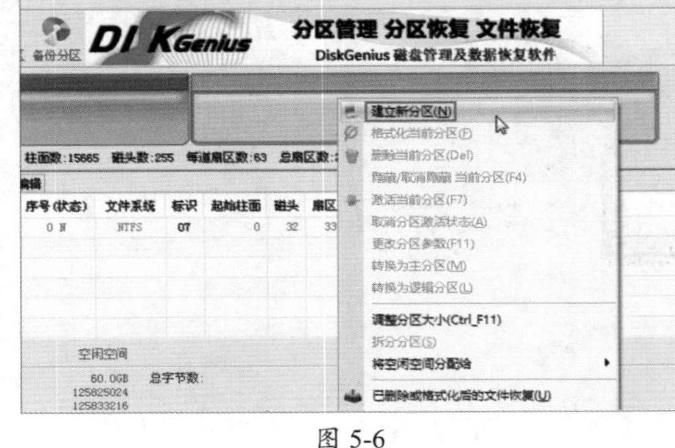

图 5-6

知识点拨

MBR创建分区注意事项

主分区是可以启动操作系统的分区，如果是双系统，那么两个系统要装到不同的主分区上，这样才能启动。

一般来说，MBR分区表最多支持4个主分区、或者3个主分区+1个扩展分区。在扩展分区中可以划分出很多逻辑分区。这是由MBR分区表的结构和大小所决定的。

Step 04 在打开的“建立新分区”对话框中，保持默认选择“扩展磁盘分区”，单击“确定”按钮，如图5-7所示。

Step 05 返回主界面，再次右击剩余的区域，在弹出的快捷菜单中选择“建立新分区”选项，如图5-8所示。

图 5-7

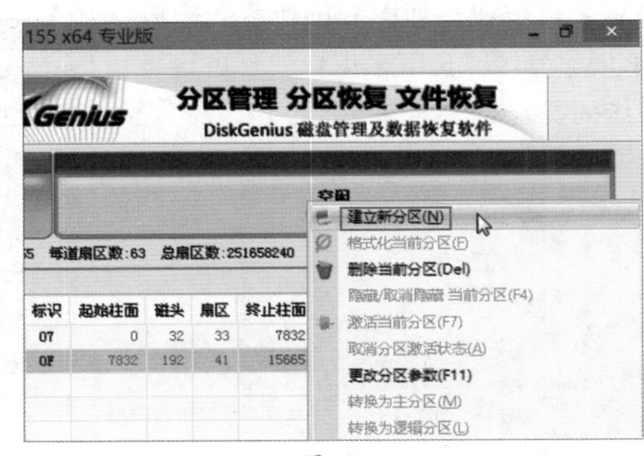

图 5-8

Step 06 设置逻辑分区大小为30GB，单击“确定”按钮，如图5-9所示。

Step 07 按照同样的方法，为剩余的空间创建逻辑分区，如图5-10所示。此时第一个分区默认是活动状态。如果不是可在“分区”菜单中将其设为活动的，只有活动的主分区，才可以引导系统，否则系统无法启动。

图 5-9

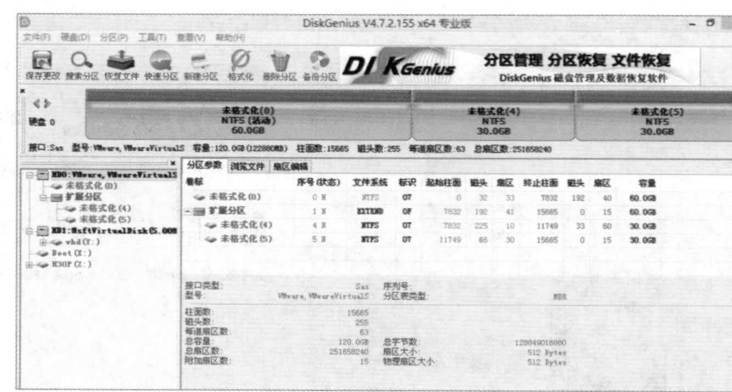

图 5-10

Step 08 完成设置后，单击主界面左上角的“保存更改”按钮，如图5-11所示。

Step 09 软件弹出确认信息框，单击“是”按钮，如图5-12所示。

图 5-11

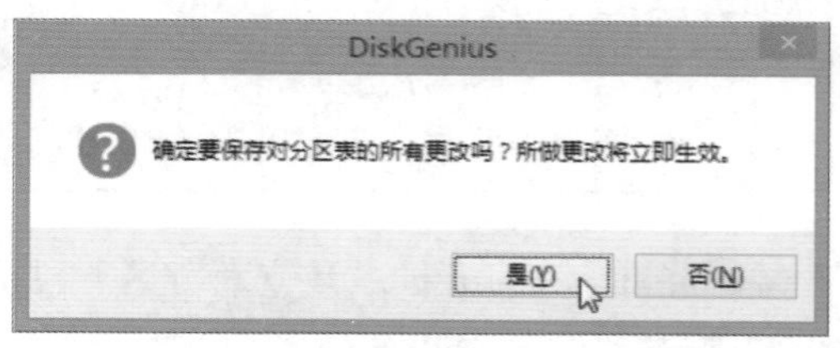

图 5-12

Step 10 软件提示是否马上格式化，单击“是”按钮，如图5-13所示，完成MBR创建分区。接下来用户就可进行操作系统的安装了。

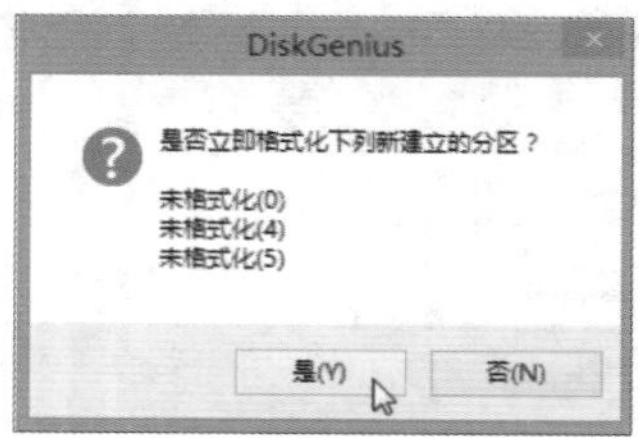

图 5-13

注意事项 DiskGenius执行模式

在DiskGenius内执行的大部分操作，其实都像编程一样把操作记录下来。虽然对于用户而言，每一步操作都对硬盘进行了设置，但实际上硬盘并没有进行更改。只有在用户确定无误的情况下才按步骤执行。如果用户操作错误，只要不保存更改，就可以重新进行设置。而用户需要记住最后必须进行保存，否则所做的操作都是无效的。

2. 删除MBR分区并使用DiskGenius创建GPT分区

以上介绍了MBR分区的创建，下面将介绍GPT分区的创建，为此我们要先删除上一步创建的MBR分区。

Step 01 运行DiskGenius，右击需要删除的分区，在弹出的快捷菜单中选择“删除当前分区”选项，如图5-14所示。

Step 02 软件弹出提示框，单击“是”按钮确认，如图5-15所示。

图 5-14

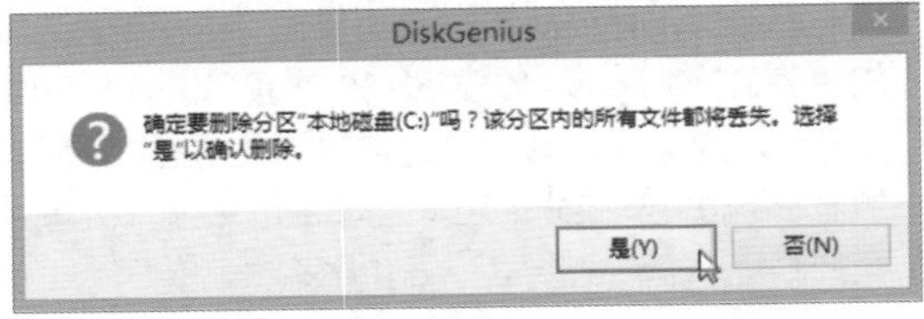

图 5-15

Step 03 此时，该分区会变成“空闲”状态，如图5-16所示。

图 5-16

Step 04 若分区过多，在菜单栏中选择“硬盘”→“删除所有分区”选项，如图5-17所示。

Step 05 在弹出的确认对话框中单击“是”按钮，如图5-18所示，所有的磁盘分区就全部删除完毕。

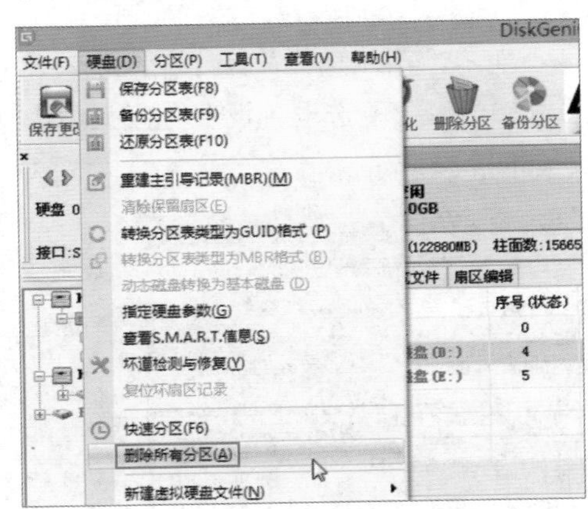

图 5-17

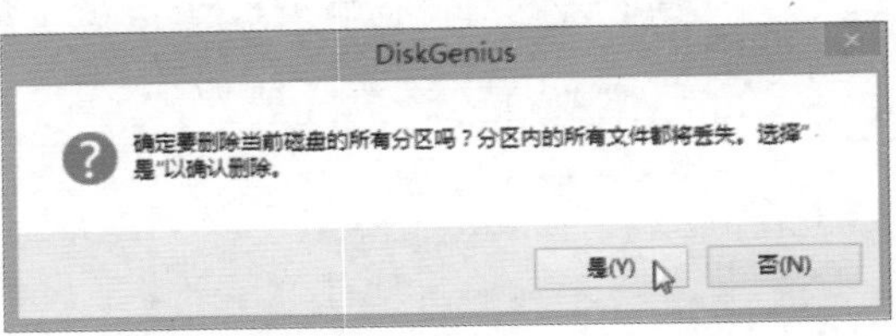

图 5-18

Step 06 在菜单栏中选择“硬盘”→“转换分区表类型为GUID格式”选项，如图5-19所示。

Step 07 在打开的提示界面中单击“确定”按钮开始转换，如图5-20所示。

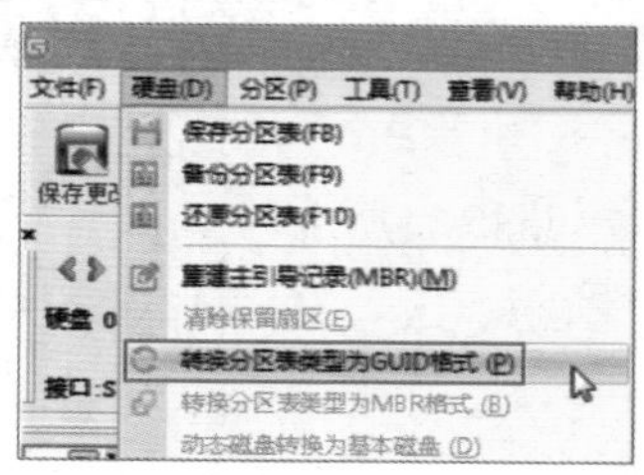

图 5-19

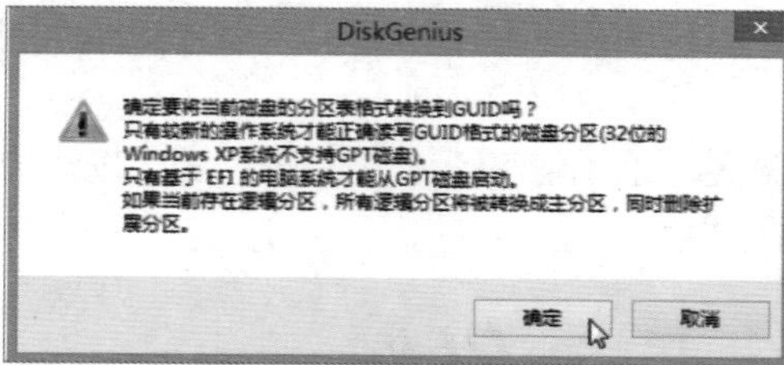

图 5-20

知识点拨

如何判断当前磁盘的分区类型

进入到Windows的“磁盘管理”中，在要查看的磁盘，如磁盘0或磁盘1上右击，如果在弹出的快捷菜单中显示“转换成MBR磁盘”选项，则说明当前是GPT分区模式，如图5-21所示；如果显示“转换成GPT磁盘”选项，则说明当前是MBR分区模式，如图5-22所示。在其他软件中，如显示类似“转换分区表类型为GUID格式”，则说明当前是MBR分区模式，反之说明当前是GPT模式。

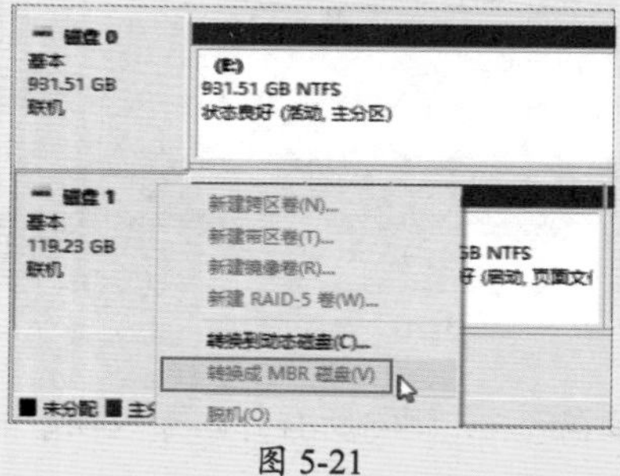

图 5-21

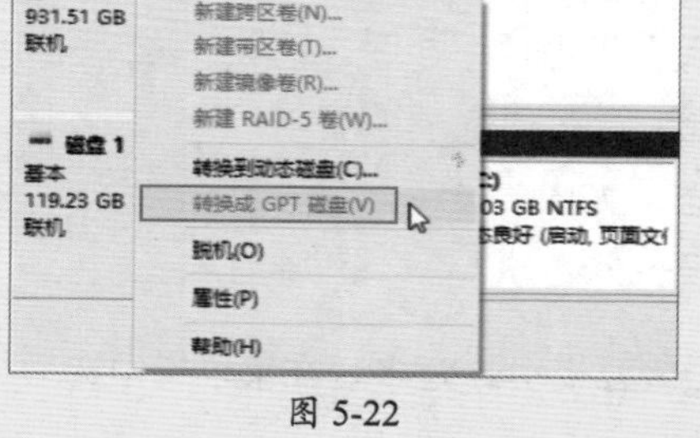

图 5-22

Step 08 右击空闲的磁盘，在弹出的快捷菜单中选择“建立新分区”选项，如图5-23所示。

Step 09 弹出“建立ESP、MSR分区”对话框。如果是作为启动系统分区，那么必须创建EFI，MSR分区是可选的。在此勾选“建立ESP分区”复选框，设置分区大小为100MB，其他保持默认设置，单击“确定”按钮，如图5-24所示。

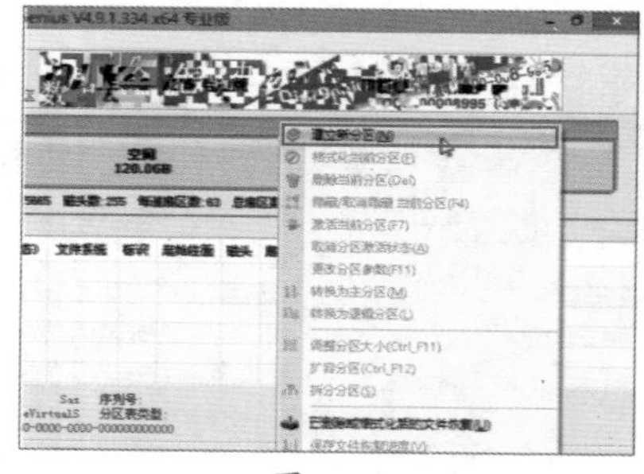

图 5-23

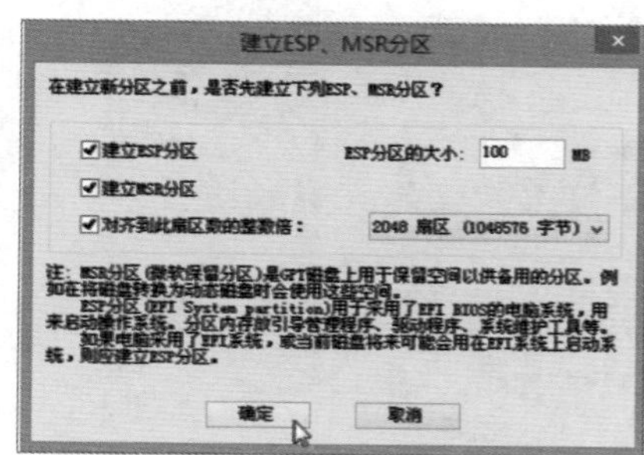

图 5-24

Step 10 在打开的界面中设置分区的大小即可。这里设置了3个主分区，分别为60GB、30GB、30GB。创建完毕后保存更改，结果如图5-25所示。

图 5-25

动手练 无损调整分区的大小

扫码看视频

默认情况下分区创建完毕后，再调整分区的大小就比较麻烦，往往需要删除分区后，重新建立分区。而使用了DiskGenius后，操作会很简单，它可以无损地调整分区的大小。下面将介绍具体的步骤。

Step 01 运行软件后，选择需要调整分区大小的硬盘。本例是将E盘分出10GB给C盘。所以选中E盘，在菜单栏中选择“分区”→“调整分区大小”选项，如图5-26所示。

Step 02 在弹出的“调整分区容量”对话框中，可以看到E盘的当前容量是29.78GB，设置其调整后的容量为19.78GB，如图5-27所示。

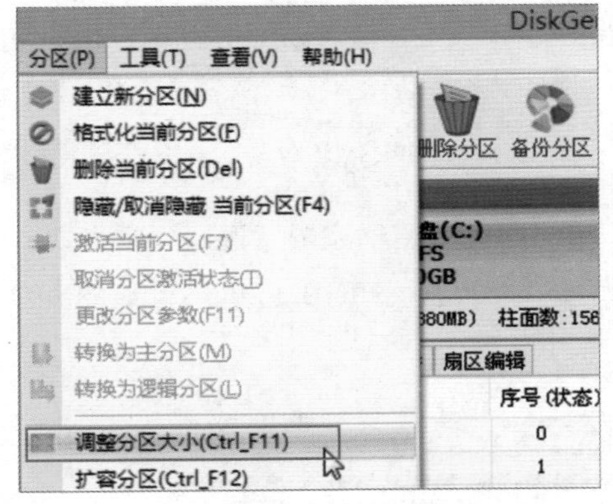

图 5-26

图 5-27

Step 03 单击任意文本框，可以看到设置的结果。单击“开始”按钮即可开始调整，如图5-28所示。由于当前E盘没有使用，所以前后都有空间。如果E盘被使用，则前部空间可能无法划分，只能从后划分了。最优的划分方案是离目标分区越近越好。

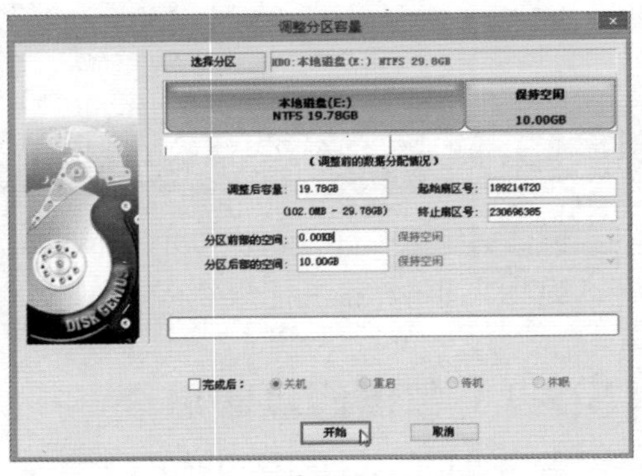

图 5-28

Step 04 随即打开提示框，提醒备份好重要文件，单击“是”按钮，如图5-29所示。

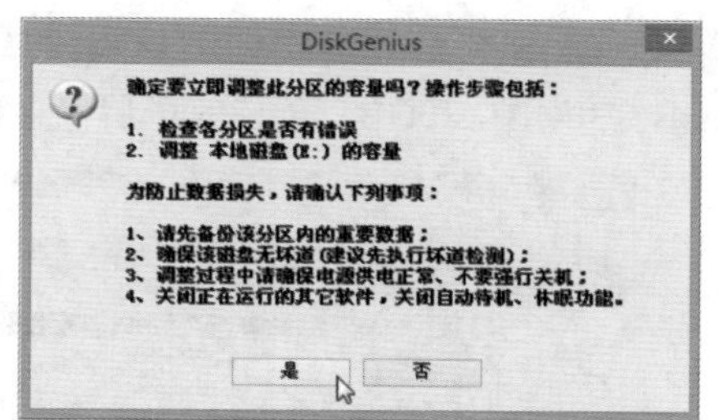

图 5-29

Step 05 调整完成后，会打开“调整分区容量”对话框，可以看到最后多出了10GB的空闲空间，单击“完成”按钮，如图5-30所示。

Step 06 返回到主界面，右击该空闲空间，在弹出的快捷菜单中选择“将空间分配给”→“分区：本地磁盘（C:）”选项，如图5-31所示。

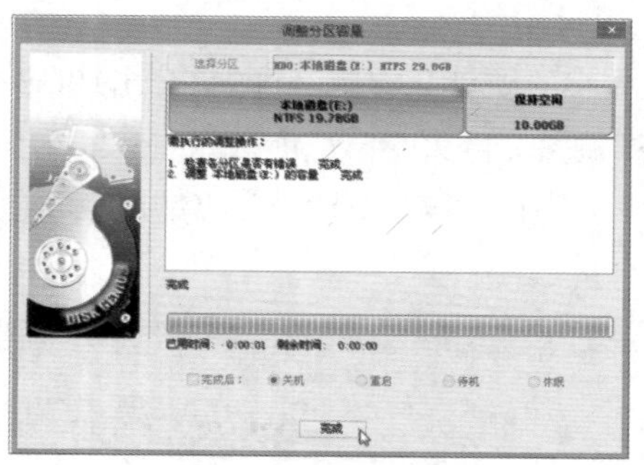

图 5-30

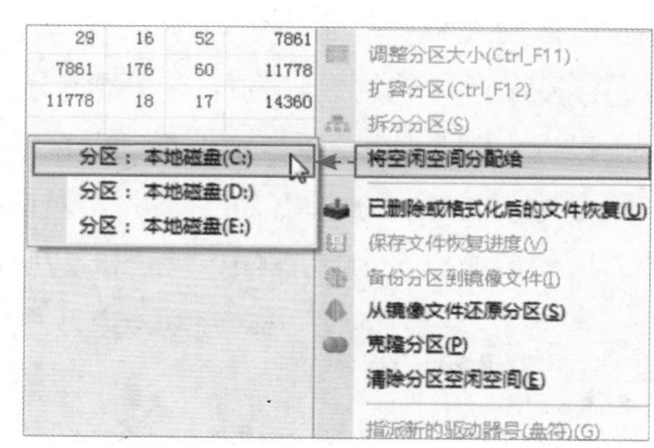

图 5-31

Step 07 随即出现确认提示框，单击“是”按钮即可。调整完毕后返回到主界面，可以看到磁盘容量分配从60GB、30GB、30GB调整为70GB、30GB、20GB，如图5-32所示。

图 5-32

5.2 数据修复软件

俗话说硬盘有价、数据无价。那什么是数据修复，数据修复的主要原理及方法又是什么呢？下面将详细进行介绍。

5.2.1 数据修复的原理

硬盘相当于一个仓库，被划分为很多小的存储单元，像储物柜一样。写入数据相当于在储物柜中放置物品并登记，而读取则相当于在储物柜中取出物品。储物柜上有编号，在取物品时则会读取登记表。

删除数据的原理相当于在储物柜的物品上贴上“已删除”标签，并在登记表上登记。清空回收站或是彻底删除操作，则是除贴上删除标签外，还从登记表上抹除了物品的属性信息。此时无法通过登记表找到该物品。再存放物品时，只要分配到贴有“已删除”标签的柜子，就会直接替换原物品。

在彻底删除后，事实上物品还存在于储物柜中，但没登记，也贴了删除标签，只有在下一批物品使用该储物柜时才会被覆盖。所以只要不再存储数据，那么原物品还在。

数据恢复软件的作用就相当于到每个储物柜去查找，重新登记所有的物品信息。如果用户删除的这批物品没被覆盖，那么就可以取出来，这就是修复的原理。

数据修复从原理上是可以实现的，但无法保证百分之百成功。利用一些高级软件和高级设备可以提升修复率，但耗时耗力，成本非常高。所以做好数据备份工作很必要。

机械硬盘的数据修复成功率要高于固态硬盘，这是由两者的存储方式和存储原理所决定的。所以纯数据尽量存储在机械硬盘上，并且经常做备份。

5.2.2 R-STUDIO Network的使用

R-STUDIO Network采用独特的数据恢复新技术，为已删除的文件提供了最为广泛的数据恢复解决方案。

动手练 数据恢复操作

扫码看视频

先复制一个文档和一张图片至G盘，然后将它们删除。下面将对删除的文件进行恢复，具体操作方法如下。

Step 01 将R-STUDIO Network绿色版复制到系统或者PE中，启动主程序，在其界面中可以看到当前所有分区。选中G盘可以看到G盘的所有参数。在功能按钮区单击“扫描”按钮，如图5-33所示。

Step 02 在“扫描”对话框中单击“已知文件类型”按钮，如图5-34所示。

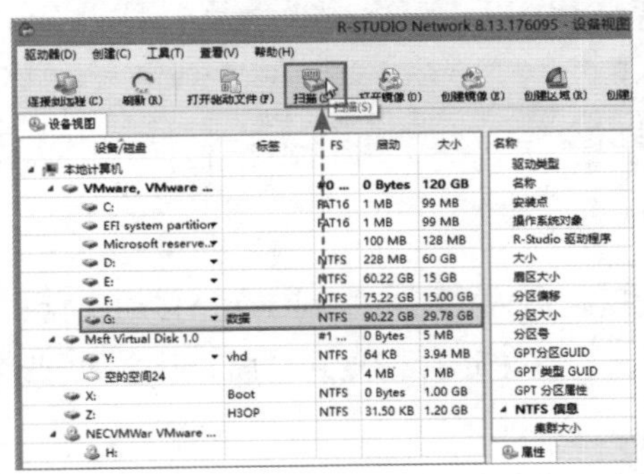

图 5-33

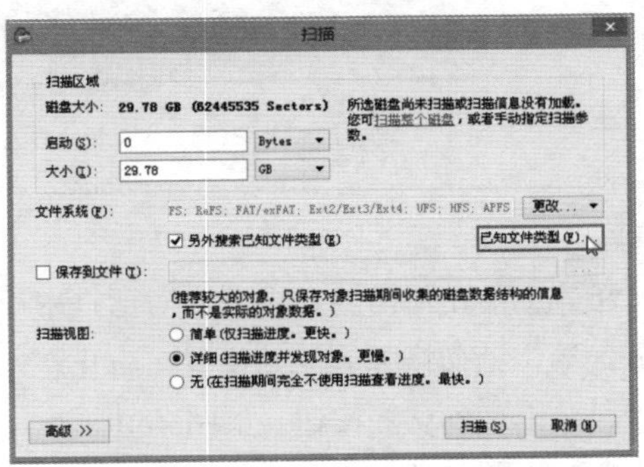

图 5-34

Step 03 在“已知文件类型”对话框中，根据需要恢复的文件类型设置扫描类型，完成后单击“确定”按钮，如图5-35所示。

Step 04 返回上一级对话框，保持默认设置，单击“扫描”按钮，如图5-36所示。

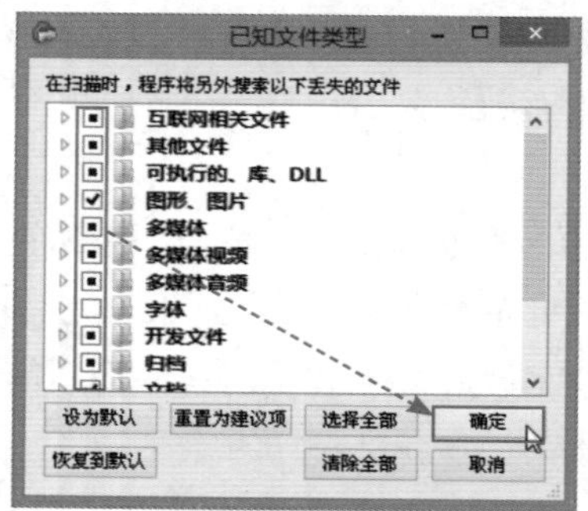

图 5-35

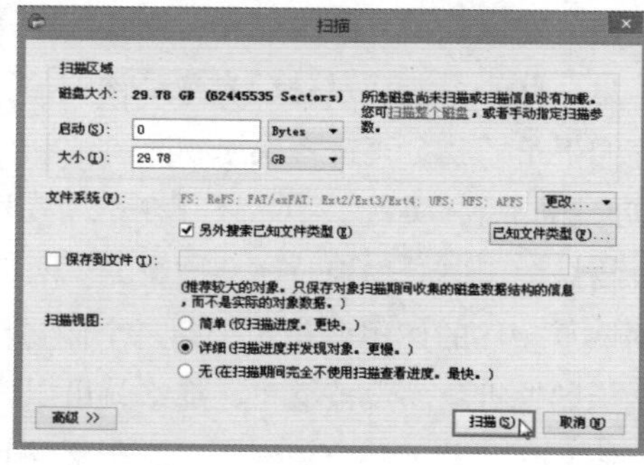

图 5-36

Step 05 软件会以图形的形式实时显示扫描状态，下方会显示扫描进度条。完成扫描后选中G盘，在命令按钮区单击“打开驱动文件”按钮，如图5-37所示。

Step 06 在打开的G盘文件视图界面中，显示出刚扫描到的两个被删除的文件，如图5-38所示。

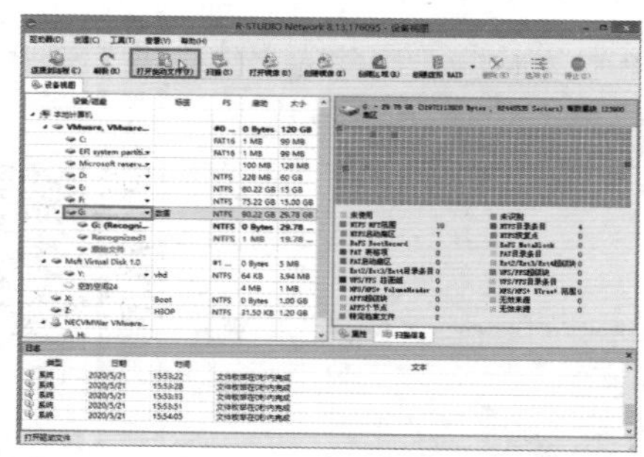

图 5-37

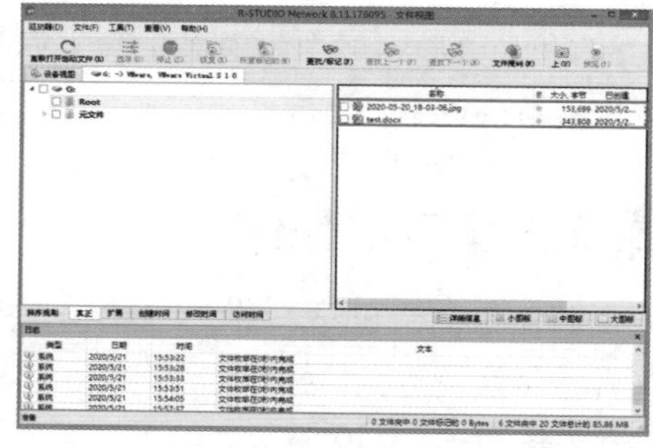

图 5-38

Step 07 双击图片文件进行预览，确定无误后，选中需要恢复的文件，单击“恢复标记的”按钮，如图5-39所示。

图 5-39

Step 08 在弹出的“恢复”对话框中设置恢复位置，可恢复到U盘、移动硬盘、其他分区等。请勿恢复到原始位置，防止意外发生。这里选择恢复到桌面，其余保持默认设置，单击“确认”按钮，如图5-40所示。

Step 09 完成后可在桌面上看到恢复的文件，如图5-41所示。至此完成文件恢复。

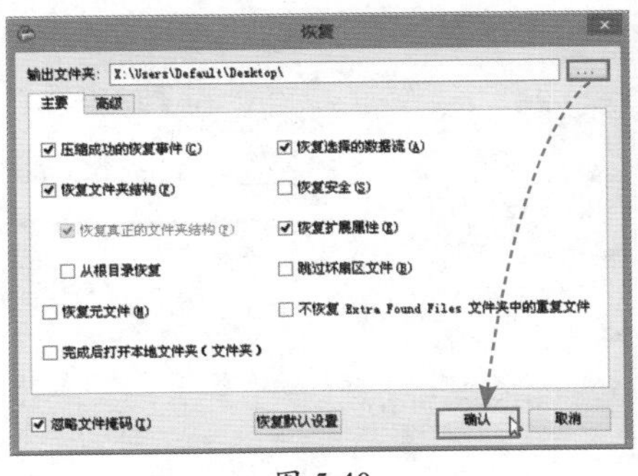

图 5-40

图 5-41

5.3 磁盘碎片整理软件

Windows在使用过程中，会产生很多磁盘碎片。需注意，这是文件在磁盘上存储的逻辑型碎片，而不是磁盘的物理碎片。对于固态硬盘来说，不需要进行磁盘碎片整理。所以磁盘碎片整理主要针对的是机械硬盘。

5.3.1 磁盘碎片产生的原因及影响

磁盘碎片可称为文件碎片，通常文件被分散保存在磁盘的不同位置，而不是连续保存。此外，虚拟内存管理程序也会产生大量碎片。

磁盘碎片会降低硬盘的运行速度，这主要是由于硬盘读取文件时需要在多个碎片之间跳转，增加了等待盘片旋转到指定扇区的潜伏期和磁头切换磁道所需的寻道时间，从而降低了整个系统的运行效率。

5.3.2 磁盘碎片整理的原理

磁盘碎片的整理，是将不连续的文件按照某种标准，重新依序排列。这样在使用时可以减少磁头的无序读取，尽可能连续读取更多数据，间接提高了磁盘的有效读取效率。定期对机械硬盘做磁盘碎片整理可以保持电脑的良性运行。

动手练 使用Windows自带功能进行碎片整理

扫码看视频

在介绍了磁盘碎片产生以及碎片整理的原理后，下面将介绍碎片整理的方法。其实Windows本身就带有碎片整理功能，普通用户无须下载第三方软件，即可进行磁盘碎片整理。

Step 01 双击桌面的“此电脑”图标进入管理界面，如图5-42所示。

Step 02 在需要进行磁盘碎片整理的分区上（如C盘）右击，在弹出的快捷菜单中选择“属性”选项，如图5-43所示。

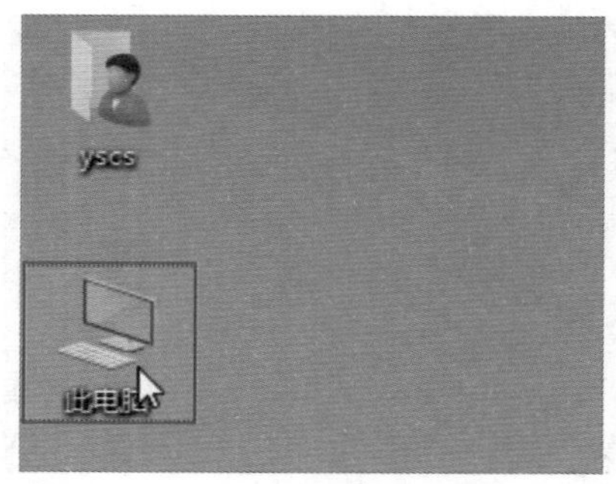

图 5-42

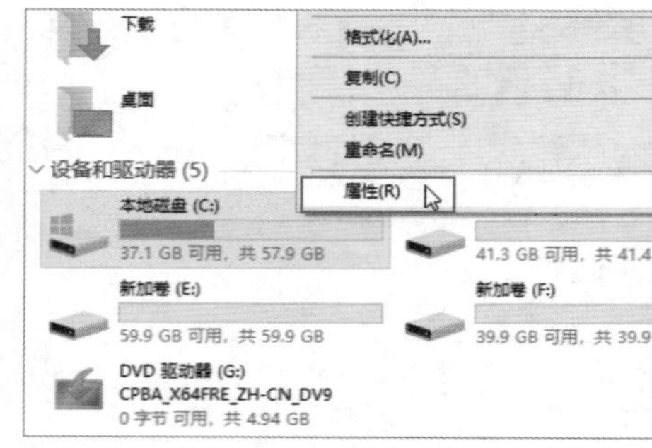

图 5-43

Step 03 切换到“工具”选项卡，单击“优化”按钮，如图5-44所示。

Step 04 在“优化驱动器”界面中选择需要优化的磁盘，这里选择C盘，然后单击“分析”按钮，如图5-45所示。

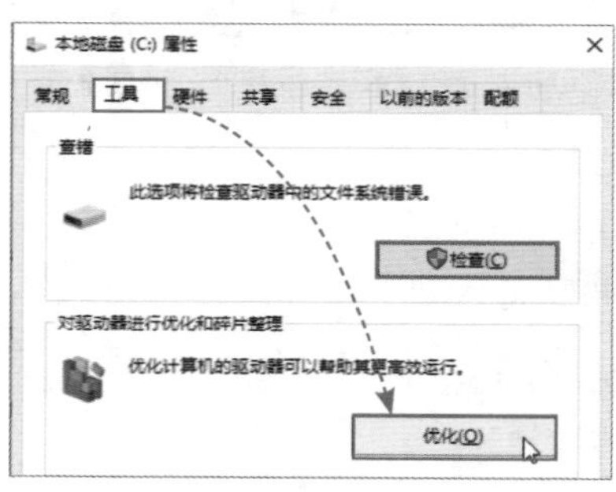

图 5-44

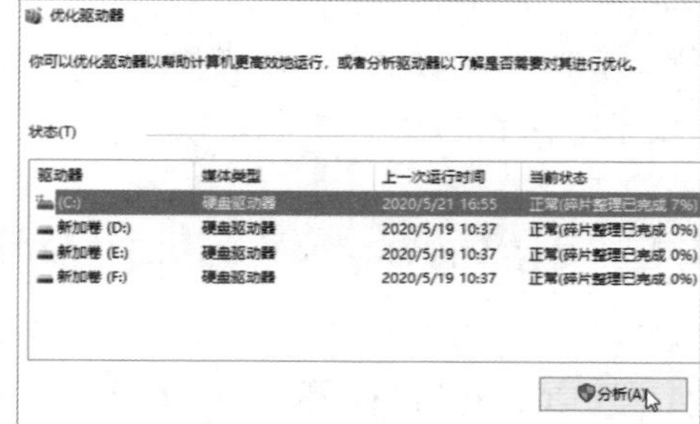

图 5-45

Step 05 分析完毕后单击“优化”按钮，如图5-46所示。

Step 06 软件开始执行碎片整理程序，此时单击“停止”按钮可暂停整理，如图5-47所示。

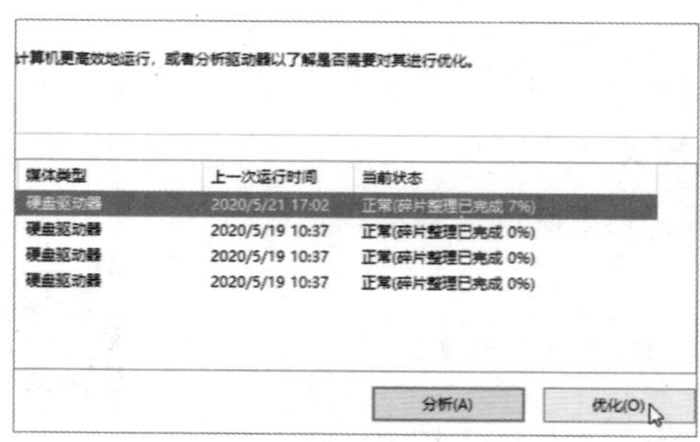

图 5-46

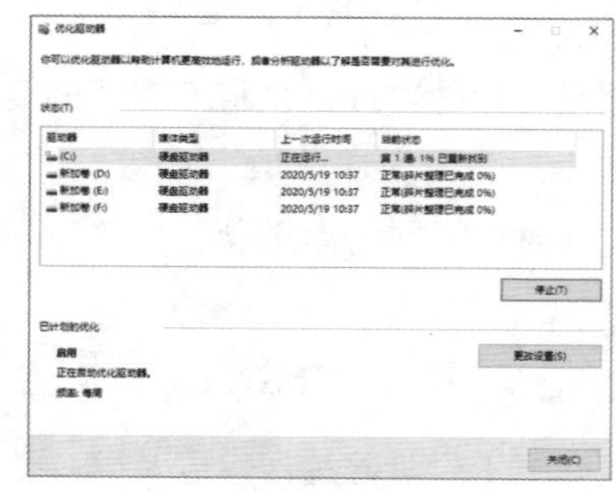
图 5-47

Step 07 根据分区大小和碎片情况，整理时间有所不同。整理结果如图5-48所示。

状态(T)

驱动器	媒体类型	上一次运行时间	当前状态
(C:)	硬盘驱动器	2020/5/21 17:03	正常(碎片整理已完成 0%)
新加卷 (D:)	硬盘驱动器	2020/5/19 10:37	正常(碎片整理已完成 0%)
新加卷 (E:)	硬盘驱动器	2020/5/19 10:37	正常(碎片整理已完成 0%)
新加卷 (F:)	硬盘驱动器	2020/5/19 10:37	正常(碎片整理已完成 0%)

图 5-48

知识延伸：直接调整分区容量的方法

在进行分区时，通常先减少某个分区空间，再把划出的空闲空间分给其他分区。除此之外，用户还可以直接调节分区容量进行扩容。例如在DiskGenius中，右击E盘分区，在弹出的快捷菜单中选择“扩容分区”选项，在弹出的对话框中，选择需要减少容量的分区或者空白空间，这里选择C盘，如图5-49所示。

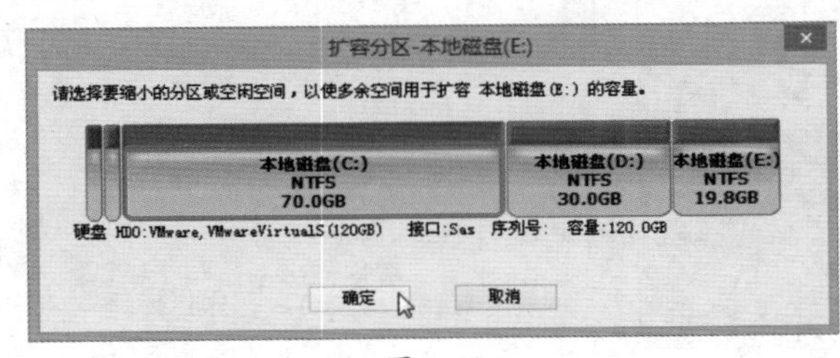

图 5-49

在打开的“调整分区容量”对话框，通过拖动两分区间的滑块，或者手动输入调整C盘的容量来设置划出的容量，此处选择将分区后部的空间合并到E盘。完成后，单击“开始”按钮，如图5-50所示。返回到主界面中，可以看到磁盘分区变为60GB、30GB、30GB了，如图5-51所示。

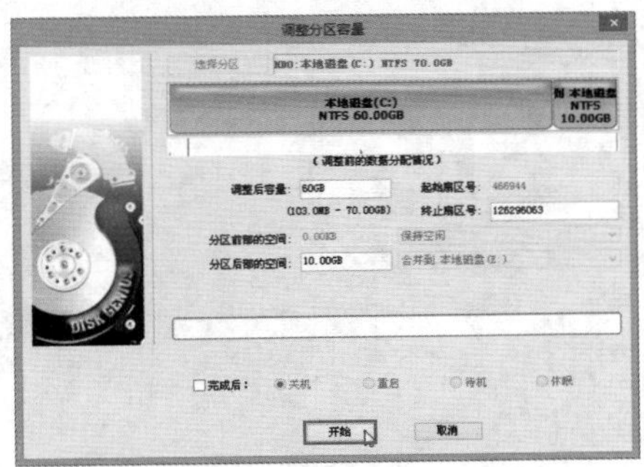

图 5-50

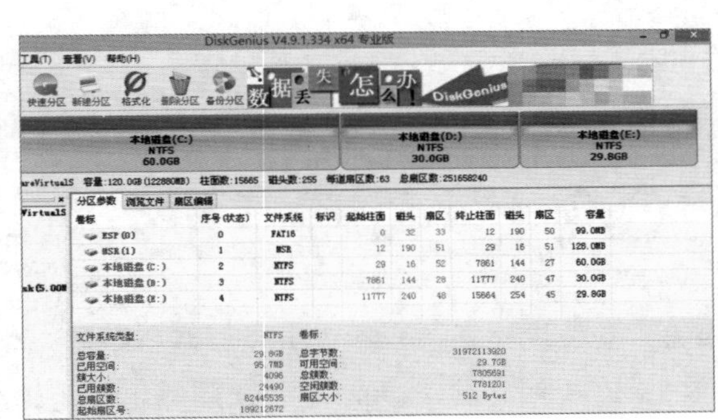

图 5-51

其实简单来说，硬盘有一张硬盘分区表，存放了硬盘的分区信息，包括有几个分区、各分区从什么地方开始，到什么地方结束等。修改过分区后，系统会自动向硬盘分区表写入现有硬盘分区信息，这个过程比较复杂。无损分区工具就是将连续的空白空间提取出来，加入到某个分区的范围中。

无损分区仍然有一定风险，建议先备份好资料再操作。另外，若空间被压缩的分区中有数据，为保护数据，无损分区工具会将数据移动到其他位置，这将耗费大量时间。

需要注意的是，当无损分区工作开始后，切勿以断电、重启计算机、关机或结束软件进程等非正常方式终止分区工作，否则将对所涉及的分区内存储的数据造成毁灭性损坏，并可能对整个磁盘的数据造成不可预计的严重后果。此外，还需断开网络和关闭杀毒软件，否则可能会出现分区失败现象。所以在执行该操作时，需谨慎处理。建议有一定基础的用户先在虚拟机中测试后，再用真机执行。

第6章 文件管理软件

有效地管理好各类文件，对于办公一族来说是很必要的。Windows的文件类型有很多，包括音频文件、视频文件、文档文件、系统文件等，而文件管理包括了文件的组织、加密、存储、备份、分享和获取。本章将着重介绍如何对文件进行压缩、加密、备份、下载等操作。

6.1 文件压缩软件

文件有多种类型，如安装文件、图片文件、文档文件、视频文件等。在分享或者发送文件的过程中，都需要先打包压缩后再进行发送，这样可以减少文件体积；同时在压缩时还可以对压缩包加密，使文件更安全。本节将以WinRAR压缩软件为例，介绍压缩类软件的使用方法。

6.1.1 文件压缩原理

文件为什么可以压缩呢？文件在电脑中的保存和传播都以二进制形式进行。压缩软件从应用角度对二进制代码进行压缩，例如101000000经压缩后形成10160。当然，真实情况要更复杂。

压缩存储形式要比正常文件占用的空间小。在使用时，需要对方再次使用压缩软件进行解压缩，将压缩后的二进制恢复原始二进制。

注意事项 压缩文件使用的注意点

压缩后的文件不能直接使用，需要对方使用同一种算法的应用软件先解压缩。同时文件压缩率的高低和算法以及源文件的大小有关。如果想要将压缩文件再进行二次压缩来减小体积的话，是无法实现。

6.1.2 WinRAR的使用

文件压缩软件有很多，比如7-Zip、Bandizip、好压等，最常见的是WinRAR。WinRAR是一个功能非常强大的文件压缩/解压缩工具，它包含强力压缩、分卷、加密和自解压模块，支持目前绝大部分压缩文件格式的解压。其优点在于压缩率大，速度快，有效减少文件的大小。WinRAR可以解压RAR、ZIP和其他格式的压缩文件，并能创建RAR和ZIP格式的压缩文件。

下面介绍下WinRAR的主要使用方法和具体操作步骤。

1. WinRAR的下载和安装

在WinRAR的官网中提供WinRAR 5.9个人免费版，用户可以直接下载安装。

从百度搜索关键字“WinRAR”可找到官方网站，在主页中单击“64位 下载”按钮即可下载，如图6-1所示。下载完毕后，双击安装文件启动安装，设置好安装位置，单击“安装”按钮即可，如图6-2所示。

图 6-1

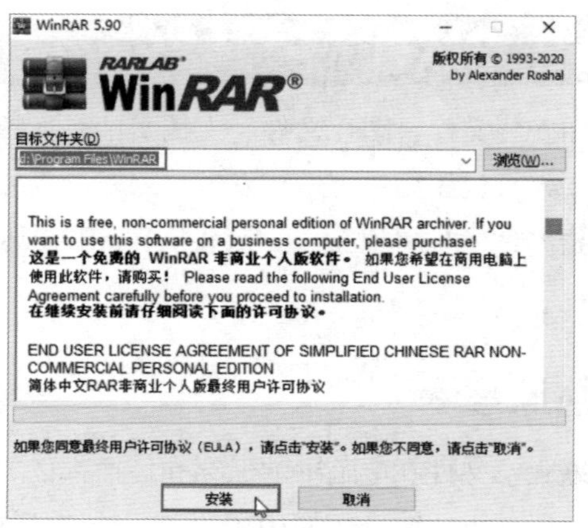

图 6-2

2. 使用WinRAR的解压功能

双击压缩文件，在打开的窗口中可查看压缩文件内的文件储存结构。图6-3所示结构表明压缩的是文件夹，单击工具栏中的“解压到”按钮，在打开的对话框中选择好解压位置，单击“确定”按钮即可解压文件，如图6-4所示。

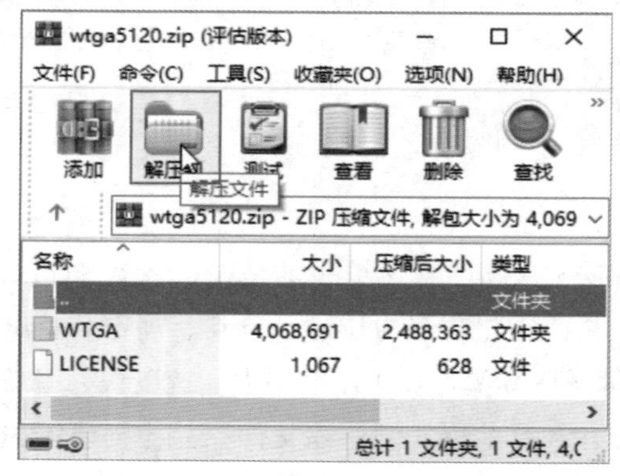

图 6-3

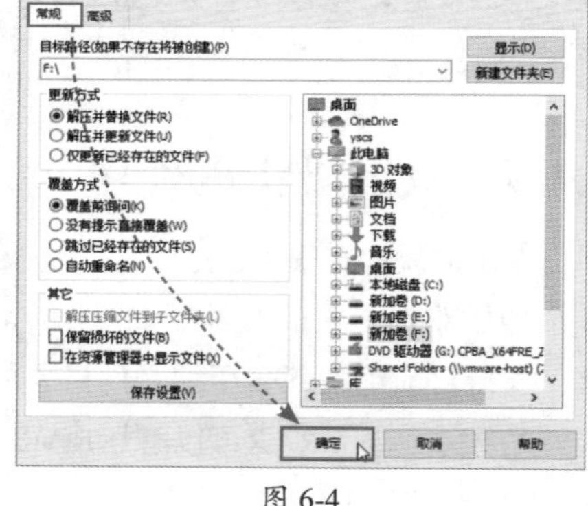

图 6-4

解压完毕后，用户可查看到解压后的文件，如图6-5所示。

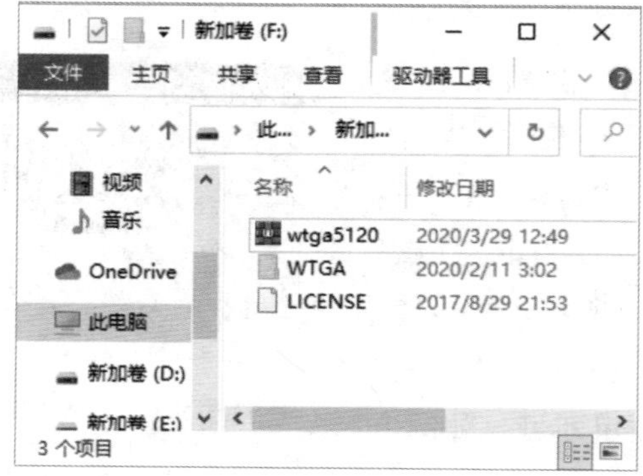

图 6-5

快速解压的方法

双击打开压缩文件，选择需要解压的文件，使用鼠标将其拖曳到指定位置后松开鼠标，也可完成解压操作，如图6-6所示。

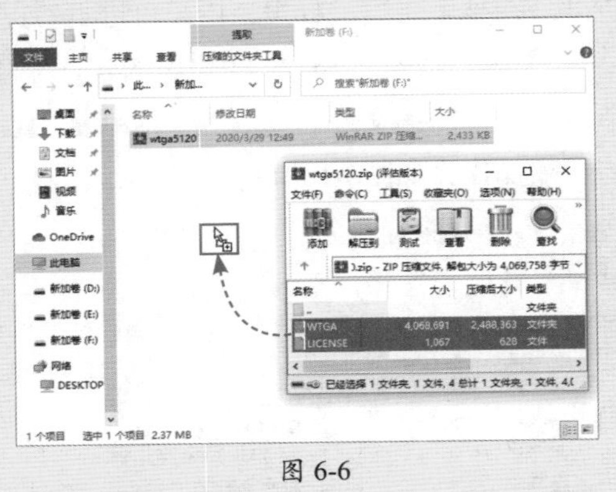

图 6-6

右击压缩文件，在弹出的快捷菜单中选择“解压到当前文件夹”选项，如图6-7所示，同样也可以进行文件的解压操作。

图 6-7

知识点拨

解压的技巧

如果用户想将解压后的文件放到指定文件夹中，就需要选择“解压到×××”选项，如图6-8所示的“解压到WTGA\(E)”。这是解压后的文件就全部在“WTGA”的文件夹中。若没有该文件夹，则需创建一个。

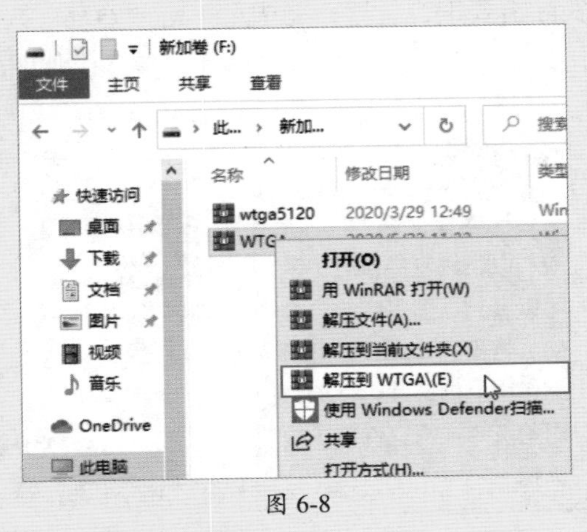

图 6-8

3. 使用WinRAR压缩功能

在压缩文件时，WinRAR会显示当前压缩的文件、已用时间、剩余时间、压缩率和进度。在整个压缩过程中，用户可进行暂停压缩、取消压缩，或让压缩操作在后台运行。

右击要压缩的文件，在弹出的快捷菜单中选择“添加到压缩文件”选项，如图6-9所示。在“压缩文件名和参数”对话框中设置好压缩文件名，单击“确定”按钮即可进行压缩操作，如图6-10所示。

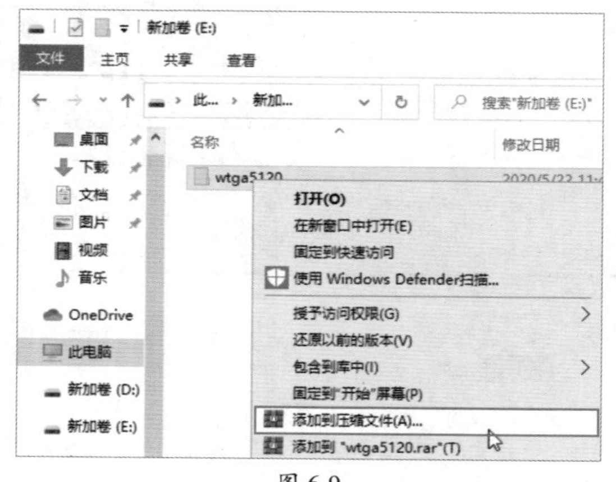

图 6-9

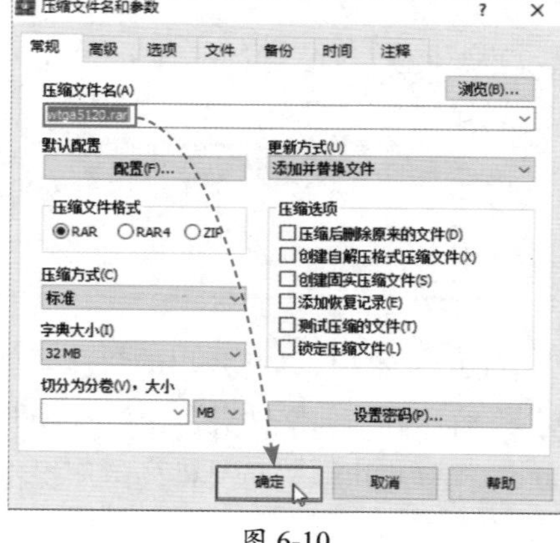

图 6-10

4. 创建加密文件

在使用WinRAR创建压缩文件时，还可以通过使用密码来加密文件，这样只有在输入正确的密码后，才能够解压。设置密码为文件的传输和授权提供了一条安全途径。下面介绍创建加密文件的方法。

右击要压缩的文件，在弹出的快捷菜单中选择“添加到压缩文件”选项，在打开的对话框中选择“高级”选项卡，单击“设置密码”按钮。在“输入密码”对话框中输入并确认密码，单击“确定”按钮，如图6-11所示。返回上一层对话框，在此用户可根据实际需要进行设置，完毕后单击“确定”按钮即可进行压缩。压缩好后，当其他人在解压该文件时，需要输入密码才可解压，如图6-12所示。

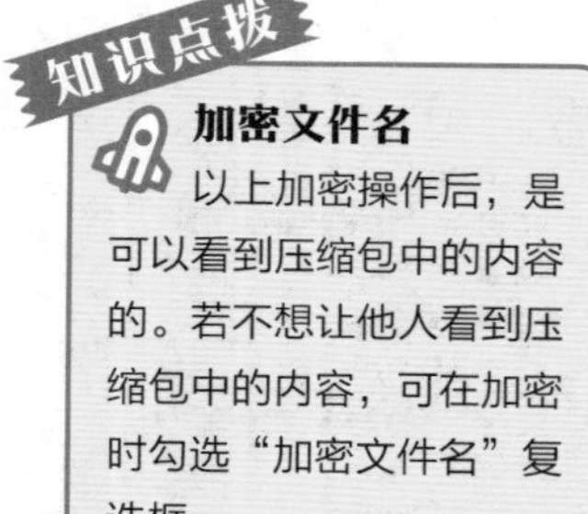

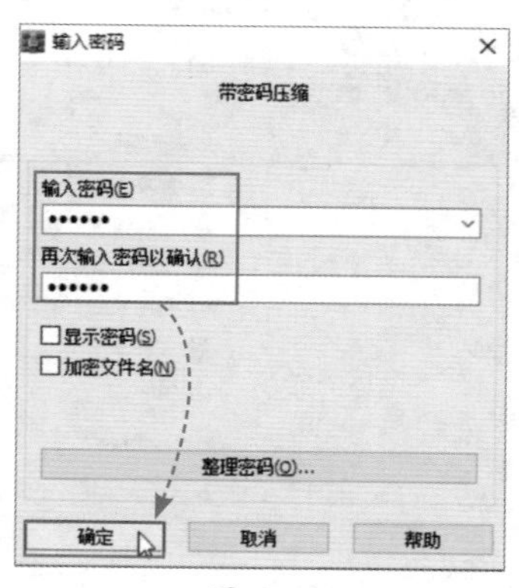

图 6-11

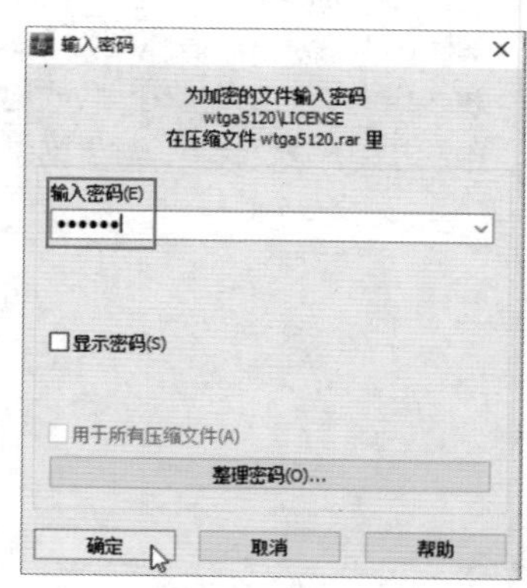

图 6-12

扫码看视频

动手练 创建自解压压缩文件

以上介绍的操作是基于WinRAR软件进行的压缩和解压。但如果对方没有安装WinRAR该怎么操作？下面将介绍具体的操作方法。

Step 01 右击需压缩的文件，在弹出的快捷菜单中选择“添加到压缩文件”选项，在打开的对话框中勾选“创建自解压格式压缩文件”复选框，此时可以看到压缩文件名从“×××.rar”变成了“×××.exe”，单击“确定”按钮，如图6-13所示。

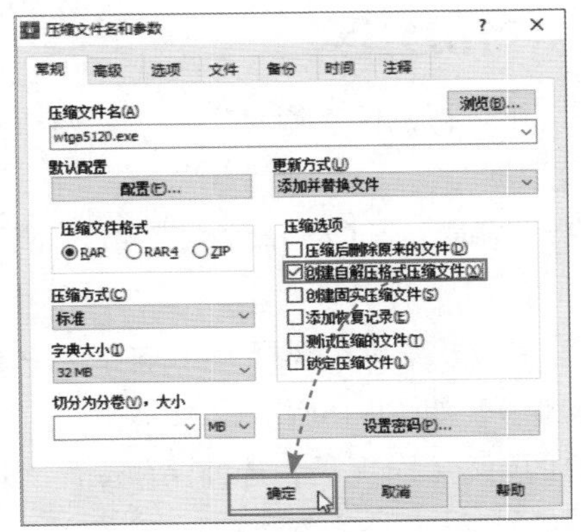

图 6-13

Step 02 压缩完成后，用户可看到该文件显示为可执行程序。它的内部集成了解压缩核心，如图6-14所示。与RAR格式相比，多出来的字节就是自解压核心占用的。双击即可启动该自解压程序。

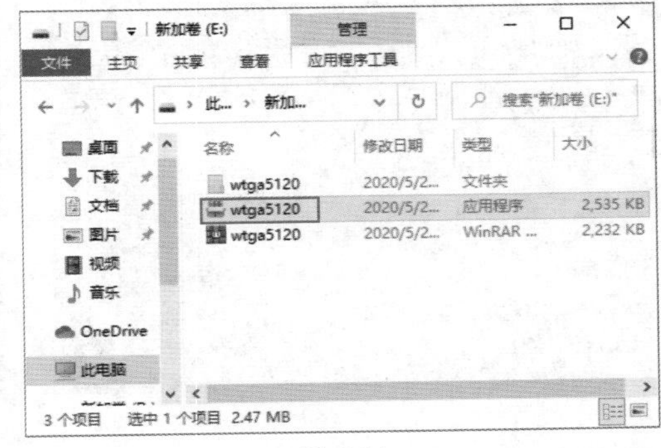

图 6-14

Step 03 设置解压的位置，单击“解压”按钮即可解压，如图6-15所示。

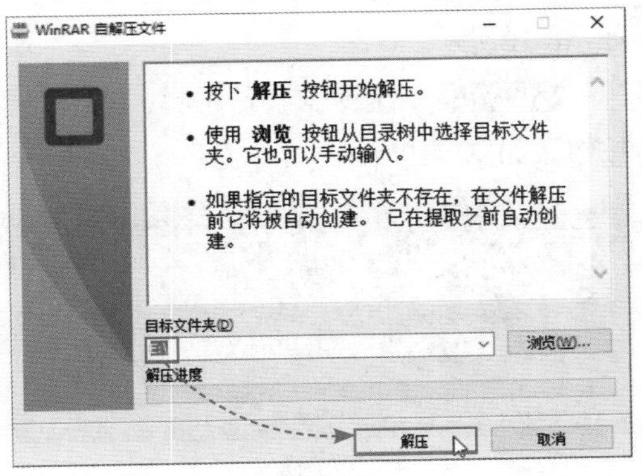

图 6-15

6.2 分区及文件备份还原软件

“硬盘有价，数据无价”突出说明了数据的重要性。数据或文件的损坏或者丢失，有时会造成很严重的后果。虽然现在有专门的数据恢复软件，但任何人都不可能将数据百分之百的恢复，所以及时备份才是正确的选择。本节将介绍如何利用Ghost程序来进行文件的备份与还原。

6.2.1 使用Ghost备份分区

Ghost系统是在操作系统中进行镜像克隆的技术。通常Ghost用于操作系统的备份，在系统不能正常启动时恢复数据。

制作一个启动U盘。启动电脑后，进入U盘的PE系统。下面将介绍使用Ghost备份分区的方法。

Step 01 启动Ghost程序后，在菜单中选择“Local”→“Partition”→“To Image”选项（将本地的分区保存为镜像），如图6-16所示。

Step 02 选择需要备份的硬盘及分区后，选择保存位置，并为备份文件设置文件名，单击“Save”按钮，如图6-17所示。

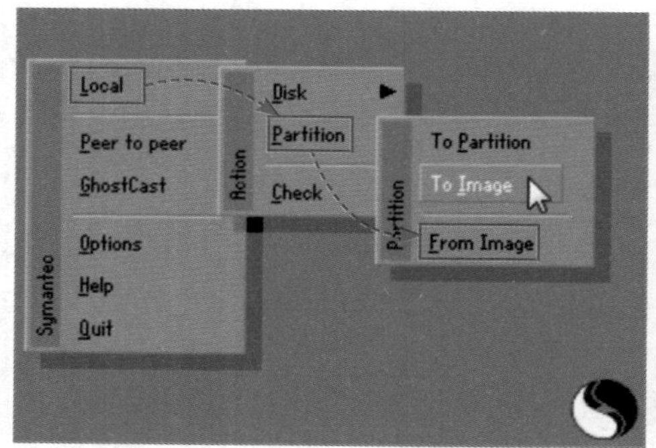

图 6-16

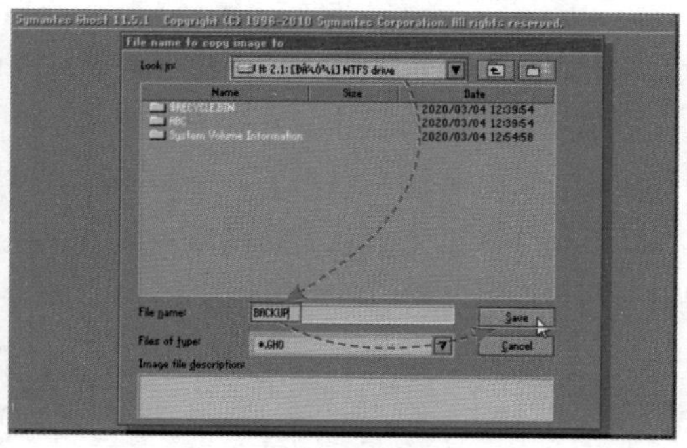

图 6-17

Step 03 在打开的对话框中设置压缩方式，这里单击“Fast”按钮，进行快速压缩，如图6-18所示。

Step 04 系统弹出备份进程，进度条结束后即完成分区的压缩，单击“Continue”按钮，如图6-19所示。

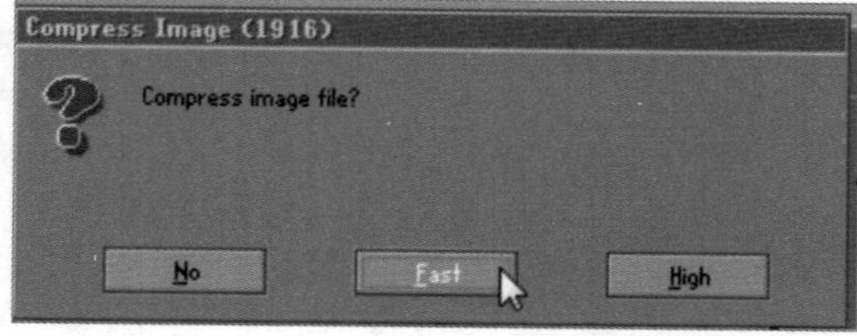

图 6-18

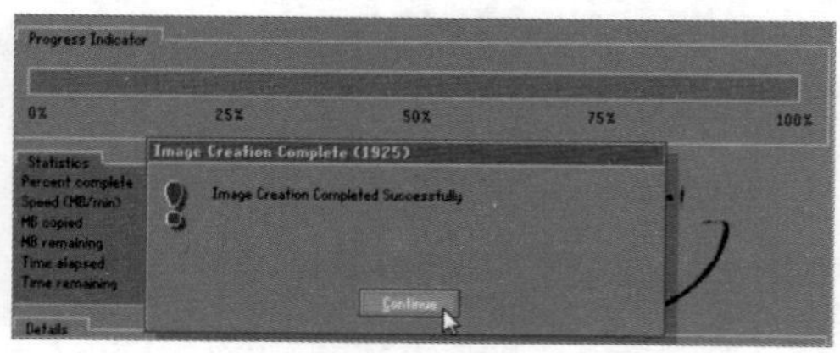

图 6-19

6.2.2 使用Ghost还原分区

Ghost还原分区的过程如下。

Step 01 启动Ghost，在菜单中选择“Local”→“Partition”→“From Image”选项，如图6-20所示。

Step 02 选择创建的镜像文件，单击“Open”按钮，如图6-21所示。

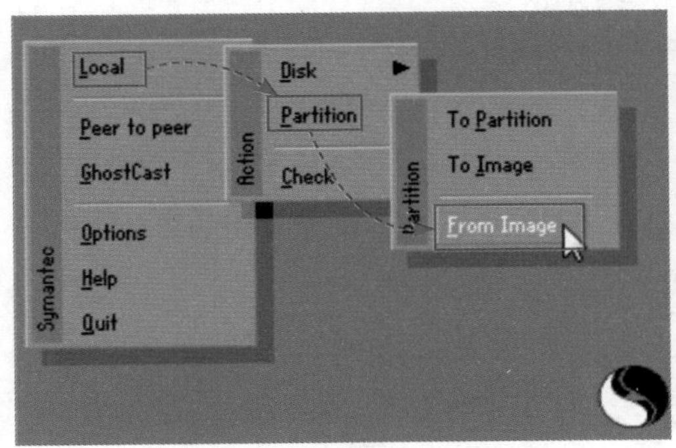

图 6-20

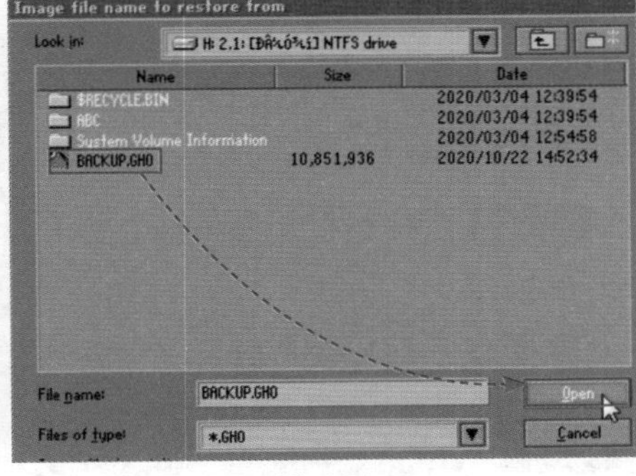

图 6-21

Step 03 选择需要还原的硬盘或分区，如图6-22所示。确定后Ghost开始还原。

Step 04 还原完毕后，单击“Reset Computer”按钮，如图6-23所示。之后重启电脑，之后即可看到分区数据被还原。

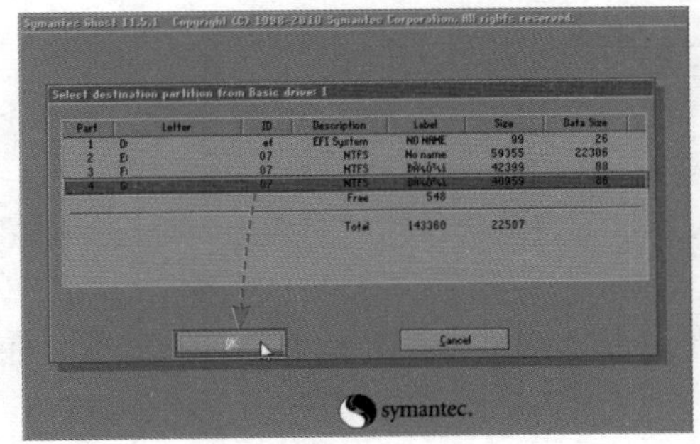

图 6-22

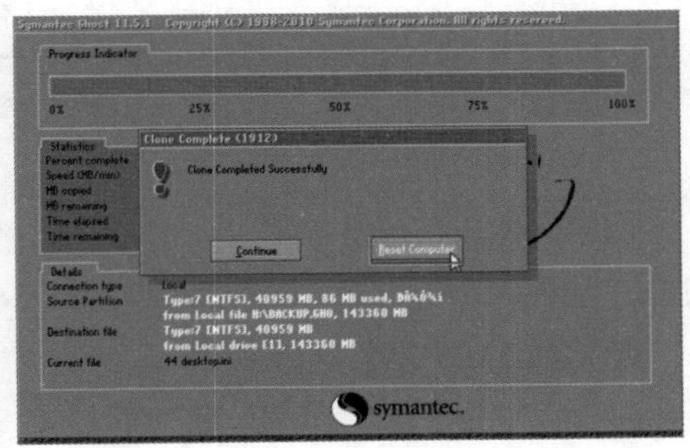

图 6-23

动手练 使用系统自带的功能备份与还原文件

扫码看视频

下面将着重介绍使用系统自带功能进行备份和还原系统的步骤。

Step 01 在开始菜单中单击“设置”按钮，如图6-24所示。

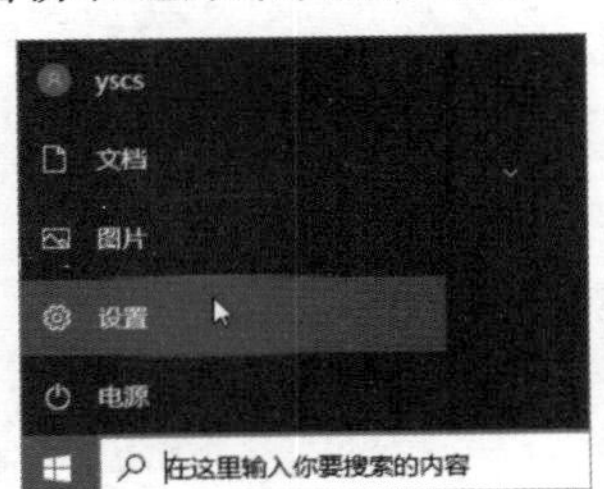

图 6-24

Step 02 在“设置”界面中选择“备份”选项，单击右侧的“添加驱动器”按钮，如图6-25所示。

注意事项 为什么不能添加驱动器

添加驱动器的前提是在电脑中再装一块硬盘，因为系统为了保护数据，以避免因硬盘损坏带来的备份丢失问题。让用户再添加一块硬盘，这样更安全。否则硬盘坏了，所有分区都无法使用，对于备份来说毫无意义。

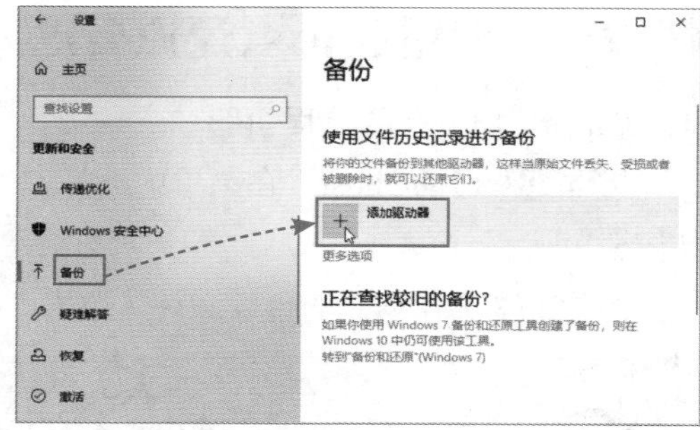

图 6-25

Step 03 系统查找并显示符合要求的驱动器列表，在此选择需要使用的驱动器即可，如图6-26所示。

Step 04 开启自动备份，用户可单击“更多选项”按钮进行设置，如图6-27所示。

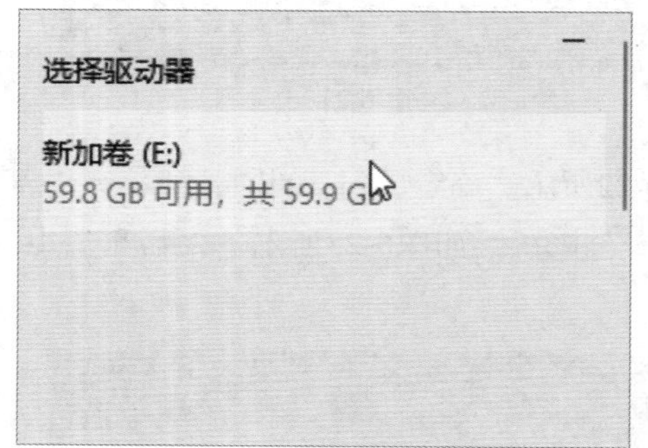

图 6-26

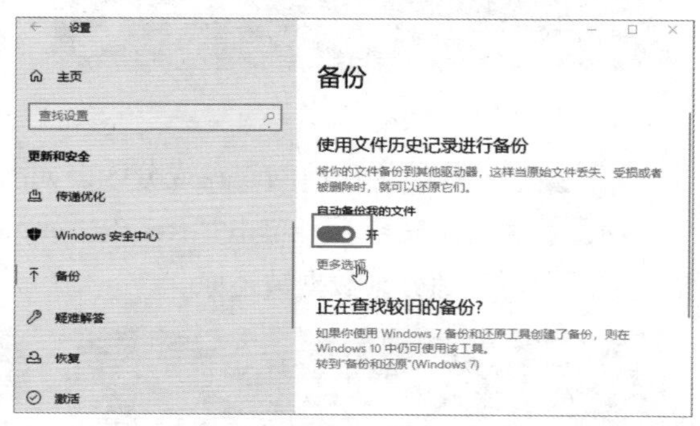

图 6-27

Step 05 在“备份选项”界面中，用户可以设置自动备份的时间间隔、备份的保留时间，还可以手动启动“立即备份”，如图6-28所示。

Step 06 在“备份这些文件夹”组中，可以添加或删除所需的备份文件夹，如图6-29所示。

Step 07 在“排除这些文件夹”中，可添加所需排除的文件夹；在“备份到其他驱动器”选项中，可以选择驱动器，如图6-30所示。

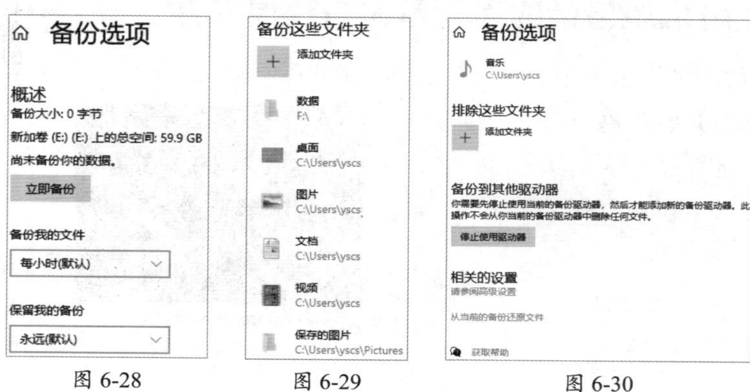

图 6-28　　图 6-29　　图 6-30

Step 08 新建一份文件并启动备份。完成后在备份选项中会显示当前的备份信息，如图6-31所示。

Step 09 在“备份选项”中启动还原功能，系统会弹出文件历史记录。其他文件夹都是空白的，双击“数据”文件夹，如图6-32所示。

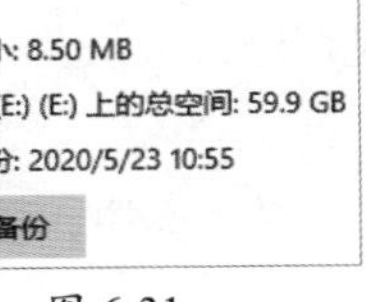

图 6-31

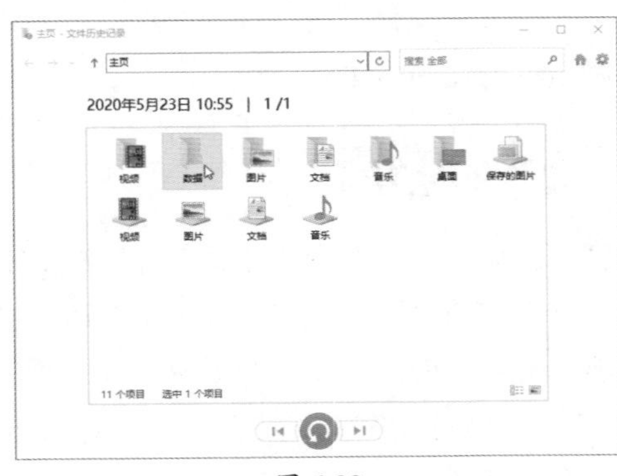

图 6-32

Step 10 此时可看到备份的三个文件。选择需要还原的文件，单击“还原到原始位置”按钮，如图6-33所示。

Step 11 完成后系统会自动打开目标位置，在此用户可查看恢复结果，如图6-34所示。

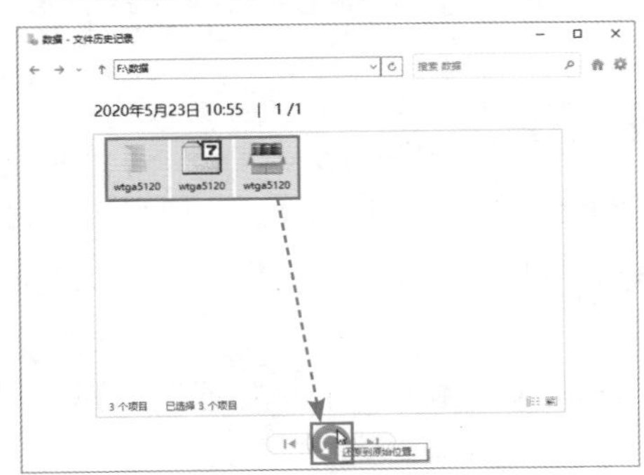

图 6-33

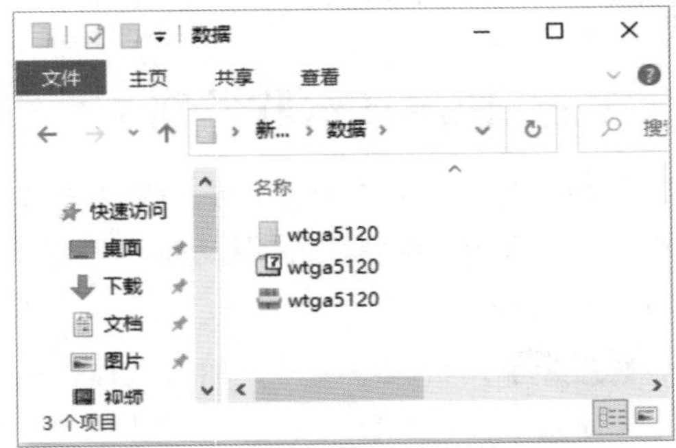

图 6-34

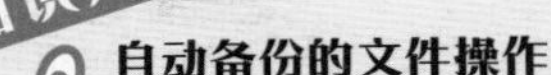

自动备份的文件操作

自动备份文件的优点是定时自动备份。用户可以选择设置的驱动器，例如选择E盘，进入“FileHistory”中查看备份的文件，如图6-35所示。

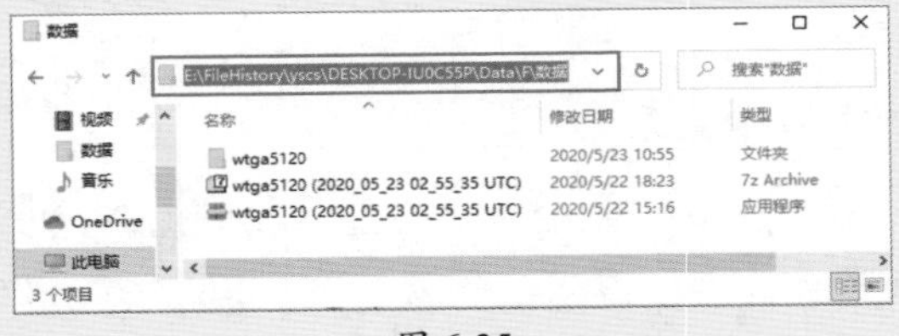

图 6-35

6.3 文件加密软件的应用

文件加密的目的是为了防止他人查看、修改、移动、删除文件等情况发生。文件加密软件有很多，如文件加密大师、360文档卫士、宏杰文件夹加密、闪电文件夹加密大师等，都可以对文件或文件夹进行加密。本节将介绍主要的文件加密方式，以及闪电文件夹加密大师软件的使用方法。

6.3.1 文件加密概述

文件加密是将用户输入的密码通过各种算法加密成密钥，从而对文件加密。接收方在收到加密文件后，通过再次生成或者密钥传递的方式，进行身份验证后对文件进行解密。加密算法主要有IDEA算法、RSA算法、AES算法三种。

IDEA加密属于对称加密，算法公开，计算量小，加密速度快，破解风险高。加密解密需要同一个密钥。

RSA算法属于非对称算法，加密时使用A密钥，解密时使用B密钥，一般用于较小的文件，带有身份验证功能。解密速度较慢，被破解的风险较小。

AES算法属于对称加密算法，相较于前两种，具有加密速度更快、加密强度最高、不占用硬件资源的特点。

6.3.2 使用加密软件对文件加密解密

闪电文件夹加密大师是一款专业的数据加密软件，它采用AES算法，加密速度快，安全性高，资源消耗低。它不仅拥有文件或文件夹加密、解密、打开等功能，还支持本地加密或解密。

Step 01 运行闪电文件夹加密大师，将需加密的文件拖至其主界面文件操作区，如图6-36所示。

Step 02 单击界面右上角的“加密文件”按钮，如图6-37所示。

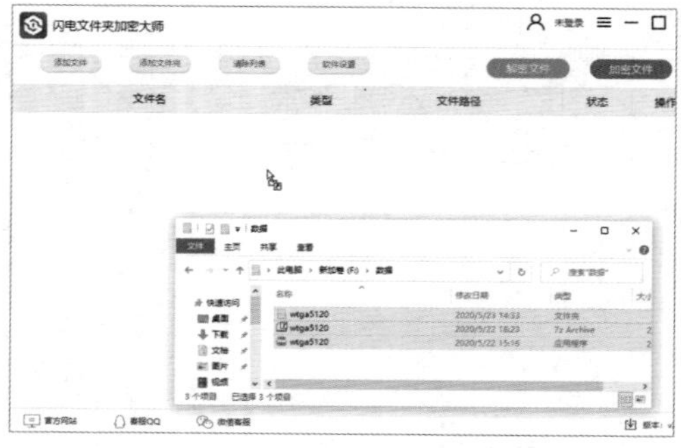

图 6-36

图 6-37

Step 03 在“设置密码”界面中输入并确认密码，单击“确定”按钮，如图6-38所示。需注意，输入的密码长度要超过8位。

Step 04 当提示加密成功后单击“确定”按钮，如图6-39所示。

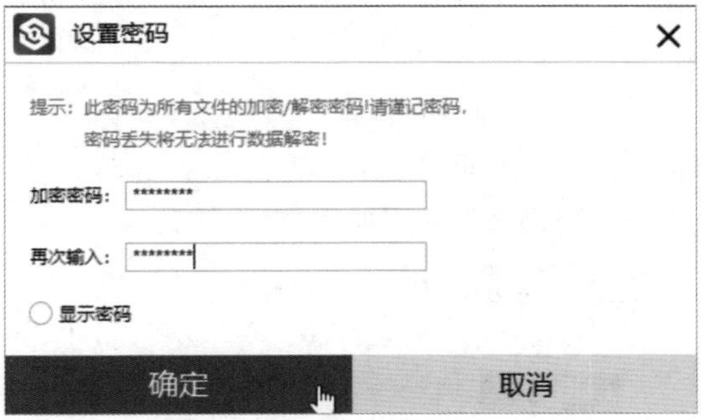

图 6-38

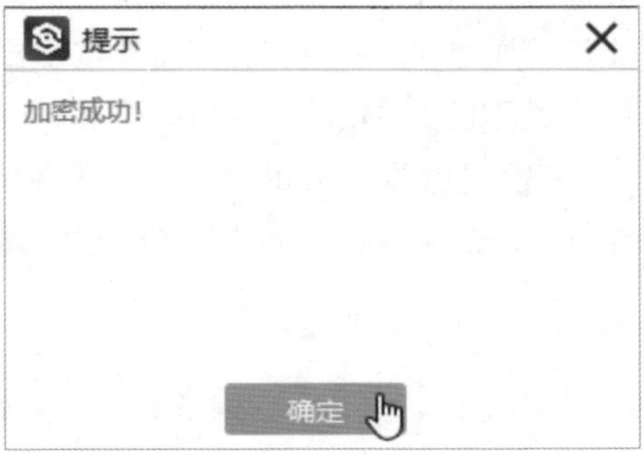

图 6-39

Step 05 此时被加密的文件的图标会变成闪电文件加密大师的图标。双击被加密的文件会弹出要求输入密码的对话框，输入密码后单击“确定”按钮，如图6-40所示。

Step 06 解密后文件图标将恢复正常，如图6-41所示。

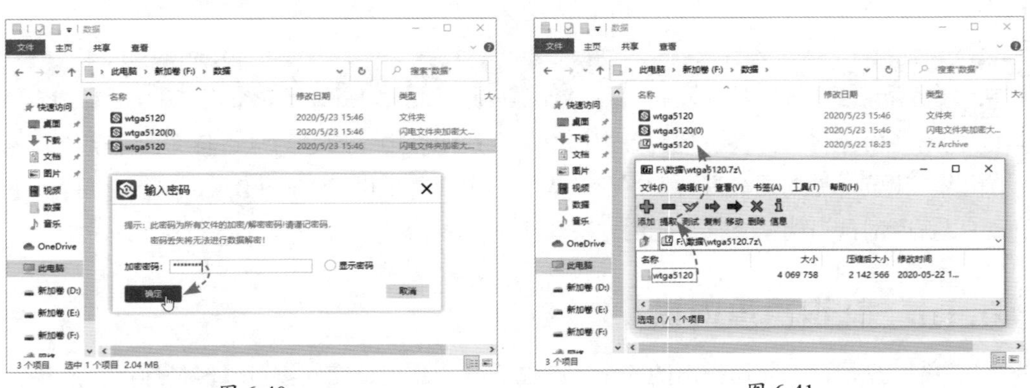

图 6-40　　图 6-41

Step 07 如果要再次加密，可在文件上右击，在弹出的快捷菜单中选择“闪电文件夹加密大师”→“加密”选项，如图6-42所示，输入密码即可。

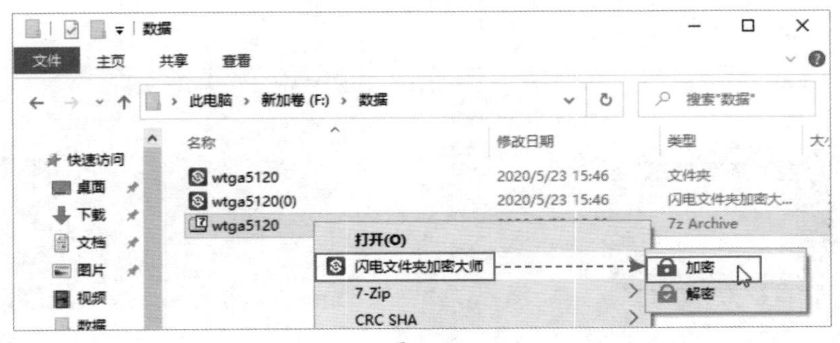

图 6-42

动手练 设置密码的使用时效

每次加密及解密都需要输入密码，若密码比较复杂，输入时会比较麻烦。闪电文件夹加密大师提供了密码时效功能，即同一密码在某段时间内，只输入一次即可完成所有文件的加密和解密过程，不需要重复输入。

Step 01 在软件主界面中单击“软件设置”按钮，如图6-43所示。

Step 02 在打开的界面中“设置密码询问时间”，如设置5分钟。单击“确定”按钮，如图6-44所示。此时在5分钟内只要输入一次密码就可使用加密文件了。

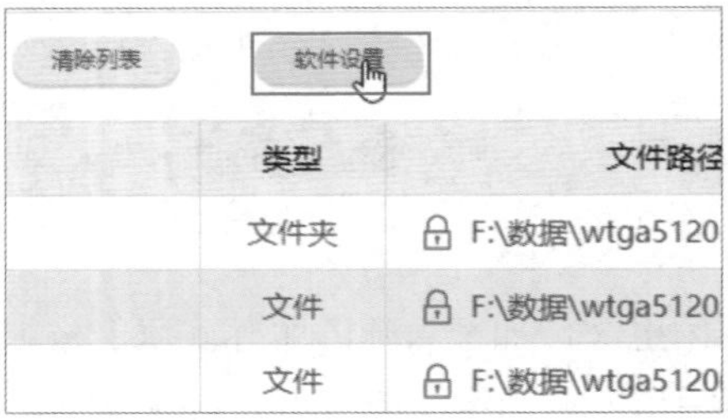

图 6-43

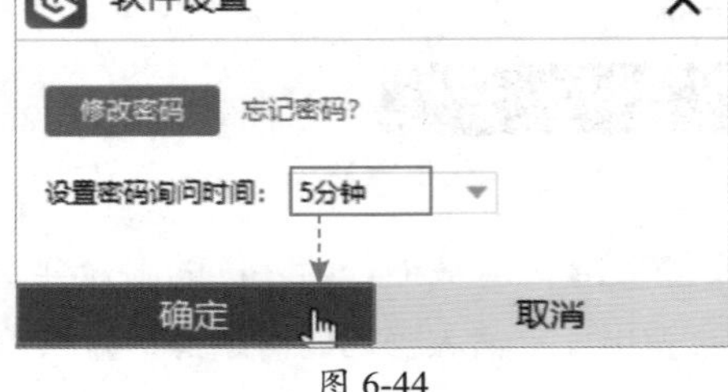

图 6-44

6.4 网络备份与分享

网络备份是将文件备份到服务商提供的在线网盘中。通过网盘可将文件分享给其他人下载。比较常见的网盘有百度网盘、天翼云盘、腾讯微云、OneDrive、蓝奏云等。下面将以百度网盘为例，介绍其使用方法和注意事项。

6.4.1 认识百度网盘

百度网盘是百度公司推出的安全云存储服务产品。百度网盘可以轻松地进行照片、视频、文档等文件的网络备份、同步和分享，还可以支持上传下载百度云端各类数据。

进入百度网盘官方网站的下载界面，单击“下载PC版”按钮，可下载其电脑客户端安装程序，如图6-45所示。启动安装程序，设置安装位置，单击“极速安装”按钮即可进行安装，如图6-46所示。

图 6-45

图 6-46

6.4.2 百度网盘的使用

下面以百度网盘电脑客户端为例，向用户介绍具体的使用方法。

1. 使用百度网盘客户端下载文件

百度网盘启动后，输入百度账号和密码即可登录。

Step 01 进入百度网盘主页面，选择要下载的文件后右击，在弹出的快捷菜单中选择“下载”选项，如图6-47所示。

Step 02 在“设置下载存储路径”对话框中设置文件下载的位置，单击“下载”按钮，如图6-48所示。

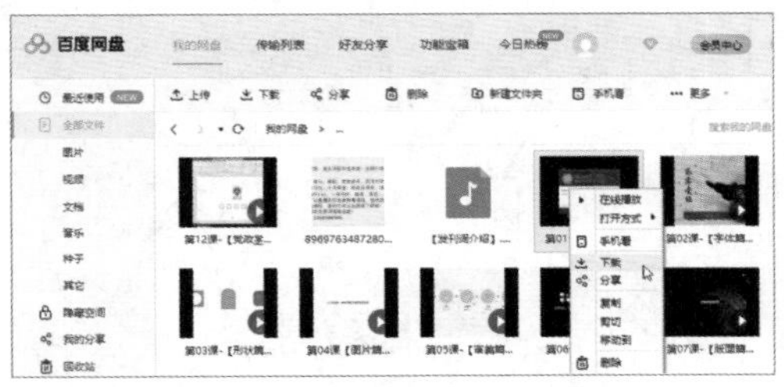

图 6-47

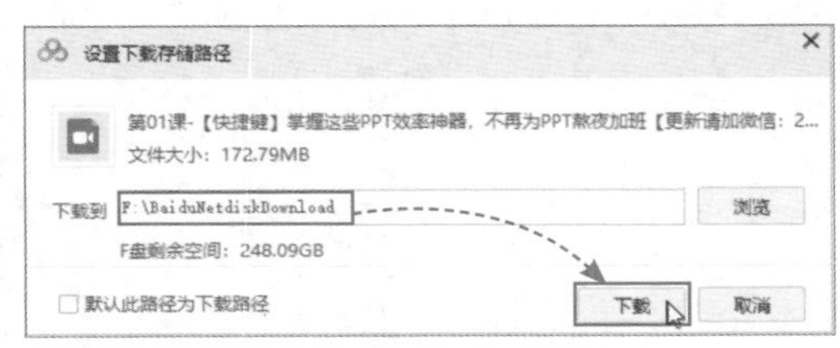

图 6-48

Step 03 软件会自动开始下载。下载过程中可以暂停下载、取消下载，如图6-49所示。当下载结束后，即可完成下载操作。

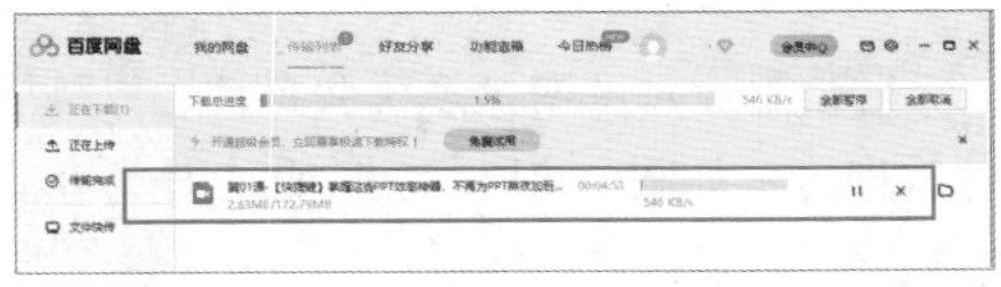

图 6-49

> **注意事项 只有会员才可以在线解压文件**
>
> 当下载的文件是压缩文件时，只有先将压缩文件下载后，才能进行文件的解压操作。如果想在百度网盘中进行在线解压，只有是超级会员才可以。

2. 使用百度网盘客户端上传文件

在“我的网盘”选项卡中选择上传的位置，将需上传的文件拖动到该页面中，如图6-50所示。此时系统会校验并判断当前网盘上是否有同名文件，如没有则开始上传，上传完成后如图6-51所示。

图 6-50

图 6-51

动手练 使用百度网盘客户端分享文件

用户可通过百度网盘将自己的资源分享给其他人，当其他人收到分享链接后，可以随时下载。下面介绍文件分享的具体操作。

Step 01 在需要分享的文件上右击，在弹出的快捷菜单中选择“分享”选项，如图6-52所示。

Step 02 在打开的界面中，设置分享形式以及链接的有效期，单击“创建链接”按钮，如图6-53所示。

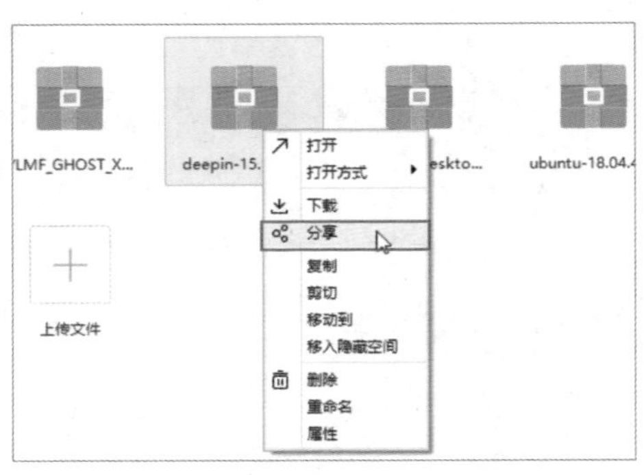

图 6-52

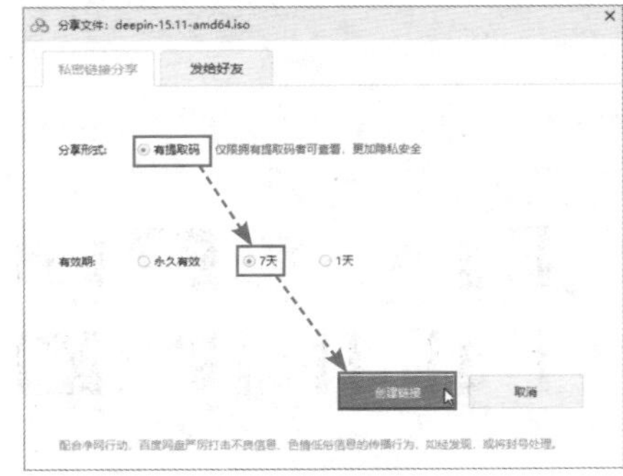

图 6-53

Step 03 百度网盘系统会自动生成链接地址、提取码和二维码，将此链接发送给其他人即可，如图6-54所示。除此之外，在“发给好友”选项卡中，还可将文件设置为好友共享，如图6-55所示。

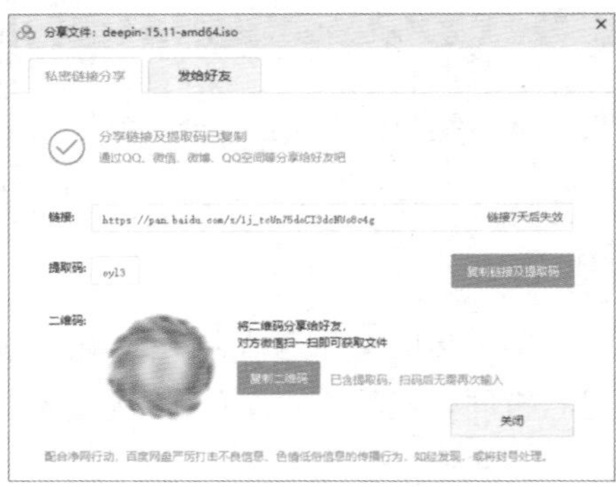

图 6-54

图 6-55

6.5 文件下载软件

除了从网盘下载资源外，一些网站还提供FTP下载，即在下载资源时，是从FTP服务器上下载的。放在FTP服务器上的资源可使用浏览器自身的下载功能，或第三方的下载软件进行多线程下载。本节将对这两种下载方法进行介绍。

6.5.1 使用浏览器下载

下面将以下载QQ为例，介绍如何利用浏览器下载。

Step 01 打开QQ客户端程序的下载网页，单击“立即下载”按钮，如图6-56所示。

Step 02 在打开的下载对话框中设置下载的位置，单击“下载”按钮启动下载操作，如图6-57所示。

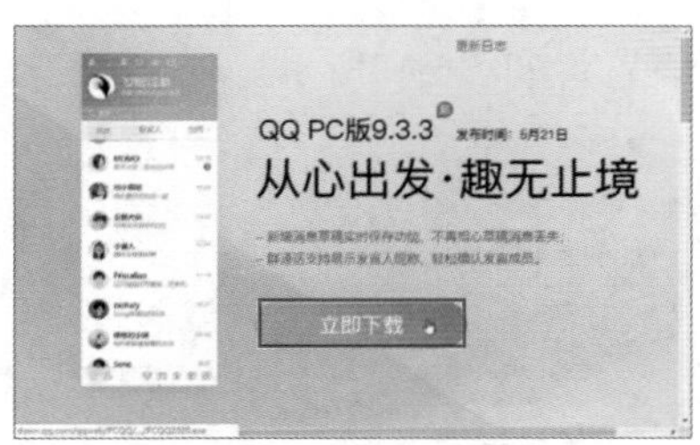

图 6-56

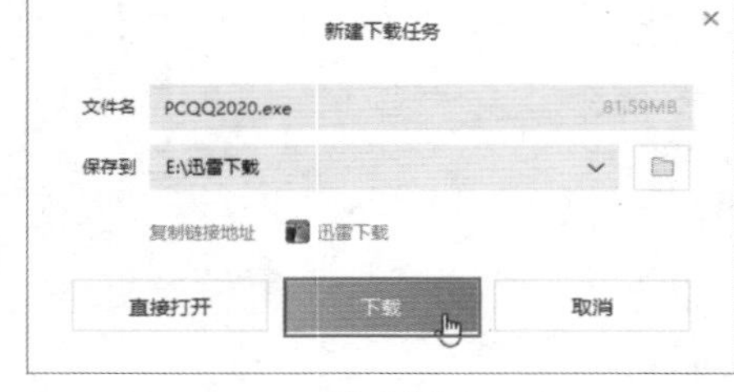

图 6-57

Step 03 在页面下方会显示下载进度，在此可进行暂停、继续、取消下载操作。下载完成后单击“打开文件夹”按钮，即可查看下载的QQ安装文件，如图6-58所示。

图 6-58

6.5.2 使用迅雷下载

迅雷是利用多资源超线程技术，基于网格原理，能将网络上存在的服务器和计算机资源进行整合，构成迅雷网络。通过迅雷网络各种数据文件能够快速传递。下面将介绍使用迅雷下载资源的方法。

Step 01 启动迅雷，复制资源的链接地址，在打开的自动下载对话框中设置好下载位置，单击“立即下载”按钮，如图6-59所示。

Step 02 进入正在下载界面，在此可以看到当前的下载速度、进度、暂停按钮以及右侧的资源图形表，如图6-60所示。下载完成后即可在下载位置查看文件。

图 6-59

图 6-60

知识延伸：Windows 10的另一种备份还原方式

“备份和还原（Windows 7）”功能主要是方便将使用Windows 7备份的数据进行还原，当然，Windows 10也可以使用该功能进行备份。

Step 01 进入Windows 10的“备份”界面，单击“转到‘备份和还原’（Windows 7）”，如图6-61所示。

Step 02 在“设置备份”界面按照向导进行设置，如图6-62所示。

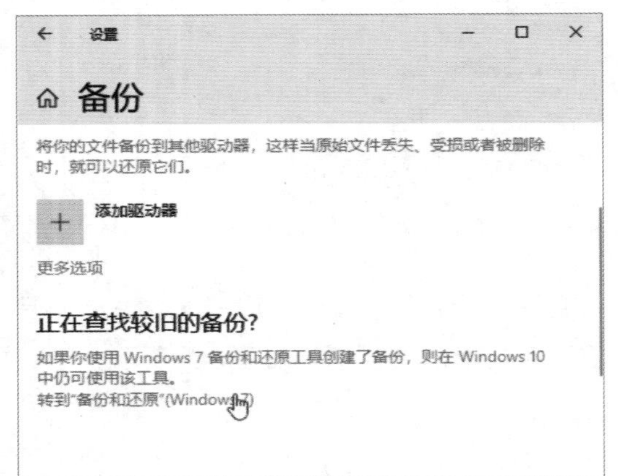

图 6-61

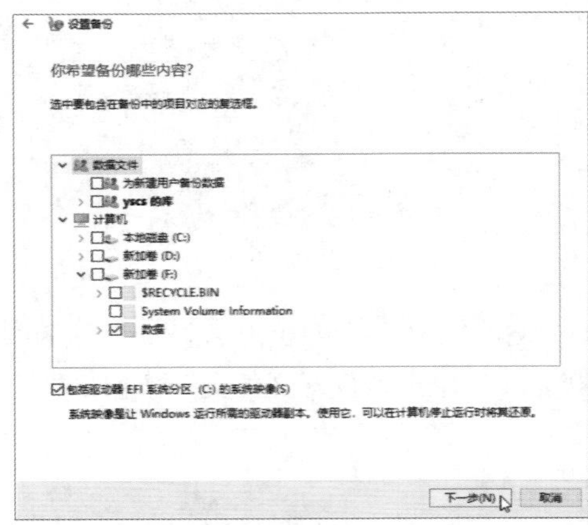

图 6-62

Step 03 当原文件出现问题后，可以选择要还原的内容进行还原，如图6-63所示。

Step 04 也可以将当前的系统制作成映像，这样在出现问题后，可以进入到恢复模式来还原到镜像备份时的状态，如图6-64所示。

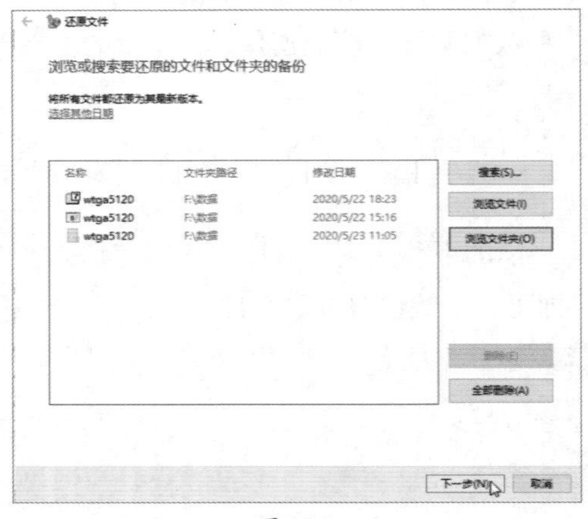

图 6-63

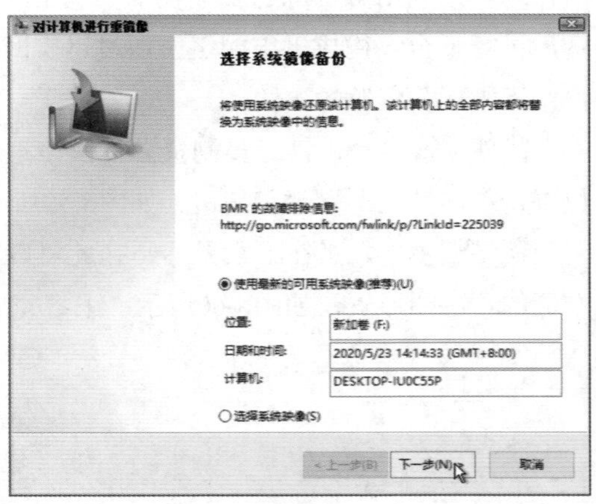

图 6-64

第 7 章 网络应用软件

在互联网时代，电脑已经成为网络终端的重要组成部分，电脑联网后，很多应用软件是互联网客户端程序。用户群体不同，所使用的软件也不同，但是基本应用，如浏览网页、信息传递、电视电话会议、局域网共享、远程管理、投屏等，都是用户经常使用的。本章将向读者介绍常见的互联网网络应用软件及其使用方法和技巧。

7.1 网页浏览器

网页是网站的组成单元，通过浏览网页，人们可以获取及发布各种有用信息。网页浏览器就是访问Web服务器的主要工具。除了操作系统自带的浏览器外，常用的电脑浏览器还有QQ浏览器、360浏览器、Chrome浏览器、火狐浏览器等。接下来介绍Windows 10中自带的新一代的浏览器Edge以及常用的QQ浏览器的使用方法。

7.1.1 Edge浏览器

随着Windows 10的到来，默认的浏览器也变成了Edge浏览器。Edge浏览器的功能非常强大，接下来介绍它的基本使用方法。

1. 打开网页和下载文件

浏览器的主要功能是浏览网页，下载资源。

Step 01 浏览网页。在Windows桌面双击Edge快捷方式，启动Edge浏览器，在地址栏输入要访问的链接地址，按回车键后，自动跳转到对应的网页，如图7-1所示。

Step 02 下载资源。单击网站上的下载按钮，在弹出的下载对话框中单击“保存”按钮，选择“另存为”选项；在“另存为”对话框中选择保存位置，单击“保存”按钮即可保存文件，如图7-2所示。

图 7-1

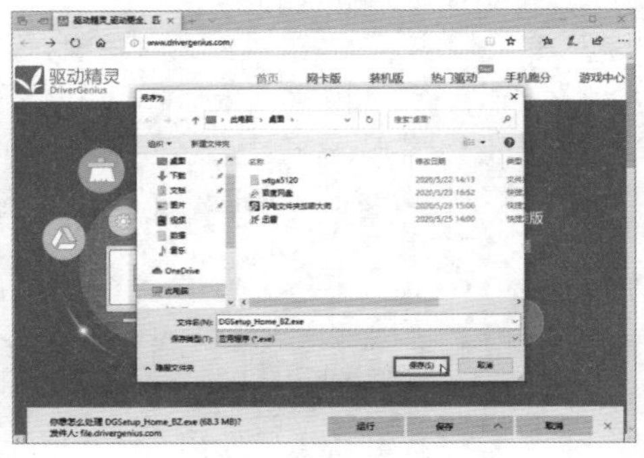

图 7-2

2. 收藏网页及查看收藏

用户可以将比较好的网站收藏在浏览器中，当下次浏览时，直接单击收藏夹中的网站链接即可打开该网站。

Step 01 收藏网页。打开网站，在地址栏中单击“收藏”按钮，如图7-3所示。

Step 02 在打开的对话框中设置名称及保存位置，单击“添加”按钮即可，如图7-4所示。

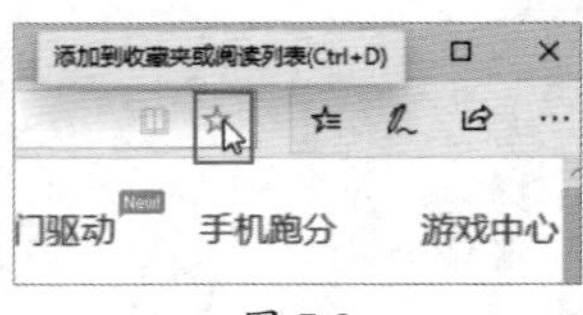

图 7-3

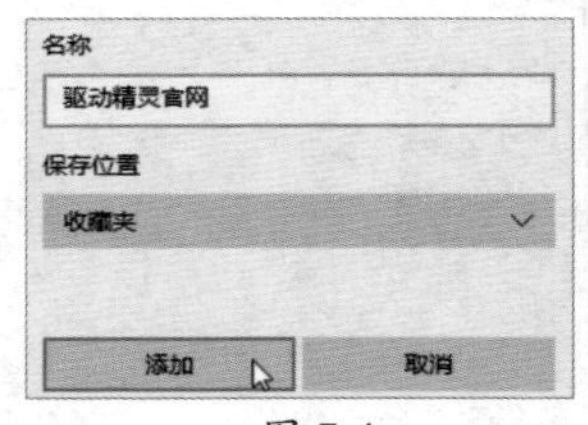

图 7-4

Step 03 查看收藏。需要打开网站时，在“工具栏”中单击按钮，如图7-5所示。

Step 04 在“收藏夹”界面单击收藏的链接，即可打开该网址，如图7-6所示。用户也可以通过鼠标拖曳的方法，将网页拖动到“收藏夹栏”文件夹中实现收藏。

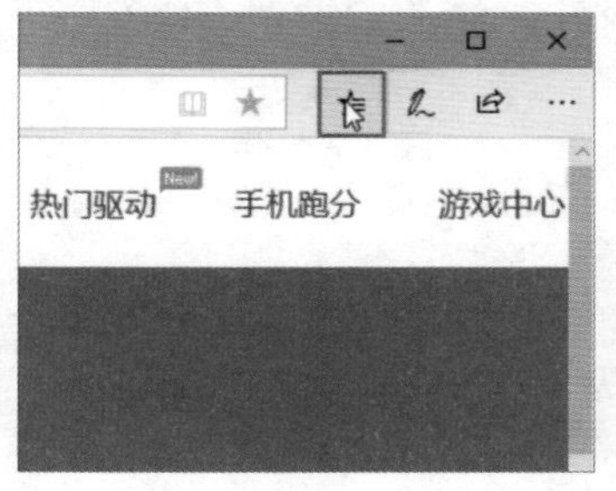

图 7-5

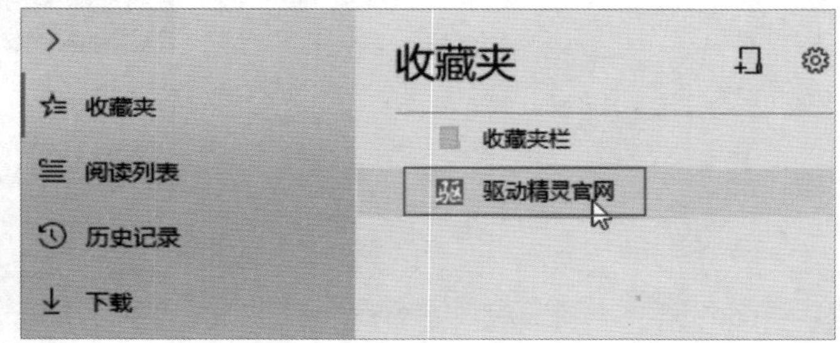

图 7-6

Step 05 单击“设置”按钮，在“收藏夹—显示收藏夹栏”级联菜单中选择“始终”选项，如图7-7所示。此时会在收藏夹栏中显示所收藏的网站，单击即可访问，如图7-8所示。

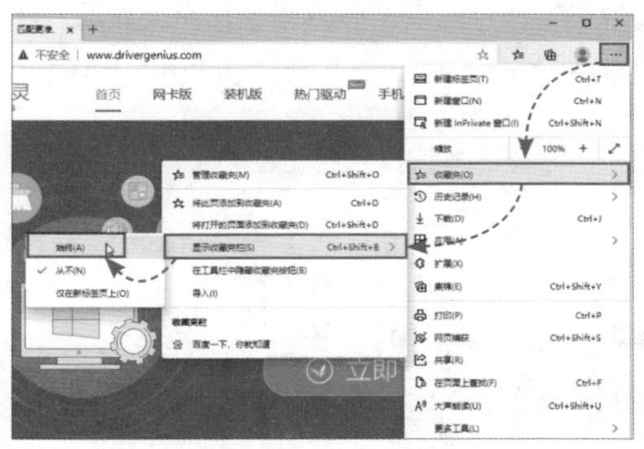

图 7-7

图 7-8

7.1.2 QQ浏览器

在Windows系统中除了使用IE、Edge等系统自带的浏览器外，还可以使用第三方浏览器，以实现更多的功能。

QQ浏览器是腾讯科技（深圳）有限公司开发的一款浏览器，采用Chrome内核+IE双内核，让浏览快速稳定，拒绝卡顿，完美支持HTML 5和各种新的Web标准，还可以安装众多Chrome的拓展，支持QQ快捷登录。

1. 手势操作

这里的手势是指按住鼠标右键进行拖曳，绘制手势轨迹。在QQ浏览器中，画出对应手势可快速执行某项功能。在“设置”界面中切换到“手势与快捷键”选项卡，即可查看到手势与执行的动作，如图7-9所示。返回浏览器页面，即可使用手势进行快速操作，如图7-10所示。

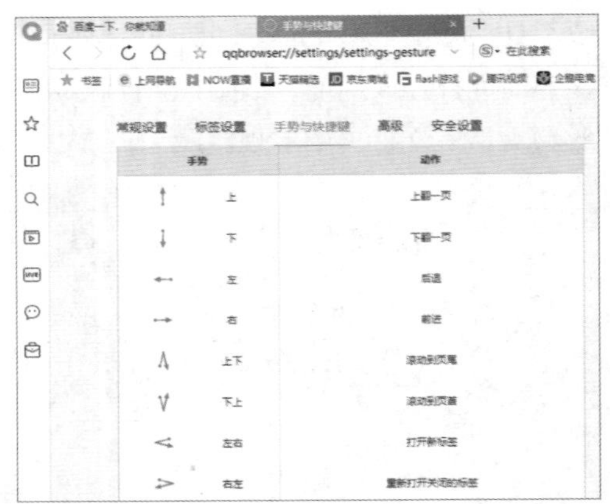

图 7-9

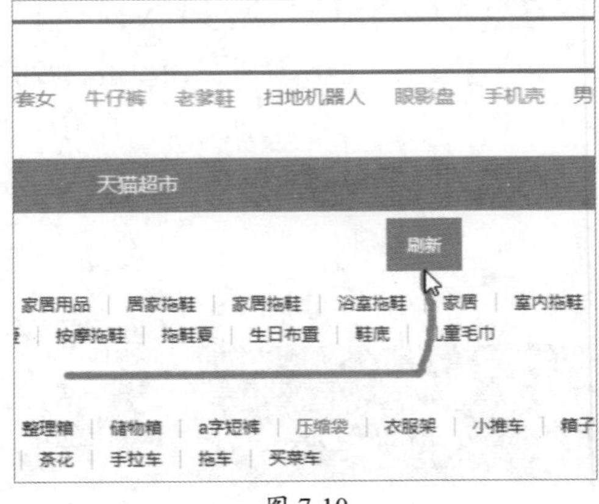

图 7-10

2. 侧边栏功能区

侧边栏是QQ浏览器的新功能，使用Alt+Q组合键可打开侧边栏。侧边栏中常见的板块有“收藏”“搜索”“微信”“购物”“翻译”等。

“微信”功能可以在没安装微信电脑版的情况下，通过网页来收发微信信息，如图7-11所示。在“办公”板块中可以使用腾讯文档、腾讯会议、腾讯云、微云功能进行协同办公，如图7-12所示。

图 7-11

图 7-12

3. 同步功能

通过QQ账号可以上传浏览器配置信息，并在登录到该QQ的多台终端设备中同步设置。这些设置包括界面、书签、插件、浏览器主页设置等信息，如图7-13、图7-14所示。

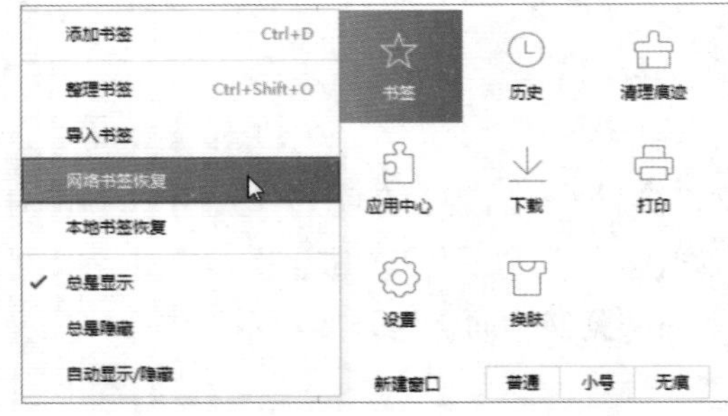

图 7-13

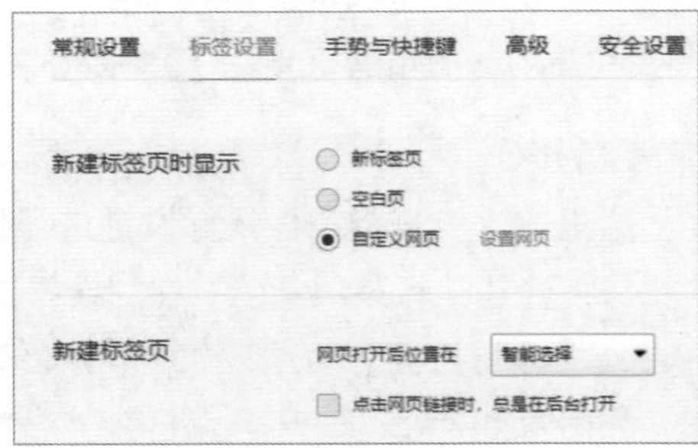

图 7-14

4. 其他特色功能

使用QQ浏览器可将当前重要的网页信息以二维码的形式分享给其他人阅读，如图7-15所示。

QQ浏览器还可以将网页中的信息通过截图功能截取下来保存，如图7-16所示。

图 7-15

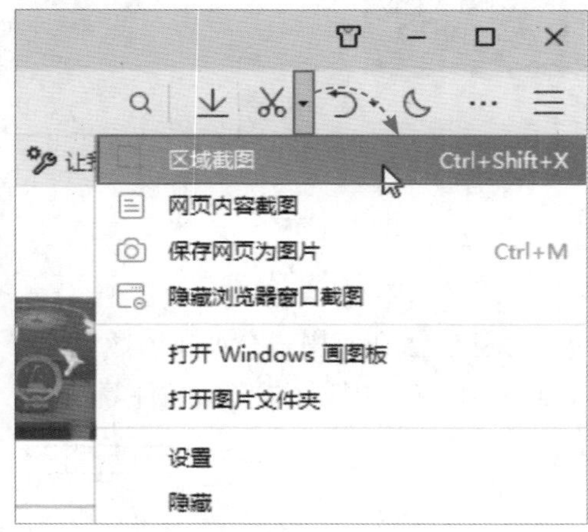

图 7-16

QQ浏览器使用双内核，如果与当前急速内核的网页有兼容性问题，可以切换到兼容模式来解决，如图7-17所示。此外，在兼容模式中还可以切换IE版本，以应对复杂环境，如图7-18所示。

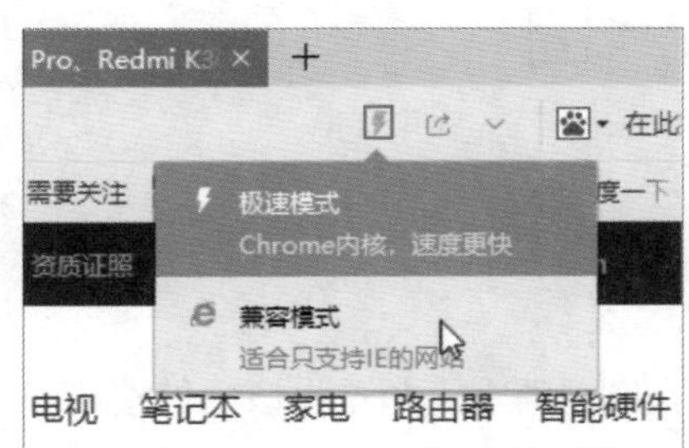

图 7-17

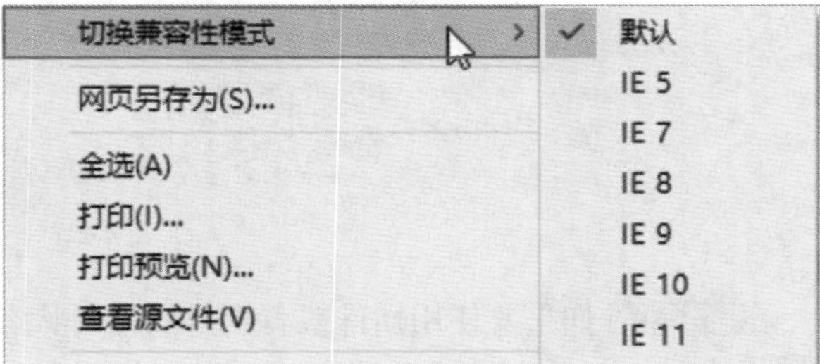

图 7-18

动手练 QQ浏览器插件的安装、使用和管理

扫码看视频

QQ浏览器可以安装并使用插件。由于QQ浏览器的内核特性，可以使用很多插件。

Step 01 单击QQ浏览器右上角的“菜单”按钮，在弹出的界面中单击“应用中心”按钮，如图7-19所示。

Step 02 在“应用中心”界面中选择需要的插件，比如“网易云音乐”，单击“立即安装”按钮，如图7-20所示，安装该插件。

图 7-19

图 7-20

Step 03 在应用中心页面选择“管理我的应用”选项卡，可以进行查看当前安装的插件、启用/停用插件或卸载插件等操作，如图7-21所示。

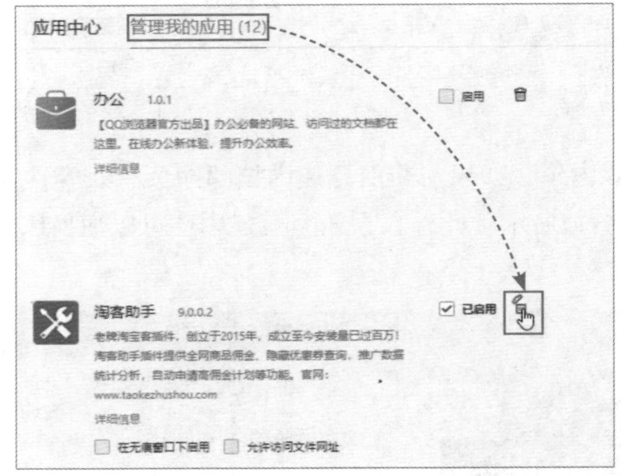

图 7-21

Step 04 如果要使用插件或者查看插件的状态，在浏览器右上角单击该插件按钮即可，如图7-22所示。

图 7-22

7.2 即时通信软件

即时通信软件可以理解为上网聊天使用的交流工具。随着网络沟通渠道的丰富，聊天软件层出不穷。目前常用的通信软件是QQ和微信。下面将以QQ和微信为例，介绍这类软件的使用技巧。

7.2.1 QQ

QQ是腾讯QQ的简称，是一款基于Internet的即时通信（IM）软件。目前QQ已经支持多个主流平台。QQ支持在线聊天、视频通话、点对点断点续传文件、共享文件、微云、QQ邮箱等多种功能，并可与多个通信终端相连。

1. 发送信息技巧

在进入聊天界面时，用户可以设置文本内容的格式，例如字体、字号、气泡等，如图7-23所示。

图 7-23

在输入一些特定文字内容后，系统会自动显示相关表情图片，单击即可将其发送，如图7-24所示。

图 7-24

2. 发送文件技巧

QQ可在线或离线发送文件，还可以发送微云文件，如图7-25所示。在线文档支持多人协作，启动相应的功能后，选择所需文件即可，如图7-26所示。

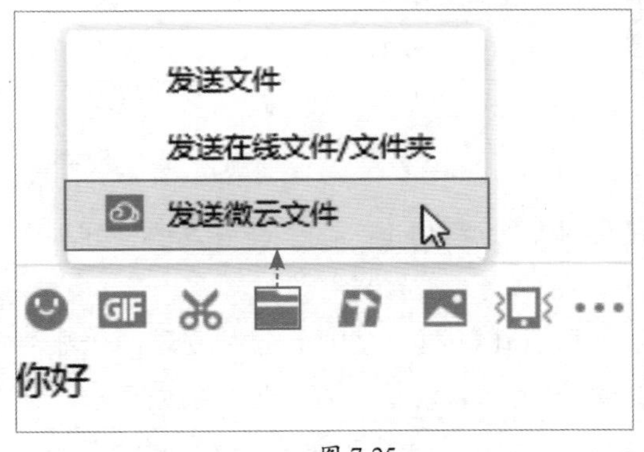

图 7-25

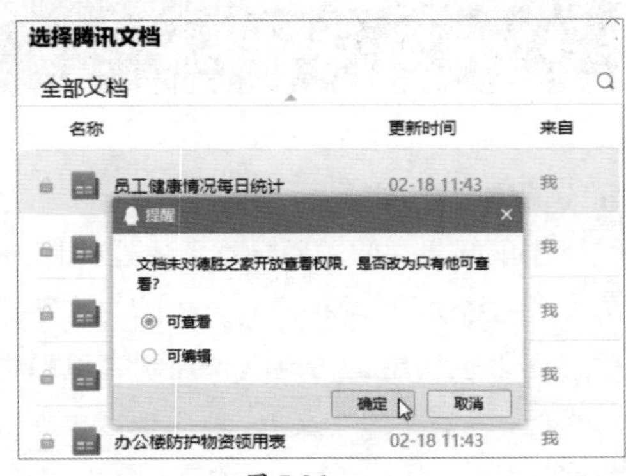

图 7-26

3. 截图及编辑技巧

利用QQ可以快速截图，同时能够对截取的图片进行必要的编辑操作。使用Ctrl+Alt+A组合键即可启动QQ截图功能，程序将自动识别窗口进行截图。当然，也可以手动截取局部，如图7-27所示。

画面截取完成后，可以使用工具栏的编辑功能对图片进行简单编辑，例如添加注释、序号等，如图7-28所示。此外，QQ还有长截图、屏幕识图等功能。

图 7-27

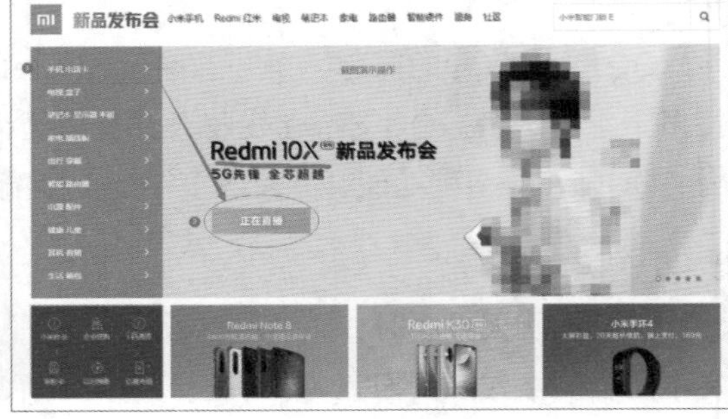

图 7-28

4. 线上课堂功能

线上课堂在疫情期间作为主要的教学方式，被广泛接受。QQ也有线上课堂，将学生邀请进群后，即可通过线上课堂，以分享屏幕或PPT展示的形式进行教学。除此之外，还可通过播放教学视频、在线直播等更为复杂的操作方式进行教学。图7-29所示是播放视频，图7-30所示是设置直播间模式。

图 7-29

图 7-30

5. 远程协助功能

当电脑出现问题而自己无法处理时，可以使用“远程协助”功能让好友协助处理。好友通过QQ发请求控制对方电脑的信息，如图7-31所示。

如果想利用公司电脑来控制家里的电脑，可以在这两台电脑上分别登录两个账号（两个账号要互为好友），然后把家里电脑的QQ设置为自动接受好友远程桌面请求，设置密码后，就可以随时手动连接并操控了，如图7-32所示。需要注意一点，两台电脑要均处于运行状态才行。

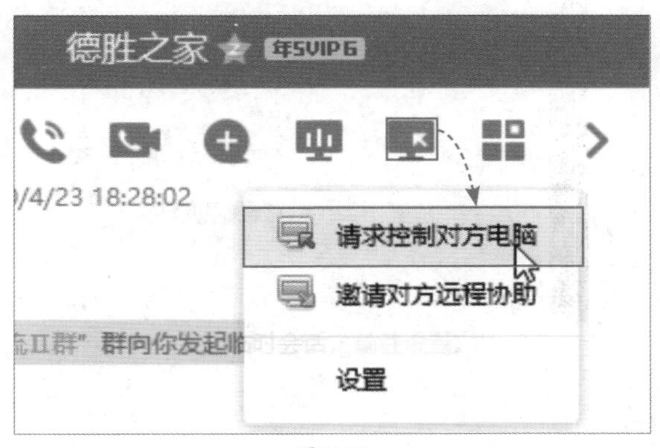

图 7-31

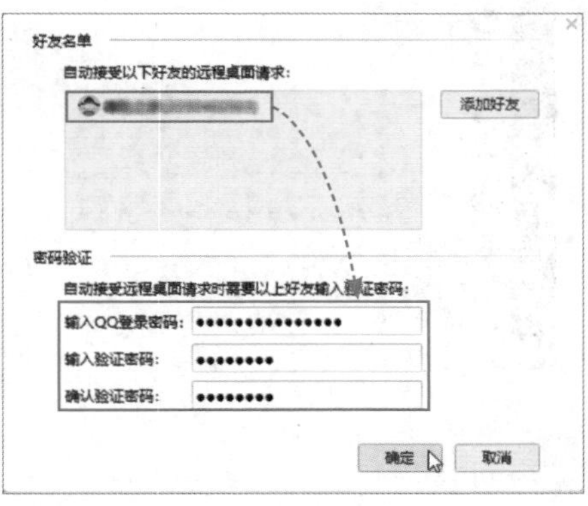

图 7-32

7.2.2 微信

手机微信App的使用不再赘述，但有时为了方便工作，在电脑中也经常使用微信，下面介绍微信PC端的一些使用技巧。

1. 微信PC版的下载与安装

在百度中搜索微信PC版，进入官方下载页面，启动下载操作，如图7-33所示。下载完成后，即可进行相关安装操作了，如图7-34所示。

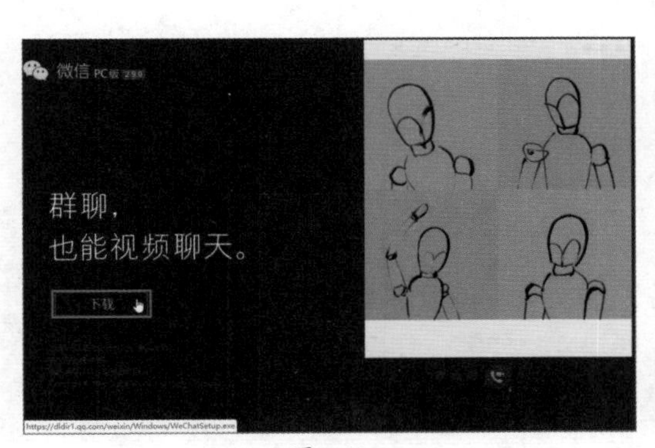

图 7-33

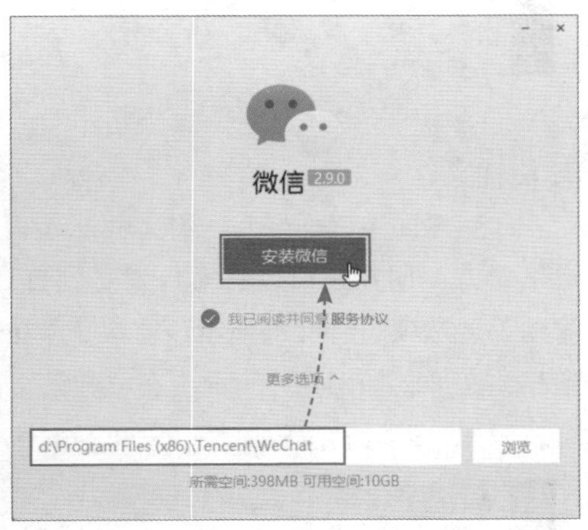

图 7-34

2. 发送信息

微信PC版安装好后，启动该软件，用户需利用手机微信中的"扫一扫"功能，扫描屏幕显示的二维码，确认登录。之后PC端微信即登录成功，进入聊天主界面，在此可以发送信息。

与QQ一样，在发信息时支持发送表情，并可发送文件、图片等内容，如图7-35所示。在"联系人"选项卡中可查看并设置联系人信息，如图7-36所示。

图 7-35

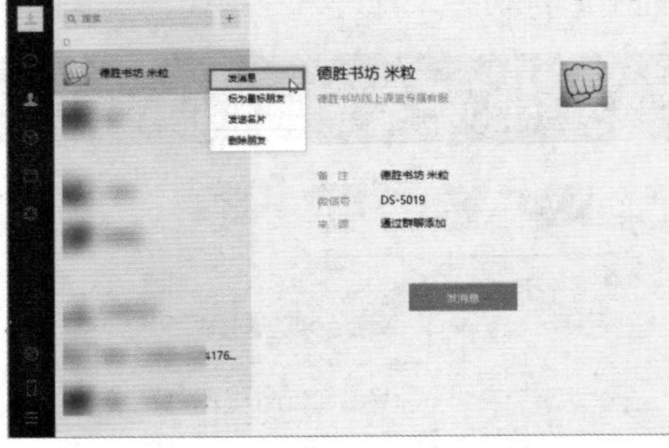

图 7-36

3. 查看收藏

在PC端微信中可以查看在手机端收藏的消息、推文等，如图7-37所示。在“看一看”选项卡中还可以了解最新的资讯信息，如图7-38所示。

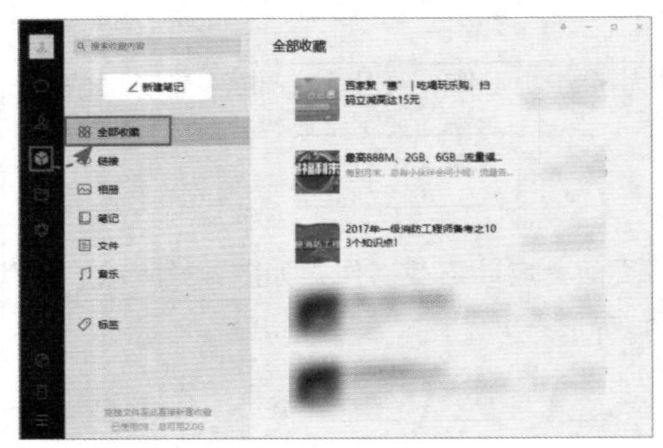

图 7-37

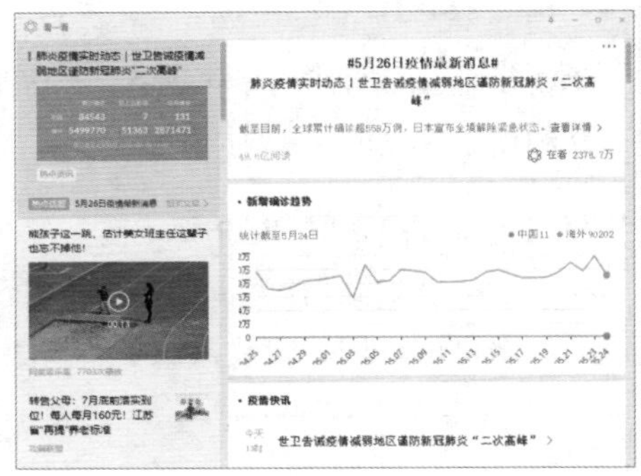

图 7-38

4. 传输文件

在主界面中选择好友，将文件拖入聊天窗口中，单击“发送”按钮，即可将文件发送给对方。用户还可以将文件发送到自己手机的微信中。在好友列表中选择“文件传输助手”选项，将文件拖至该窗口，单击“发送”按钮，此时手机微信App中即会接收到相关文件，如图7-39所示。在“微信文件”选项卡中可以查看文件传递的一些信息内容，例如，最近发送的文件、发送的文件类型、发送者等，如图7-40所示。

图 7-39

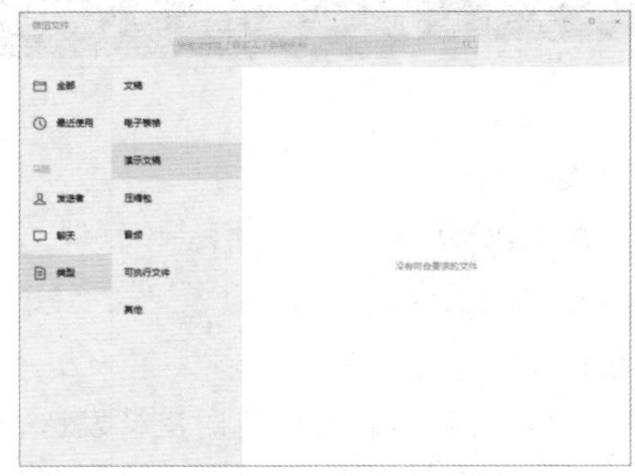

图 7-40

5. 使用微信小程序

在微信主界面中单击“小程序”选项卡，可打开小程序列表，该程序无须安装，如图7-41所示。在列表中单击所需小程序即可运行，其操作与手机端操作相同，如图7-42所示。

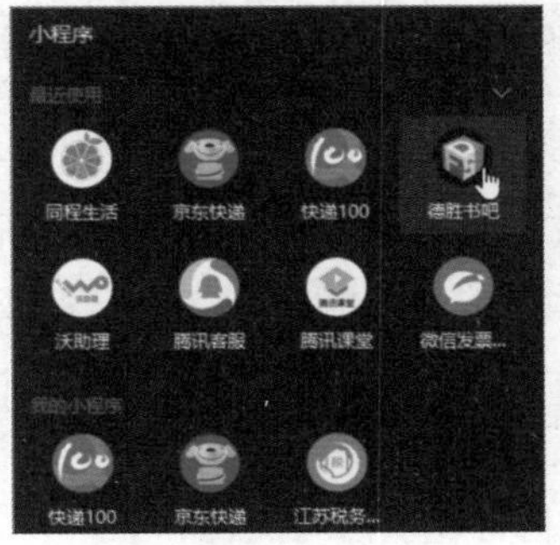

图 7-41

图 7-42

扫码看视频

动手练 使用微信备份聊天记录

有些用户会经常因为误删了手机中的微信信息而懊恼。其实微信有备份还原功能，可快速还原所需信息内容。所以将微信中重要的资料定期备份，是很必要的。

Step 01 在电脑端的微信程序中启动“备份与恢复”功能，如图7-43所示。

Step 02 在打开的对话框中单击“备份聊天记录至电脑”按钮，如图7-44所示。

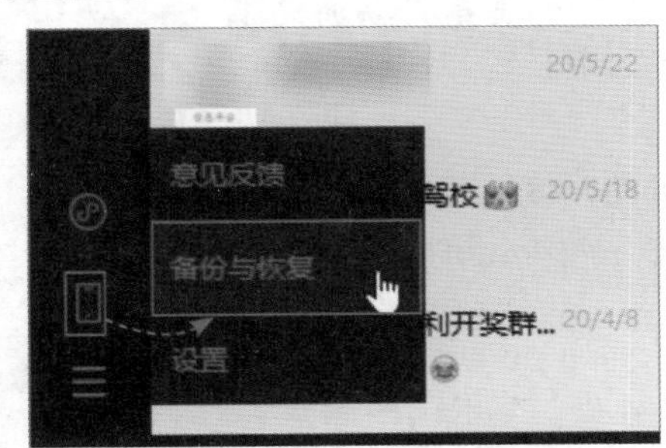

图 7-43

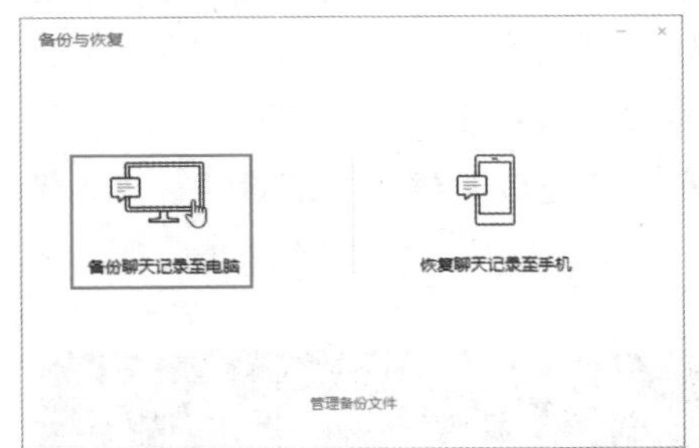

图 7-44

Step 03 在手机上确认后，数据通过无线网进行传输，备份开始，如图7-45所示。

Step 04 完成后弹出完成界面，单击“确定”按钮，如图7-46所示。

图 7-45

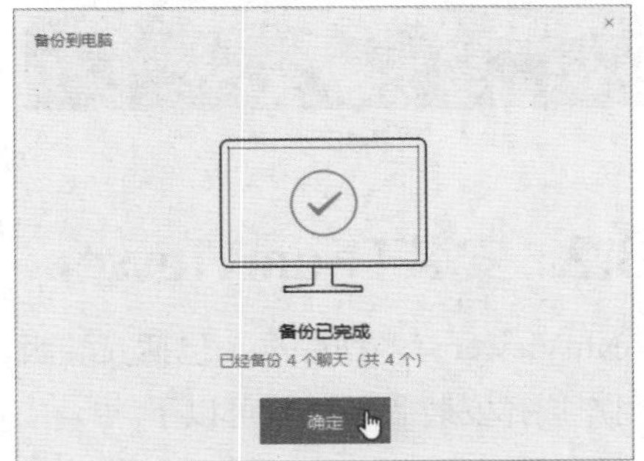

图 7-46

如果要还原，在手机上单击“恢复聊天记录至手机”按钮，选择要还原的会话即可。

7.3 远程管理软件

来到公司，突然发现有个重要的文件在家里的电脑上，或者需要给远程的Web服务器配置新的功能或参数，而又无法去现场的机房。遇到这种情况，就可以使用远程管理软件，通过软件连接远端的电脑、服务器或是其他设备，像使用本地的电脑一样控制远程设备，进行各种操作。本节将向用户介绍一款实用性很强的远程管理软件——TeamViewer软件。该软件以其强大的功能、流畅的速度、清晰的画面以及极高的稳定性，逐渐成为了远程管理软件的代表。

7.3.1 认识TeamViewer

TeamViewer终端可以处于任何网络结构中，可用于远程控制的应用程序，该软件提供了桌面共享和文件传输的简单且快速的解决方案。如需连接到另一台电脑，只需要在两台电脑上同时运行TeamViewer即可。

该软件第一次启动，在两台电脑上会自动生成伙伴ID。只需要输入另一个伙伴ID到TeamViewer，就可以连接到对方。TeamViewer的终端基本涵盖了所有类型的操作系统，如Windows、Mac OS、Linux、Android等，如图7-47所示。

图 7-47

通过搜索关键字打开其官网。在主界面中单击“免费下载”按钮即可启动下载，如图7-48所示。如果需要其他版本的，可以进入“下载”选项卡，选择需要的平台和版本，如图7-49所示。

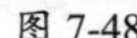

图 7-48

图 7-49

7.3.2 安装TeamViewer

TeamViewer有多种版本，包括安装版、仅支持被控版、远程会议客户端、单文件版等。用户选择安装版下载就可以了。

Step 01 在安装设置界面中选中“安装”单选按钮，设置用途，勾选“显示高级设置”复选框，单击“接受–下一步”按钮，如图7-50所示。

Step 02 选择好安装的位置，单击“完成”按钮，如图7-51所示。软件开始自动安装，完毕后，启动软件。

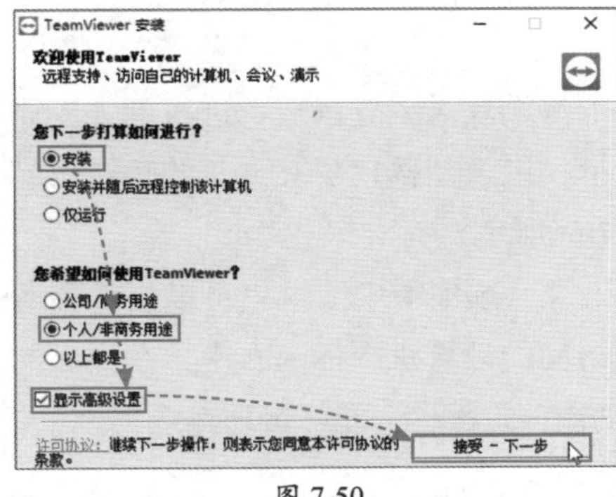

图 7-50

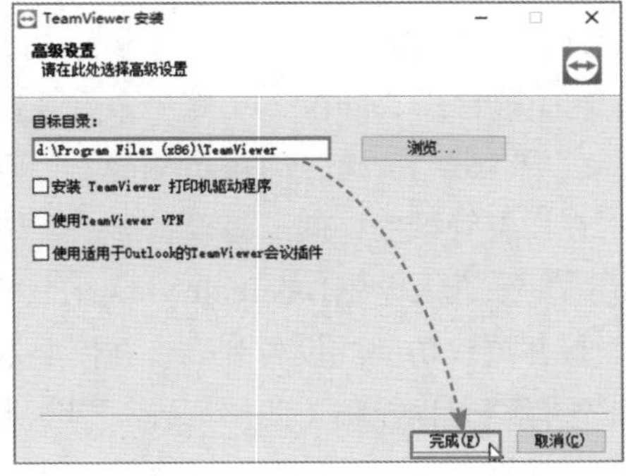

图 7-51

7.3.3 使用TeamViewer

下面以局域网中的两台电脑互连为例，来介绍TeamViewer的使用。电脑A安装完毕后，会显示ID号和密码，ID号与安装软件的电脑绑定，不会改变。将ID和密码告知电脑B，即可连接。

Step 01 打开电脑B，按照同样的方法安装好TeamViewer，启动后，将获取到的ID输入到“伙伴ID”中，单击“连接”按钮，如图7-52所示。

Step 02 输入电脑A提供的密码，单击“登录”按钮，如图7-53所示。

图 7-52

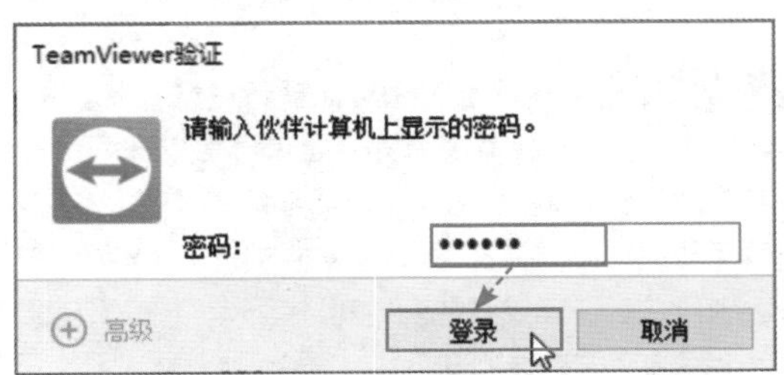

图 7-53

Step 03 启动远程桌面，此时会自动隐藏桌面背景，如图7-54所示，此时用户可以控制电脑A，如图7-55所示。

图 7-54

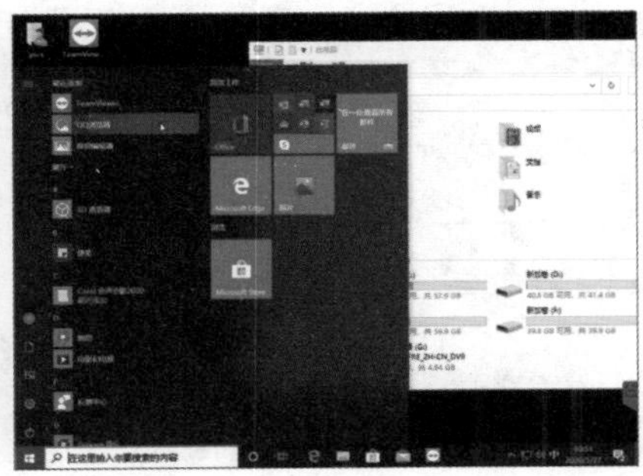
图 7-55

动手练 TeamViewer无人值守

扫码看视频

无人值守的作用就是在电脑A上安装被控端软件，电脑B可以在任意时间连接到电脑A。

Step 01 注册TeamViewer账号，并在所有的终端登录。登录后，进入到主界面中，勾选“随Windows一同启动TeamViewer”复选框，以及“授权了×××的轻松访问”复选框。在设备管理中，同意将设备加入，如图7-56所示。

Step 02 进入电脑B的TeamViewer的“通讯录”选项卡中。这里可以查看到所有登录了账号并授权访问的设备列表，在需要远程访问的计算机图标上右击，在弹出的快捷菜单中选择“远程控制（使用密码）”选项，如图7-57所示，即可自动连接到该主机。

图 7-56

图 7-57

注意事项 使用无人值守密码进行连接

上面介绍的情况是两台设备都是自己的，可以在两台设备的TeamViewer程序上登录自己的账号，不需要设置密码，随意控制。如果电脑是其他人的，不希望在被控端登录个人账户，以免泄漏信息，但又要远程控制，并保证被控端的安全，这种情况怎么办呢？可以通过设置无人值守密码的方式来达到要求。在连接被控制端时，输入对方ID，连接时需要输入该密码才能访问被控端，这在一定程度上保障了被控端的安全。

Step 01 在TeamViewer主界面的“其他”列表中，启动“选项”功能，如图7-58所示。

Step 02 在“安全性”选项中，设置个人密码，如图7-59所示。在其他设备上访问时，只输入其ID号，连接验证。输入设置的密码，即可以在不登录账号的情况下，使用TeamViewer的远程桌面。

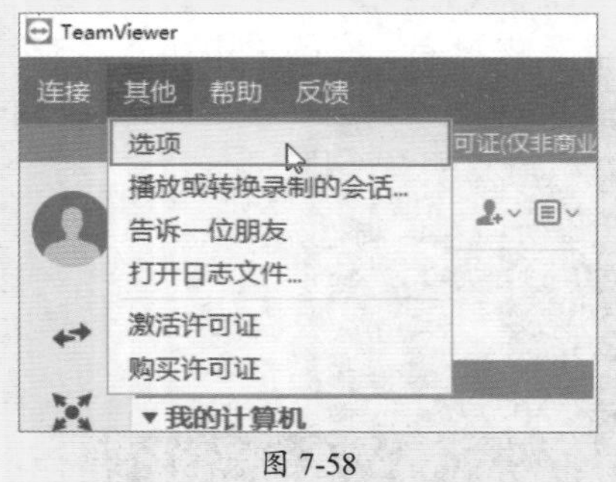

图 7-58

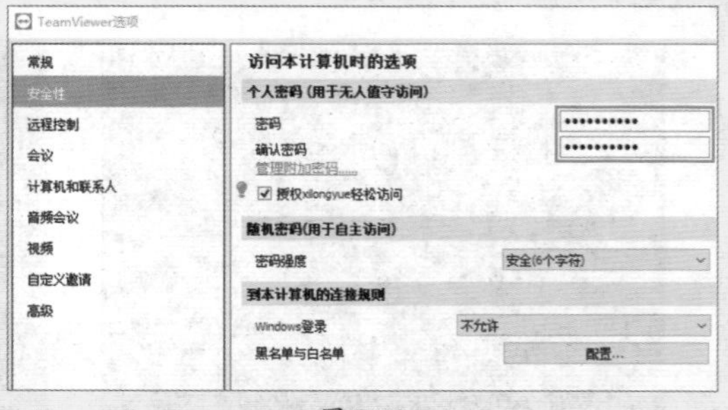

图 7-59

7.4 电子邮件

利用电子邮件，用户可以布置任务、下达通知、发送重要文件等。随着技术不断发展，目前的电子邮件软件可以将网页版邮件与客户端软件联合起来使用，让职场人士能够更加便捷高效地执行各种任务。

7.4.1 认识电子邮件

电子邮件是一种用电子手段提供信息交换的通信方式，是互联网应用最广的服务。借助网络电子邮件系统，用户可以以非常低廉的价格、非常快速的方式，与世界上任何一个角落的网络用户联系。

电子邮件可以是文字、图像、声音等多种形式。同时，用户还可以收到大量免费的新闻、专题邮件，并能轻松实现信息搜索。电子邮件的存在极大地方便了人与人之间的沟通与交流，促进了社会的发展。

电子邮件的客户端软件有很多，比如Windows 10系统自带的“邮件”，各邮件平台提供的客户端软件，综合型接收客户端软件，如Foxmail、DM pro等。最常用的就是Foxmail客户端了。

7.4.2 Foxmail的使用

Foxmail邮件客户端软件是中国著名的软件产品之一，它通过和U盘捆绑授权形成了安全邮、随身邮等一系列产品。下面将简单介绍Foxmail的使用方法。

Step 01 打开Foxmail官网，进入下载界面，启动下载并进行安装，如图7-60所示。

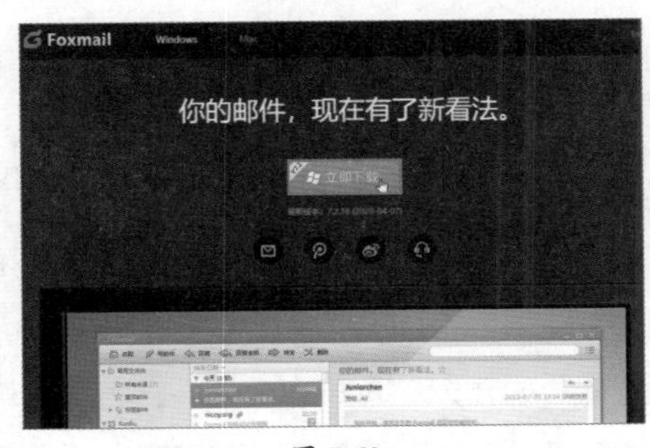

图 7-60

Step 02 安装完毕后进入登录界面，这里可以登录各种邮箱。本例以QQ邮箱为例，如图7-61所示。

图 7-61

Step 03 按要求输入E-mail地址及授权码，单击“创建”按钮，如图7-62所示。授权码的创建有专门的教程，用户可以在该界面单击“授权码”后的“？”按钮，了解授权码的获取方法。

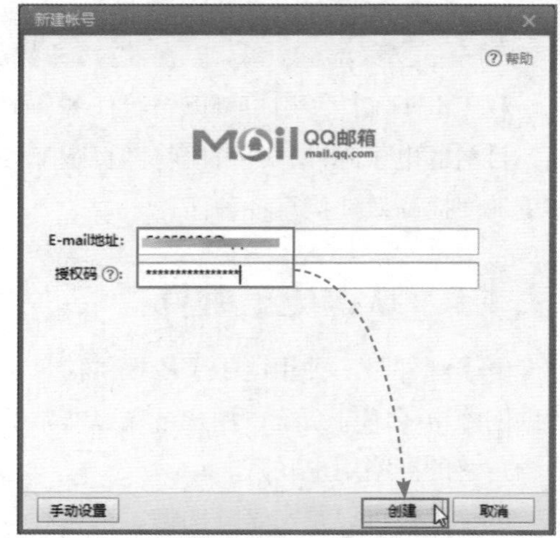

图 7-62

Step 04 经授权后，Foxmail客户端就可以自动到绑定的邮箱中收取信件了。Foxmail可以绑定多个邮箱，便于统一收信、发信，非常方便，如图7-63所示。

图 7-63

扫码看视频

动手练 使用网页版邮箱收发电子邮件

下面以QQ邮箱为例，向读者介绍网页版邮箱的使用方法。

Step 01 单击QQ客户端的邮箱按钮，可快速登录邮箱，如图7-64所示。当然，也可以在浏览器中输入“mail.qq.com”，再输入账号和密码来登录QQ邮箱，如图7-65所示。

图 7-64

图 7-65

Step 02 进入邮箱主界面，在此用户可以进行写信、收信等操作，如图7-66所示。

图 7-66

Step 03 在“其他邮箱”中可以收取其他邮箱的信件，如图7-67所示。

图 7-67

Step 04 在“文件中转站”可以保存一些大文件，如图7-68所示。

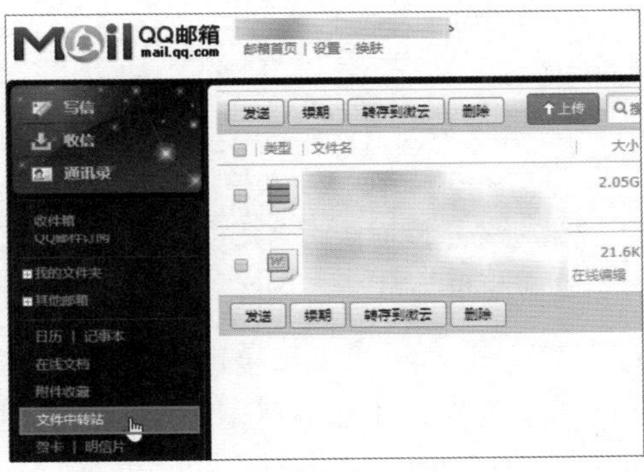

图 7-68

Step 05 在“邮箱设置”中可以设置邮箱的一些参数，如图7-69所示。

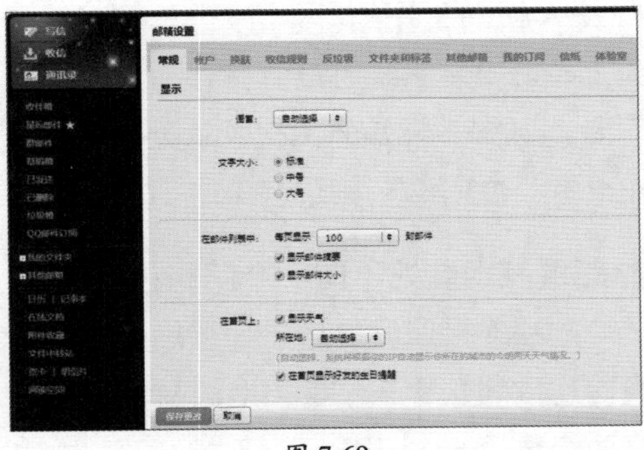

图 7-69

7.5 投屏软件

投屏就是将手机内容投屏到电视、电脑，或电脑内容投屏到电视等终端来共享屏幕。主要用于会议展示、家庭影音、游戏等。常见的投屏软件有很多，下面以乐播投屏为例进行介绍。

乐播投屏是一款连接移动设备如手机、平板等，与大屏终端如电视、智能机顶盒、投影、VR等智能设备的多屏互动工具，实现移动设备的内容无线投送。

乐播投屏的使用方法比较简单，用户可在官网下载其客户端程序，并在所有需要投屏和控制的设备上安装相应版本的乐播客户端软件即可，如图7-70所示。乐播投屏除了经典的手机投电视外，还可以电脑投电视，用户用电脑上安装的乐播投屏搜索到用于展示的设备后即可投放，如图7-71所示。

图 7-70

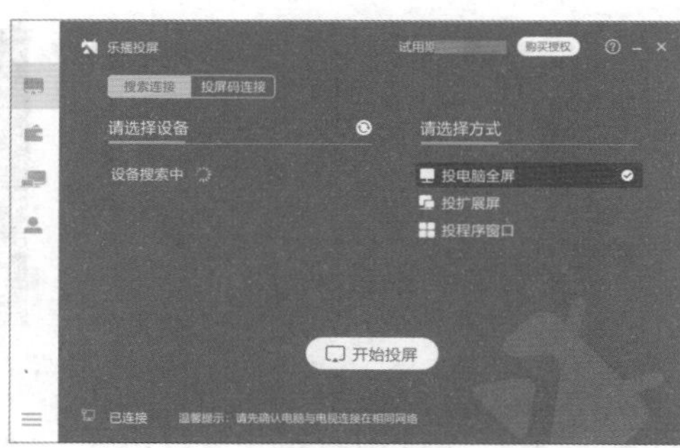

图 7-71

7.6 局域网共享

局域网最常见的应用除了共享上网，还可共享文件。共享局域网的设置很简单，但是由于Windows安全策略设置过于复杂，以及局域网硬件设备操作系统的不同，造成了局域网共享要么搜索不到，要么无限访问，但是只要遵循以下几个要点，就可以轻松共享。

1. 接入相同工作组

如果安装系统时没有做任何修改，或者加入到域环境，那么安装好的主机默认处于“WorkGroup”工作组中。如果不在，那么手动将其加入到该工作组中。

2. 局域网电脑处于同一个网络位置

电脑连接网线之后，如果网络可用，系统会询问当前连接的是什么位置类型的网络。Windows 10默认有两个位置，“公用”或者“专用”，如图7-72所示。

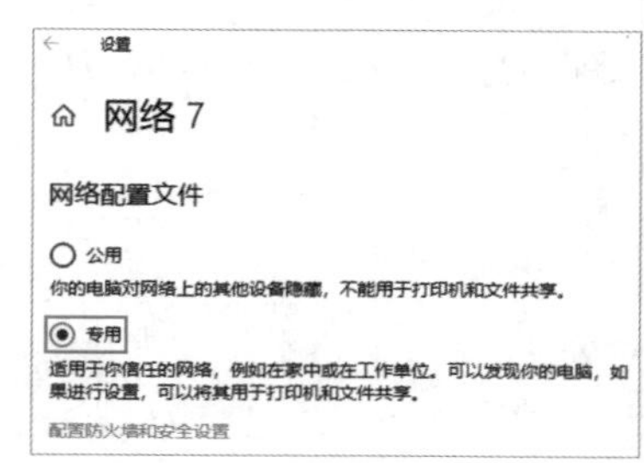

图 7-72

其中专用网络对应于Windows 7中的“家庭网络”或“工作网络”。如果系统是Windows 7，需要查看Windows 7是否处于“家庭网络”或“工作网络”。如果是在Windows 10系统中，用户设置的“公用”网络需切换到“专用”网络，否则无法连接当前的局域网共享。

3. 高级共享设置

在网络和共享中心的“高级共享设置”界面中，选中“专用”选项下的“启用网络发现”和“启用文件和打印机共享”单选按钮，单击“保存更改”按钮，如图7-73所示。展开“所有网络”选项，启用共享，一般不需要密码保护，选中“无密码保护的共享”单选按钮，单击“保存更改”按钮即可，如图7-74所示。

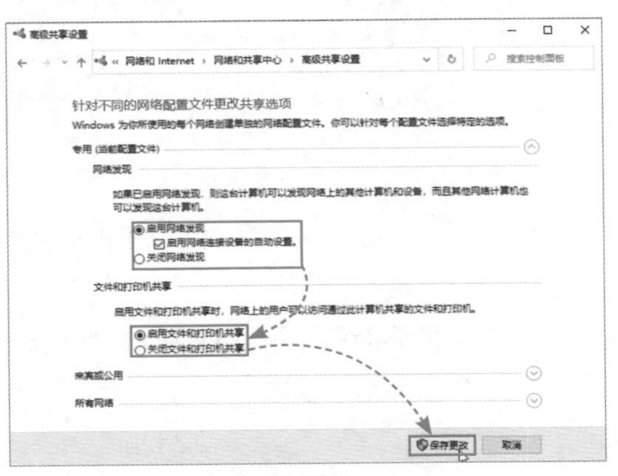

图 7-73

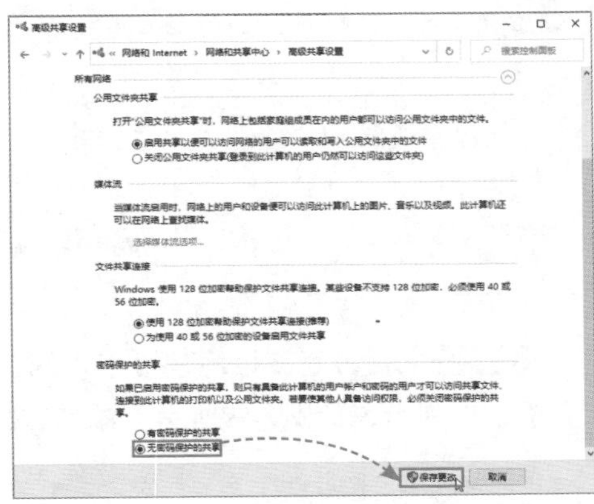

图 7-74

动手练 共享设置

扫码看视频

下面介绍共享文件夹的方法。

Step 01 在F盘中新建文件夹，命名为“共享测试”。右击该文件夹，在弹出的快捷菜单中选择“属性”选项，如图7-75所示。

Step 02 在“共享”选项卡中单击“共享”按钮，如图7-76所示。

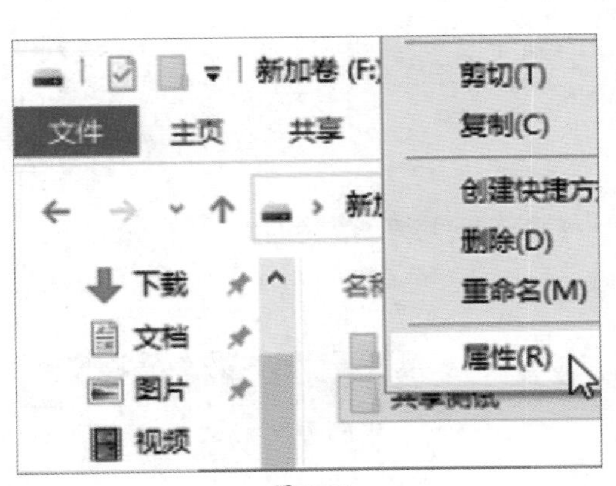

图 7-75

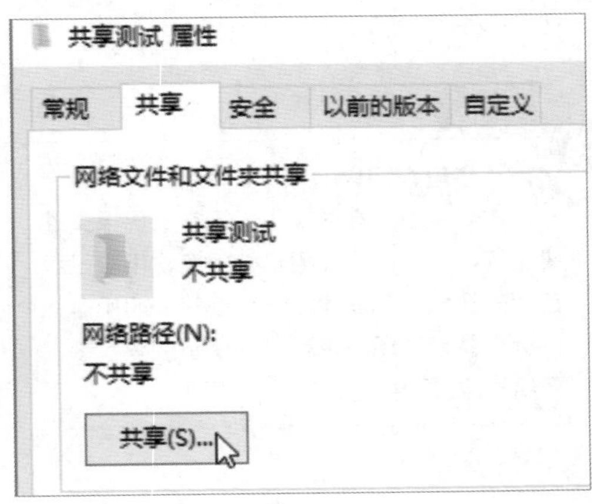

图 7-76

Step 03 在弹出的“选择要与其共享的用户”界面中输入“everyone”，单击“添加”按钮，添加用户“everyone”，如图7-77所示。

Step 04 单击“权限级别”下拉按钮，将权限设置为“读取/写入”，完成后单击“共享”按钮，如图7-78所示。

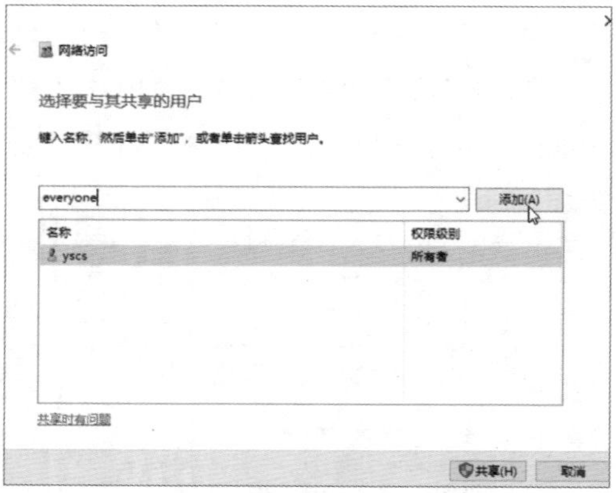

图 7-77

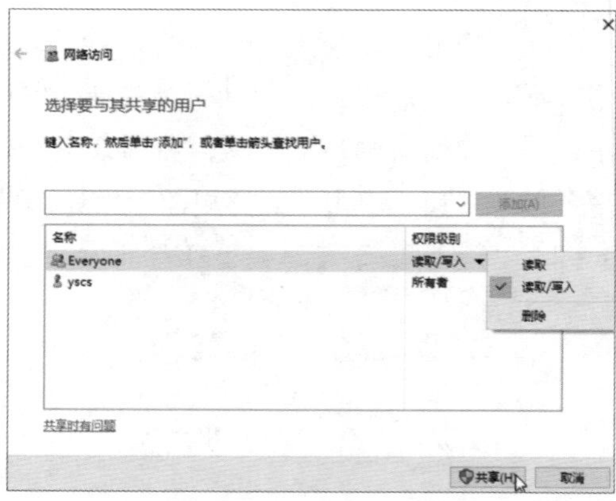

图 7-78

Step 05 若访问被拒绝，可进入到“共享测试”文件夹的属性设置对话框，切换到“安全”选项卡，如图7-79所示，添加“Everyone”用户，并给予权限即可。

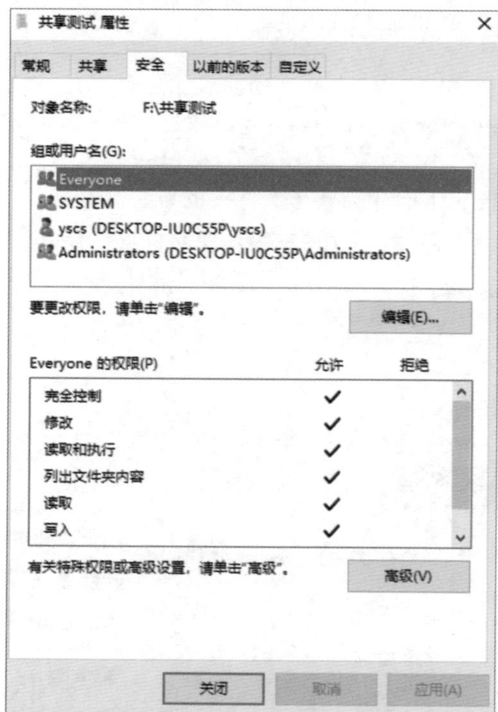

图 7-79

知识点拨

共享出现问题

按照上面的方法操作，正常情况下文件夹是可以共享的。如果仍被拒绝，用户可以启用来宾账户或者建立一个用户专门用来访问远程共享。用户也可以不赋予读写权限，只给予读权限。

知识延伸：远程启动电脑

前文提到的无人值守，前提条件是电脑开机且TeamViewer运行，服务器可以长时间开机。如果电脑关机怎么办呢？解决办法是利用网络唤醒或者来电开机功能来操作。

1. 网络唤醒

网络唤醒（WOL）需要网卡支持。电脑处在关机（或休眠）状态时，机内的网卡及主板部分仍保有微弱的供电，此微弱供电能让网卡保有最低的运作能力，使网卡能接收来自电脑外部的网上信息，并对信息内容进行侦测与解读。一旦发现网上广播的内容中有特定的信息内容，就会对该数据包的内容进行判断，若满足条件则启动电脑，实现网络唤醒。

网络唤醒需要3个条件。

（1）主板支持：选择具有网络唤醒功能的主板，并启用该功能。不同的主板，网络唤醒功能设置的位置可能不同，如图7-80所示。用户可以参考主板说明书来设置。

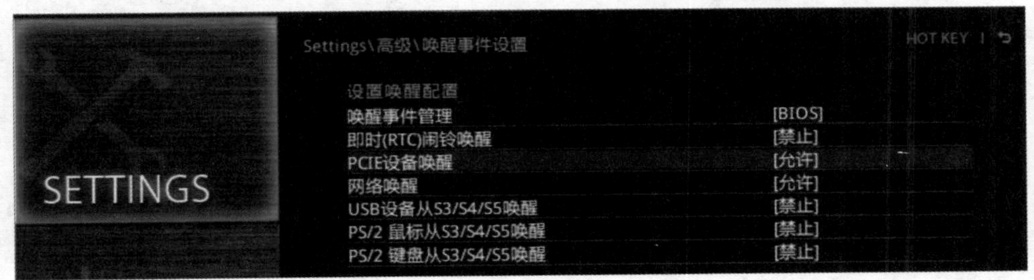

图 7-80

（2）网卡：在网卡的属性设置里选择“Wake on Magic Packet”(唤醒魔包)，如图7-81所示，然后勾选“允许此设备唤醒计算机”复选框，如图7-82所示。

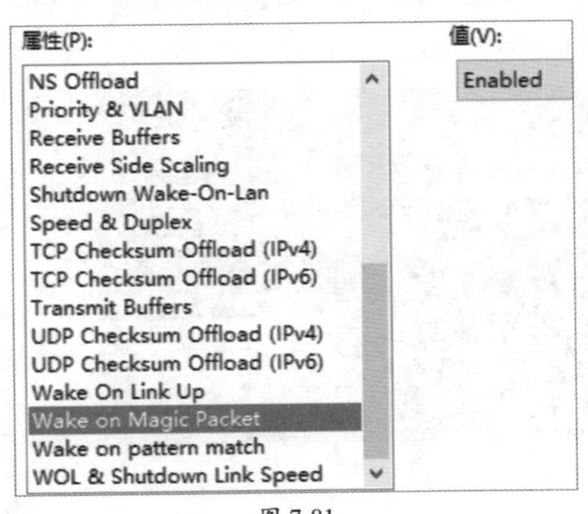

图 7-81

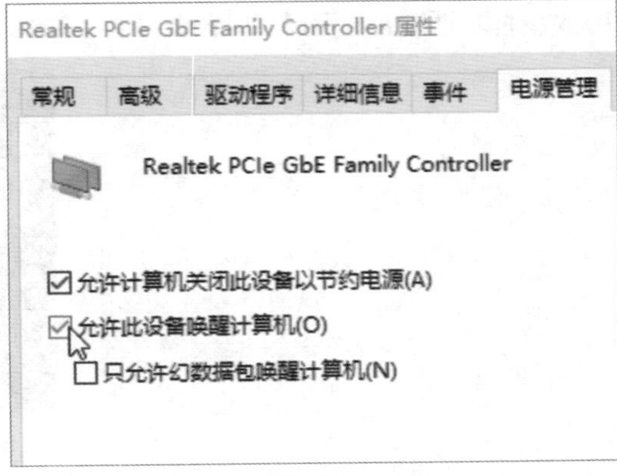

图 7-82

（3）配置唤醒设备：实现此功能需要路由器。在路由器自带或安装的插件中设置网络唤醒功能，之后就可远程使用手机命令家中的路由器发送唤醒魔包，唤醒设备。

如果路由器无此功能，可以按下述方法操作。

在路由器的IP分配中，为需唤醒的电脑配置一个固定IP，并与该主机的MAC地址绑定。在路由器上配置一条端口映射，将需要唤醒的主机通过某端口发布到外网上。无论是通过IP地址还是花生壳域名访问，只要能访问到路由器对应的发布端口，就可访问到映射的主机。即使主机关机，未显现端口，发送的魔包仍可以通过对应的端口进入，由路由器查到对应的IP，并找到对应的MAC地址，然后为该主机转发魔包。当然，在内网中该包以广播的形式发送。主机收到该魔包就可以开机了。

图7-83所示为配置端口映射的范例。能够发送魔包的软件有很多，甚至通过网页也可以，但必须了解路由器的外网IP，或者绑定的域名，如图7-84所示。

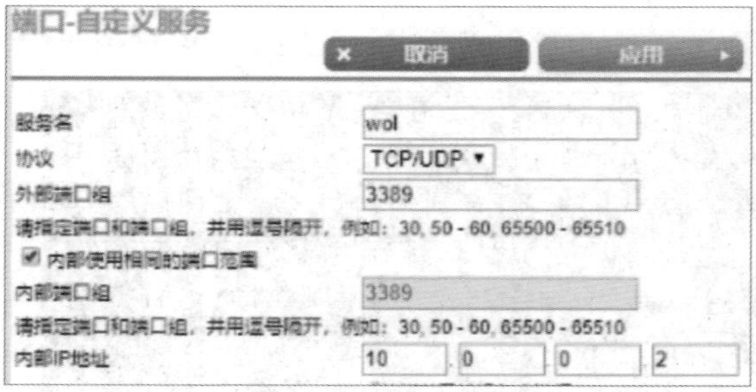

端口-自定义服务

× 取消　　应用 ▸

服务名　wol
协议　TCP/UDP ▾
外部端口组　3389
请指定端口和端口组，并用逗号隔开，例如：30, 50 - 60, 65500 - 65510
☑ 内部使用相同的端口范围
内部端口组　3389
请指定端口和端口组，并用逗号隔开，例如：30, 50 - 60, 65500 - 65510
内部IP地址　10 . 0 . 0 . 2

图 7-83

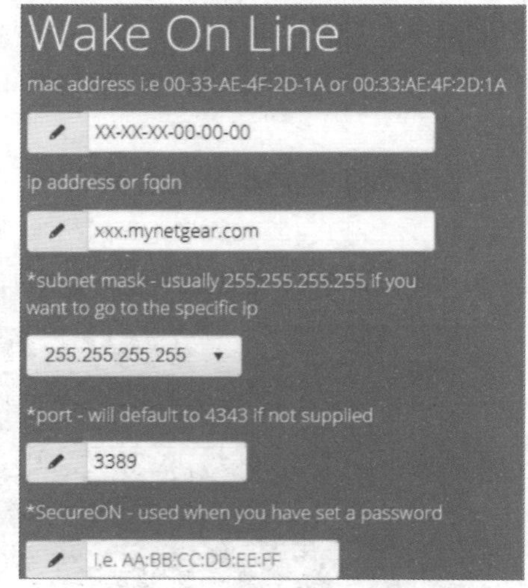

图 7-84

2. 来电开机

使用WiFi智能插座（参见图7-85），并在BIOS的电源管理中将电脑设置为来电启动，如图7-86所示，就可以远程控制智能插座断电和通电。注意，断电和通电需要间隔10秒左右。通电后电脑自动开机，并自动启动TeamViewer。

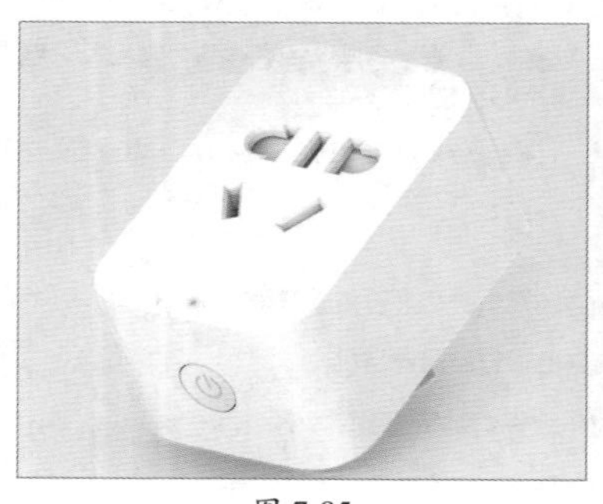

图 7-85

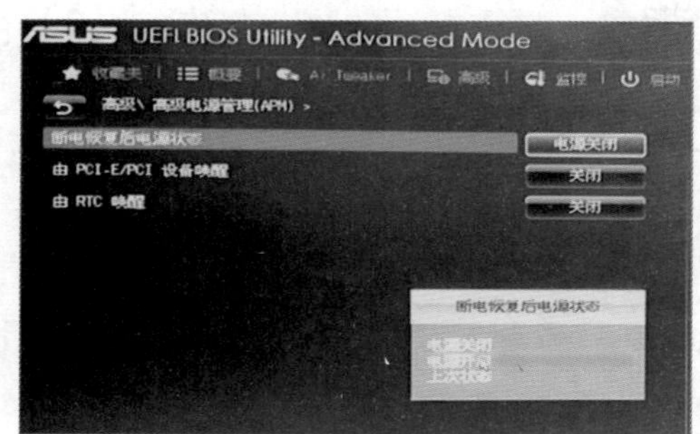

图 7-86

用户无论在任何位置，都可以通过控制WiFi智能插座来控制电脑的开机。但需注意的是，关机时一定要使用操作系统的关机功能。如果直接断电关机，会造成不可预料的错误。

第8章

图片浏览及处理软件

文档和图片是电脑文件中最常见的文件形式，图片的格式主要有BMP、JPEG、TIFF、GIF、PNG等。无论是文档还是图片，都可以使用相应的软件来查看和编辑。本章将向读者介绍图片查看及处理软件的使用方法。

8.1 看图软件

要查看电脑中的图片文件必须有看图软件。Windows系统自带的看图软件功能就比较强，但如果要满足更复杂的要求，可以安装一些常用的看图软件，比如ABC看图、ACDSee等。

图片文件的查看非常简单，但是也有很多的查看技巧。下面将向读者介绍看图软件的使用方法。

8.1.1 Windows自带的看图软件

若没有安装其他看图软件，用户可用Windows系统自带的看图程序来查看图片文件。双击要查看的图片文件即可启动Windows图片查看工具，同时图片会显示在软件窗口中，单击右下角的“全屏”按钮可让图片全屏显示，如图8-1所示。

图 8-1

在看图软件的工具栏中，用户可以根据需要，对当前图片进行缩放、删除、收藏、旋转和裁剪操作，如图8-2所示。

图 8-2

单击窗口右上角的“编辑 & 创建”下拉按钮，在打开的下拉列表中，用户可以根据需要选择更多的编辑功能。例如，选择“编辑”选项，如图8-3所示，在打开的编辑窗口中，可对图片进行“裁剪和旋转”“滤镜”“调整”以及“保存”操作，如图8-4所示。

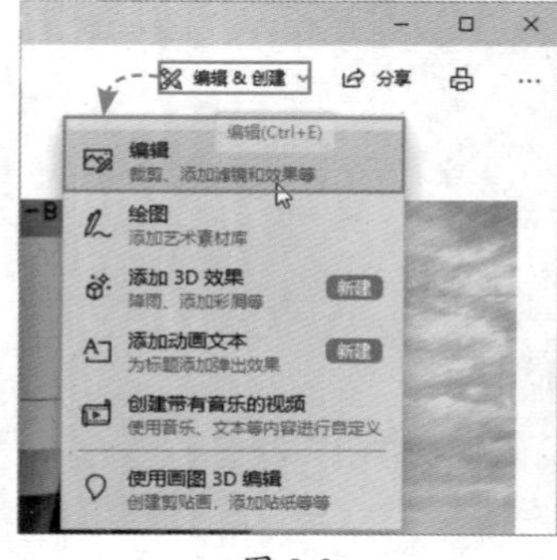

图 8-3

图 8-4

在编辑窗口中，完成图片的编辑后，单击“保存”按钮，即可保存所做的编辑。返回到图片查看界面，单击右上角的“查看更多”按钮，还可以对当前图片进行其他设置操作，如设置图片的大小、打开方式、应用方式等，如图8-5所示是将图片设置为桌面背景。

图 8-5

8.1.2 2345看图王

2345看图王是一款看图软件，支持包含PSD在内的67种图片格式，独创了对GIF等多帧图片的逐帧保存，拥有无干扰看图模式、丰富的幻灯片演示效果，并可以自定义设置播放速度。满足图片收藏、图片管理和多图浏览的需求。

用户可以通过官网下载该软件，如图8-6所示。下载完毕后启动安装程序，单击“一键安装”按钮即可进行软件安装，如图8-7所示。下面介绍2345看图王的主要特色及功能。

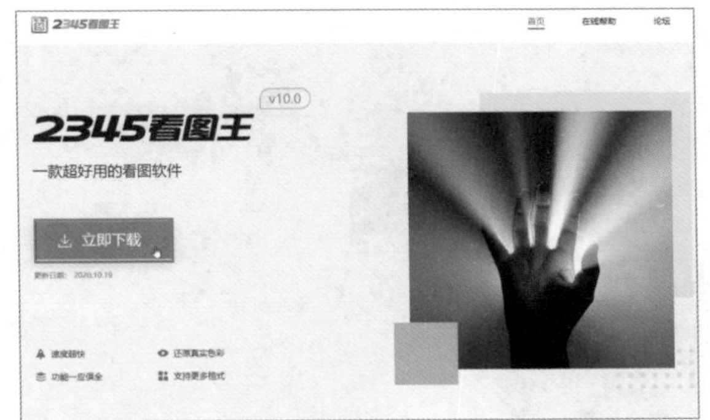

图 8-6

图 8-7

安装2345看图王后，双击要查看的图片，系统会自动由2345看图王软件打开图片，如图8-8所示。

注意事项 利用右键快捷菜单选择看图软件

如果电脑中安装了多款看图软件，用户可使用右键快捷菜单选择看图软件来查看：右击图片，在弹出的快捷菜单中选择需使用的软件选项即可。

图 8-8

当使用滚轮时，软件会弹出滚轮操作提示，默认的滚轮操作是缩放图片，使用Ctrl+滚轮操作可进行翻页。使用软件下方的工具栏可以实现更多的功能，如图8-9所示。

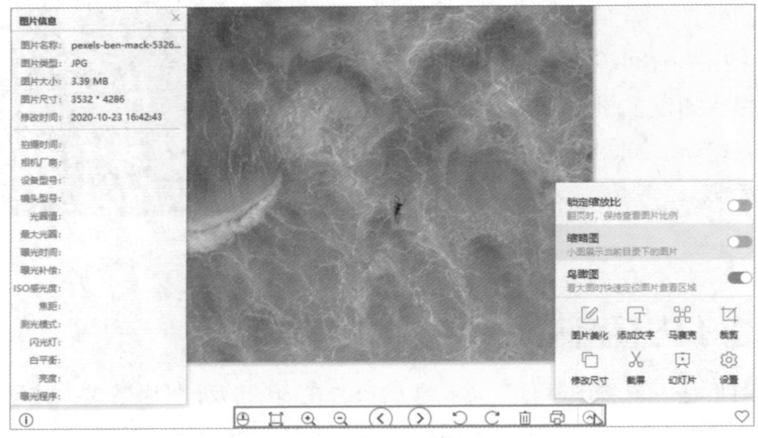

图 8-9

使用2345看图王软件，还可以将图片列表设置为幻灯片播放模式，如图8-10所示。在“2345看图王图片管理”界面中，可以对图片进行批量转换、重命名、添加水印等操作，如图8-11所示。

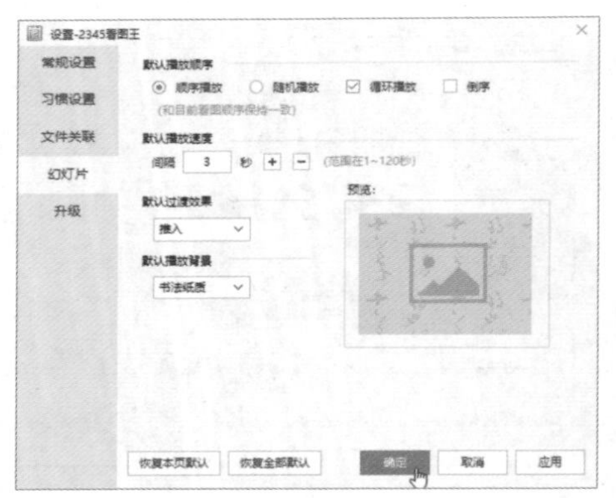

图 8-10

图 8-11

扫码看视频

动手练 下载并使用ABC看图

ABC看图是一款图片浏览管理软件，支持JPG、PNG、RAW、PSD等69种图片格式，可以批量管理图片，阅读PDF格式文件，此外还具有打印、一键瘦图、查看图片信息、地理位置等功能。

Step 01 在百度中搜索“ABC看图”，找到并进入官网，单击“立即下载”按钮下载软件，如图8-12所示。

Step 02 下载完毕双击安装包，配置好安装位置后，单击“立即安装”按钮进行安装，如图8-13所示。

图 8-12

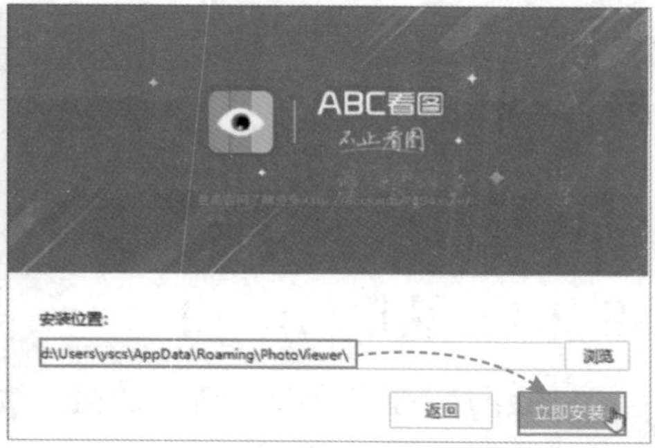

图 8-13

Step 03 安装完成后，将其设为默认的图片打开方式。双击图片文件会启动该软件并打开图片，其基本界面如图8-14所示。

图 8-14

Step 04 查看图片时，用户可在下方工具栏中单击相应的按钮，对当前图片进行放大、缩小、删除、图片瘦身等操作。图8-15所示为图片瘦身效果。

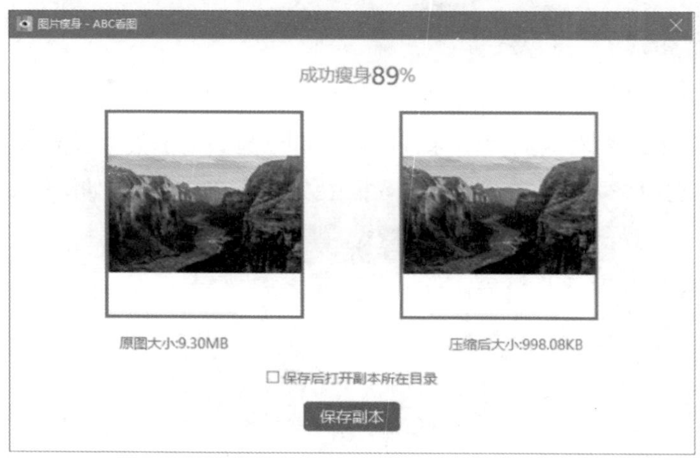

图 8-15

8.2 截屏软件

QQ是一款功能全面的软件，截屏功能是其自带的一项功能。除此之外，还有其他一些专业的截屏软件，如SnagIt。本节将对SnagIt软件进行简单介绍。

8.2.1 认识SnagIt

SnagIt是一款功能非常强大的截屏软件，主要用于屏幕的捕捉、录制、截取。其自带的编辑器可对截取的屏幕或视频进行编辑。它支持全屏、窗口、滚动窗口等多种截取方式，还可以为截取对象添加效果，如阴影、水印、相框、边框、滤镜等。

使用SnagIt可以捕获Windows屏幕、DOS屏幕，捕获RM电影画面、游戏画面，可以选择捕获时是否包括鼠标指针，是否添加水印。

8.2.2 使用SnagIt截图

SnagIt的截图功能非常强大，对于新手用户比较友好。下面介绍SnagIt截图功能的用法。

Step 01 启动SnagIt软件后，在操作界面中选择“图像”选项卡，单击“选择”下拉按钮，从下拉列表中可以设置捕获的区域，如图8-16所示。

Step 02 单击“效果”下拉按钮，从下拉列表中可以选择截图效果，如图8-17所示。

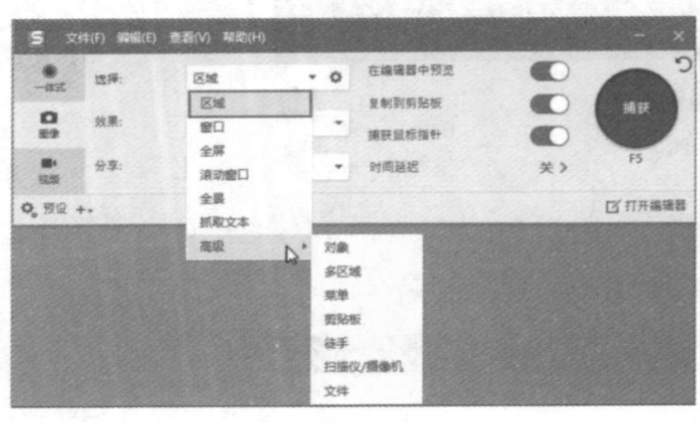

图 8-16

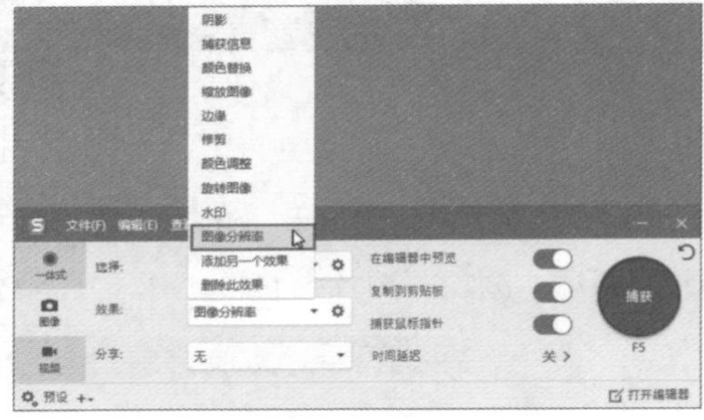

图 8-17

Step 03 单击效果右侧的“设置”按钮，可以为当前的效果设置参数。例如选择“图像分辨率”选项，可在“分辨率”输入框中设置分辨率数值，如图8-18所示。

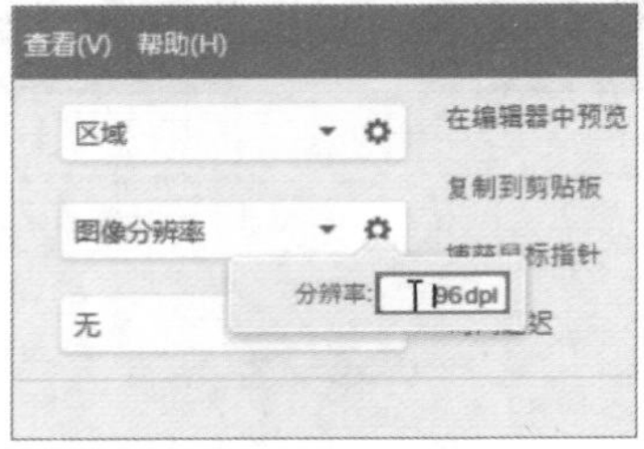

图 8-18

Step 04 用户可根据需要开启“在编辑器中预览”“复制到剪贴板”“捕获鼠标指针”以及“时间延迟”选项，如图8-19所示。

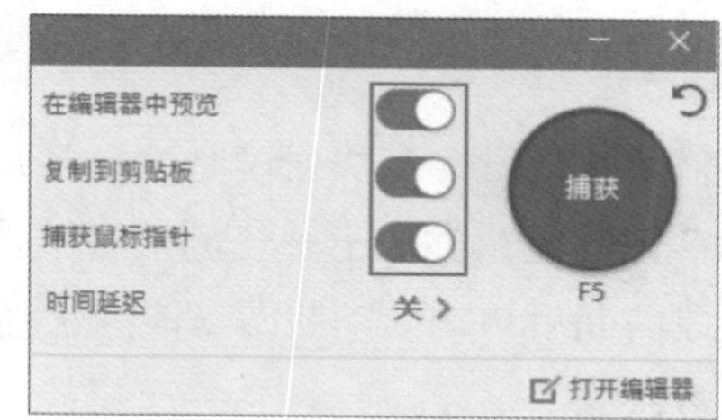

图 8-19

Step 05 按F5键启动截图功能。此时屏幕覆盖半透明白色，鼠标指针处出现两条辅助线，软件会自动根据捕获情况，判断是否有符合的窗口。如果出现窗口，则自动将截图区域选定到该窗口，如图8-20所示。

Step 06 用户也可以手动拖曳鼠标绘制出截图区域，通过放大镜精确确定截图位置，如图8-21所示。选定截图区域后，松开鼠标即可完成截图操作。

图 8-20

图 8-21

Step 07 如选择了“在编辑器中预览”，则会启动编辑器，可以对图片进行编辑，如图8-22所示。

Step 08 如果仅需要截图，在需要粘贴截图的地方粘贴截图即可，如图8-23所示。

图 8-22

图 8-23

注意事项 截图错误怎么办

如果截图区域错误，按Esc键即可取消区域选择，返回上一级界面。

动手练 延时截图

扫码看视频

截图需要快捷键，当快捷键有冲突时就无法截图。SnagIt提供一个延时自动截图功能，类似于手机倒计时拍摄功能，只要提前设置好SnagIt的参数，软件就会在一段时间后自动启动截图功能。这样无论快捷键是否冲突，都可以截取到图像。具体操作方法如下。

Step 01 在主界面中，单击“时间延迟”按钮并设置倒计时时间，如图8-24所示。

Step 02 此时会在界面右下角出现倒计时显示，用户需要在设定时间内调整好需截取的画面，待截图界面弹出即可获得截图，如图8-25所示。

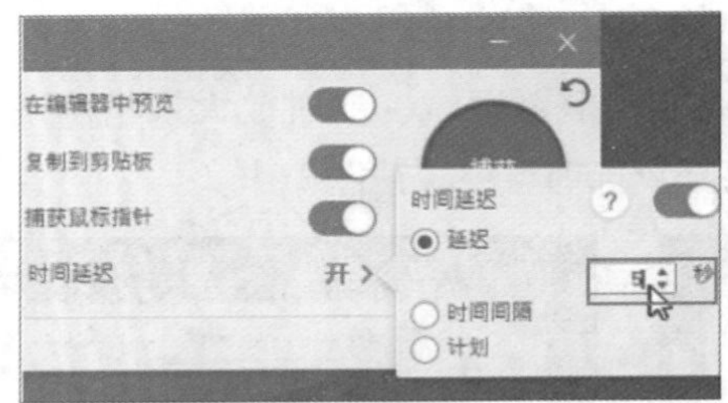

图 8-24

图 8-25

8.3 图片处理软件

图片处理软件用于对图片进行各种编辑加工。在专业领域中，用户会使用Photoshop、Illustrator等制作海报、宣传页等；而在非专业领域中，用户可以选择一些便捷实用、易于上手的处理软件来操作，例如SnagIt、美图秀秀等。本节将介绍后两者的图像处理方法。

8.3.1 美图秀秀

美图秀秀是一款免费图片处理软件，为用户提供专业智能的拍照、修图服务。该软件具有图片特效、美容、拼图、场景、边框、饰品等功能，可以在极短时间内做出专业级照片，还能一键分享到新浪微博、人人网、QQ空间等。用户可以到其官网下载PC版本安装文件，如图8-26所示。下载完成后启动安装即可，如图8-27所示。

图 8-26

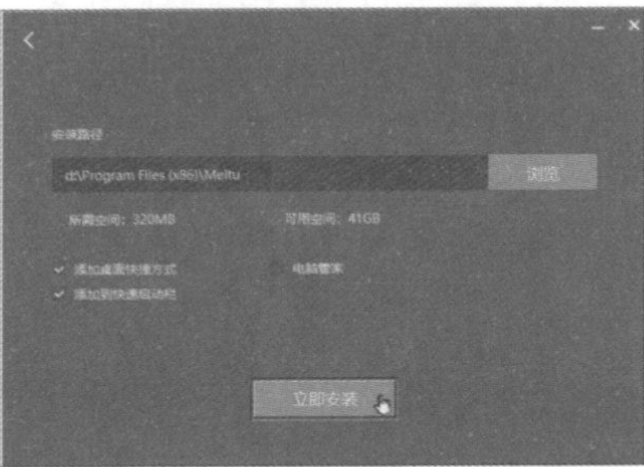

图 8-27

1. 美化图片

该软件的功能非常智能化和模块化，新手用户只需选择相应的功能模块，就可以对图片或照片进行处理了。

Step 01 启动软件后会显示出多个模块，单击“美化图片”按钮，如图8-28所示，进入“美化图片”界面，然后单击“打开图片”按钮，如图8-29所示。

图 8-28

图 8-29

Step 02 打开图片后，单击左侧的“增强”按钮，如图8-30所示，随即打开选项列表，在其中调整各种图片参数，然后单击“保存”按钮即可，如图8-31所示。

图 8-30

图 8-31

Step 03 用户也可以使用界面右侧的“特效滤镜”来调整图片的风格，如图8-32所示。通过选项卡下方的功能按钮，可以进行旋转图片、裁剪及调整图片尺寸等操作，如图8-33所示。

图 8-32

图 8-33

2. 添加特效

该软件可以为图片添加文字、气泡、饰品等特效。切换到“文字”选项卡，单击“输入文字”按钮，即可为图片添加文字信息，如图8-34所示。在“贴纸饰品”选项卡中，可以选择需要的贴纸选项放在图中，并可对贴纸进行设置，如图8-35所示。

图 8-34

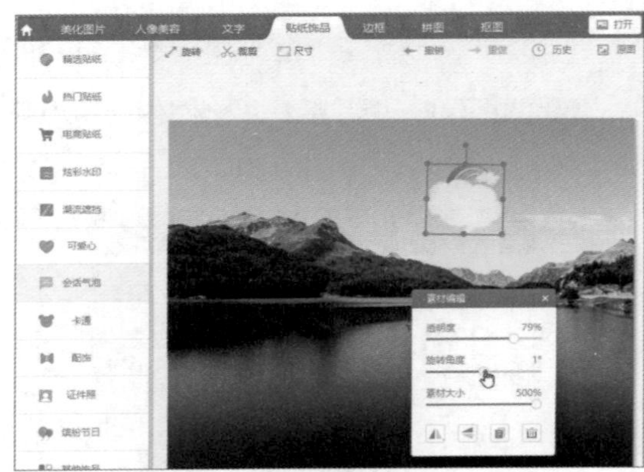

图 8-35

3. 快速抠图

该软件自带快速抠图功能。打开图片后，在“抠图”选项卡中选择“自动抠图”选项，如图8-36所示，打开抠图界面，使用光标标出需保留或者删除的区域，如图8-37所示。

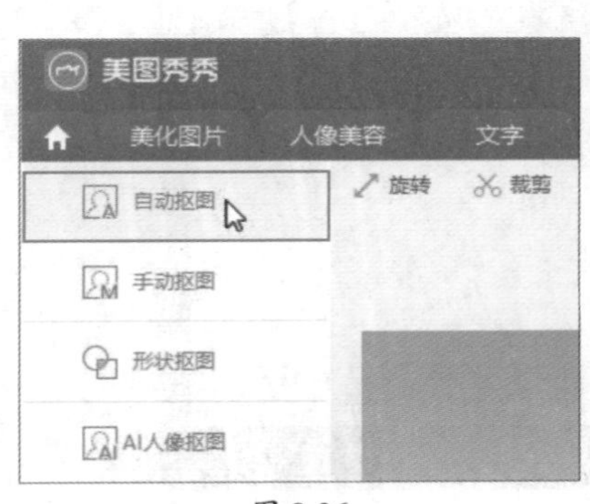

图 8-36

图 8-37

完成后单击“应用效果”按钮，如图8-38所示，完成抠图操作，效果如图8-39所示。

图 8-38

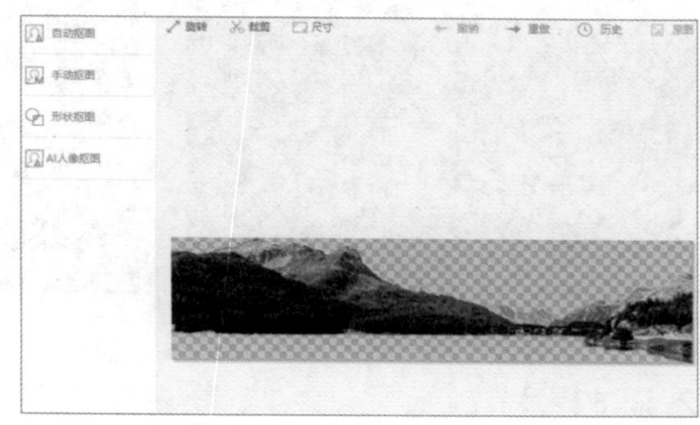

图 8-39

8.3.2 SnagIt编辑器

SnagIt是一款截屏软件，截屏后用户还可以对截取的图片进行一些必要的编辑，例如裁剪图片、添加标注等。下面介绍一些常用的图片编辑操作。

1. 裁剪图片

要想删除图片中多余的区域，可使用裁剪功能进行操作。截图完毕后，系统会自动打开其编辑器，使用鼠标拖曳图片四周的控制点，可对图片进行裁剪，如图8-40所示。裁剪后可以查看裁剪的效果，如图8-41所示。

图 8-40

图 8-41

在编辑器页面中单击“剪裁”按钮，此时会在画面中显示两条辅助线，使用鼠标拖曳的方法框选出裁剪范围，如图8-42所示。框选完毕后系统会自动将裁剪区域删除，同时将保留的区域拼接在一起，如图8-43所示。

图 8-42

图 8-43

2. 添加标注

要想为图片添加标注，可在编辑器工具栏中选择“标注”选项，利用鼠标拖曳的方法绘制出标注图形，并输入标注内容，如图8-44所示。

在编辑器右侧的“快捷样式”设置窗格中，用户可以对当前标注的填充颜色、轮廓样式、形状样式、阴影以及文字格式进行设置，如图8-45所示。

图 8-44

图 8-45

关闭“属性”设置窗格

默认情况下，“属性”设置窗格是展开的，如果用户想将其关闭，只需单击编辑器右下角的“⚙属性”按钮即可。

3. 图像画布设置

在菜单栏中的“图像”菜单中，用户可以对当前图像的分辨率进行调整，选择“调整图像”选项，在打开的设置窗口中设置好分辨率即可，如图8-46所示。除此之外，用户还可以调整当前图像的画布大小、翻转画布以及旋转图像角度等，如图8-47所示。

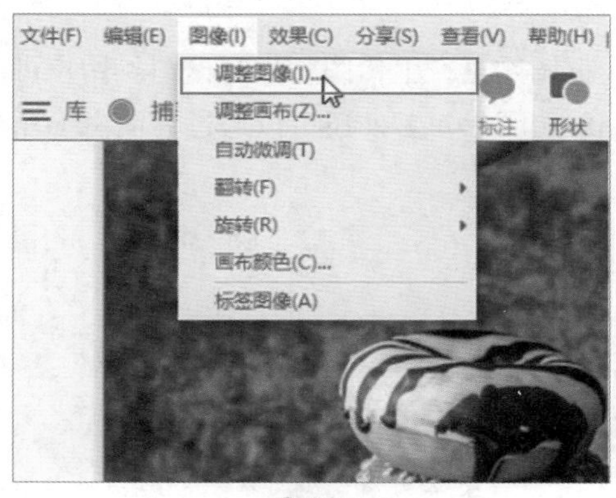

图 8-46

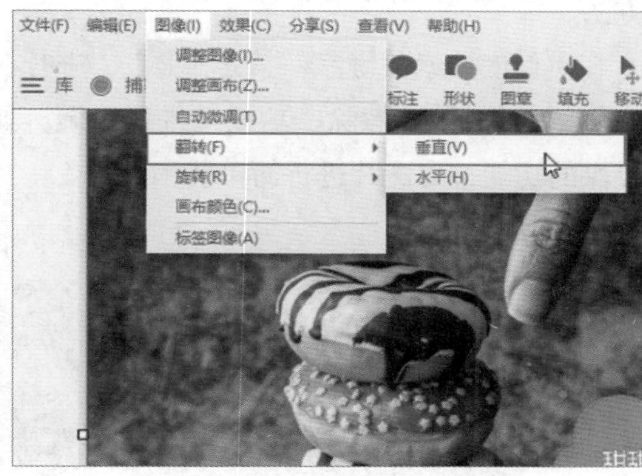

图 8-47

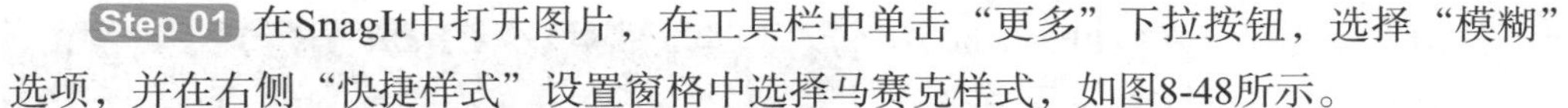

动手练 对图片局部进行马赛克处理

扫码看视频

下面将利用SnagIt编辑器来为图片添加马赛克效果。

Step 01 在SnagIt中打开图片，在工具栏中单击“更多”下拉按钮，选择“模糊”选项，并在右侧“快捷样式”设置窗格中选择马赛克样式，如图8-48所示。

Step 02 利用鼠标拖曳的方法框选出图片要处理的区域，随即该区域被处理成马赛克效果，如图8-49所示。

图 8-48

图 8-49

知识延伸：在线处理图片

除了使用软件外，用户还可以借助一些提供在线图片处理服务的网站进行在线抠图、在线Photoshop等图片处理。下面将以“搞定设计”在线设计工具为例，来介绍这种方法。

在百度搜索关键字“搞定抠图”，进行在线抠图网页，上传图片进行抠图。用户可以使用“修补”“擦除”功能来进行微调，如图8-50所示。另外还可以通过界面右上角提供的功能，对图片进行简单艺术处理。

图 8-50

该网站还提供了在线Photoshop功能，这里基本集成了Photoshop的常用功能。对于没有安装该软件的出差办公人员或需临时处理图片的用户，非常方便。其网页与Photoshop界面相同，如图8-51所示。

图 8-51

使用搞定设计网站的在线编辑功能，可以直接调整各种图片效果，如图8-52所示。此外，还可用多张图片生成精美海报等。由于采用的是云处理技术，所以在调整后需要等待一段时间。

图 8-52

第 9 章 多媒体软件

多媒体采用音、视频的形式，多渠道、多感官、立体地传递信息。多媒体的应用已经深入到人们生活、工作的各方面，音、视频的处理以及在线直播，已成为媒体主流。本章将向读者介绍音、视频文件的使用与处理操作。

9.1 音频、视频文件的播放

音频文件是通过各种方式将声音转换成数据并记录下来；视频文件是将画面转换成数据并记录下来，两种文件都可以随时查看并处理。常见的文件格式，音频文件包括MP3、WMA等，视频文件包括WMV、MP4、FLV、AVI等。播放本地的音频、视频文件需要用到一些播放软件，针对不同的音、视频文件，这些播放软件内部使用不同的解码方式进行解码并播放。下面介绍几种比较常用的播放软件。

9.1.1 暴风影音

暴风影音是一款功能简单、占用空间小、使用方便的播放器，与老版相比，新版暴风影音优化了启动和使用速度。暴风影音可免费使用，用户可以从其官方网站中下载和安装。

在官方主页上，单击“立即下载”按钮即可下载，如图9-1所示。下载完成后，双击安装包可启动安装，设置参数及安装位置后，单击“开始安装”按钮即可，如图9-2所示。安装完毕后可以取消一些推荐项的勾选，然后再启动软件。

图 9-1

图 9-2

9.1.2 暴风影音的必要设置

启动软件后，用户可对一些配置参数进行设置，以便更好地使用软件。

Step 01 单击界面左上角的图标，在弹出的列表中选择“高级选项”选项，如图9-3所示。

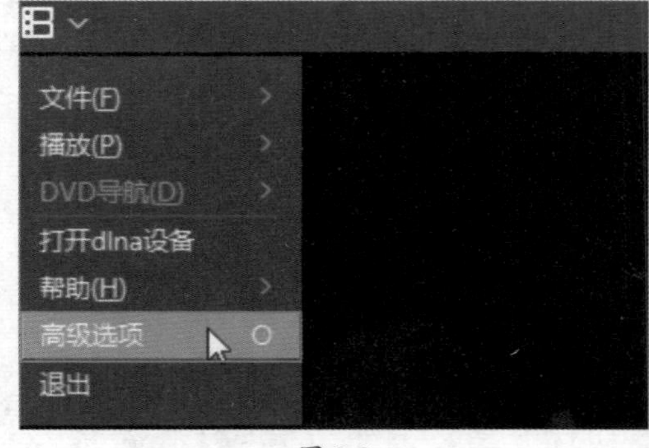

图 9-3

Step 02 切换到“文件关联”选项卡，如要使用播放器播放全部文件，单击“全选”按钮，将所有视频格式全部选中，如图9-4所示。

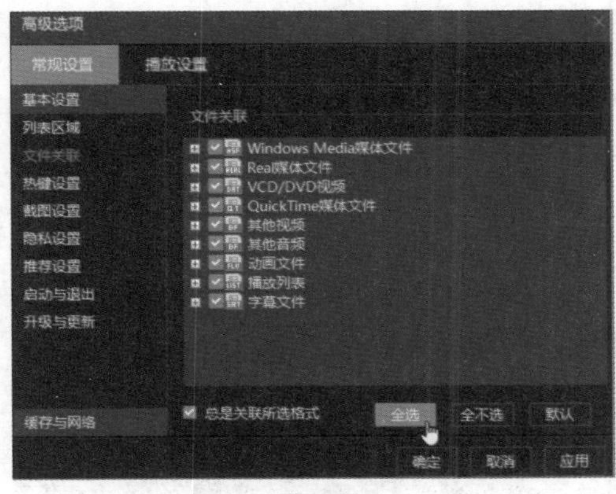

图 9-4

Step 03 在“热键设置”中设置快捷键，在“推荐设置”中取消所有项目的勾选，否则会有很多弹窗广告，如图9-5所示。

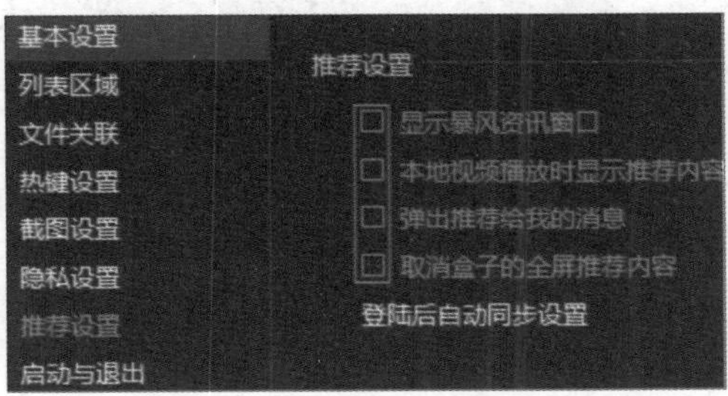

图 9-5

Step 04 在“启动与退出”选项中，取消勾选“启动时弹出盒子”以及“开机时自动运行暴风”复选框，如图9-6所示。

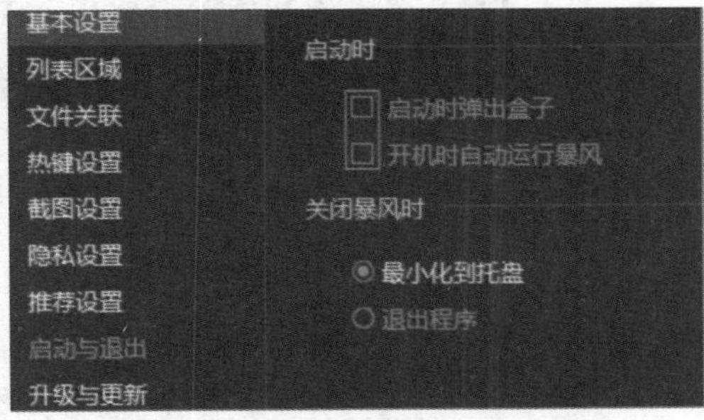

图 9-6

Step 05 在“播放设置”中，用户可按照自己的需要进行播放参数设置，完成所有设置后，单击“确定”按钮保存设置，如图9-7所示。

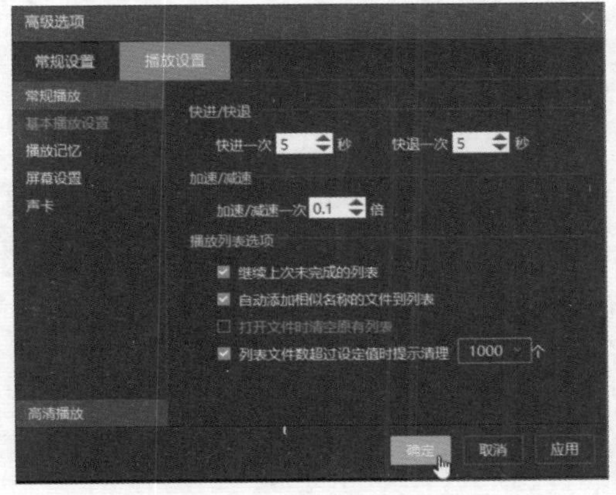

图 9-7

动手练 暴风影音的使用

暴风影音的使用方法是比较简单的，用户可以使用暴风影音来播放各种音、视频文件。

1. 播放音、视频文件

将音、视频文件拖入播放器中即可播放，如图9-8所示，也可以通过选择"文件"→"打开"命令来打开文件、文件夹、URL、3D视频以及全景视频和DVD碟片，如图9-9所示。

图 9-8

图 9-9

2. 播放控制

在播放时，用户可通过一些控制按钮来控制音、视频的播放，如图9-10所示。

图 9-10

单击"左眼键"按钮，可让画面效果更加鲜艳、自然，如图9-11所示。单击"弹幕"按钮，可在播放时添加弹幕内容。单击右下角"开关"按钮，可分别控制"左眼""环绕声""3D"功能的开启和关闭等设置，如图9-12所示。

图 9-11

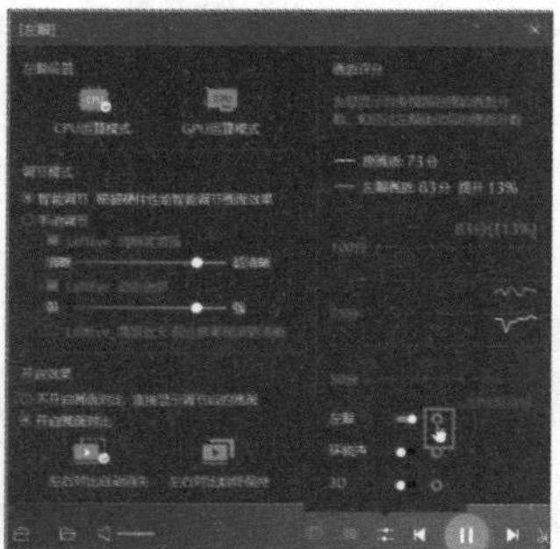

图 9-12

单击"上一个""暂停/继续""下一个"按钮，可控制音、视频的播放顺序；单击"截图"按钮，可截取视频画面；单击"下载"按钮，可下载网络视频；单击"全屏"按钮，可全屏播放；单击"清晰度"按钮，可调整视频画面清晰程度。

9.2 在线音频软件

在线听歌是目前主流的听歌模式。工作之余，人们可使用音乐网站在线收听音乐来放松自己。在线收听音乐操作起来比较简单，只需联网就能收听到各种风格的乐曲。在线音乐网站有很多，例如QQ音乐、网易云音乐等。本节将以QQ音乐为例，介绍在线音乐软件的使用方法。

9.2.1 认识QQ音乐播放器

以优质内容为核心，以大数据与互联网技术为推动力，QQ音乐致力于打造“智慧声态”的“立体”泛音乐生态圈，为用户提供多元化的音乐生活体验。QQ音乐在歌曲数量、音质等方面还是可圈可点的。QQ音乐播放器可以到腾讯官方网站进行下载。

Step 01 使用第三方应用商城，进入到QQ音乐主页面，单击“客户端下载”按钮进行下载，如图9-13所示。

图 9-13

Step 02 下载完毕后双击安装包，设置安装路径并启动安装，如图9-14所示。

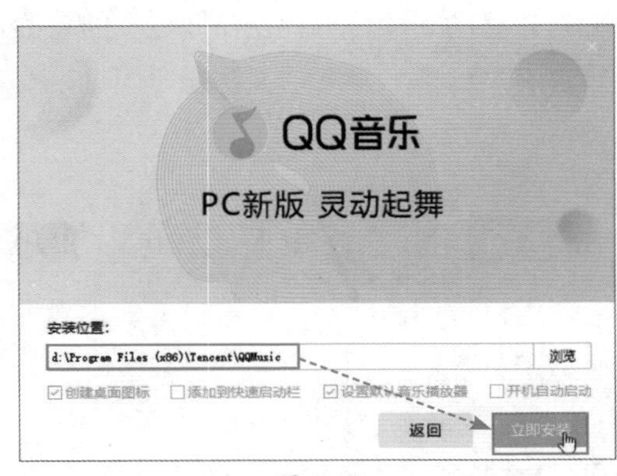

图 9-14

知识点拨

启动QQ音乐软件

QQ音乐播放器安装好后，双击其桌面软件图标即可启动。除此之外，在其主界面中，单击下方工具栏中的QQ音乐图标也可以启动该软件。

9.2.2 使用QQ音乐播放器

QQ音乐播放器的使用方法比较简单，下面介绍其PC版的使用技巧。

1. 搜索歌曲添加歌单

打开QQ音乐播放器并登录QQ音乐，在主界面上方搜索框中输入歌名，按回车键，系统会将搜索结果显示出来，如图9-15所示。在结果列表中选择所需歌曲，双击即可试听。试听后可将歌曲加入歌单，右击该歌曲，在弹出的快捷菜单中选择“添加到”选项，并在级联菜单中选择用户歌单中即可，如图9-16所示。创建歌单的操作将在“练习练”中介绍。

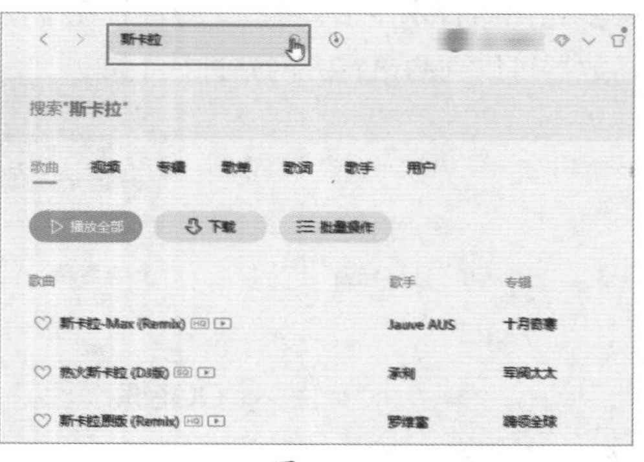

图 9-15

图 9-16

2. 歌词显示

默认情况下，播放歌曲时会在桌面显示相应的歌词。如果不想显示歌词，可将鼠标指针移动到歌词上，在随即显示的歌词管理工具栏中，单击“×”按钮即可，如图9-17所示。

图 9-17

动手练 创建歌单并批量添加歌曲

扫码看视频

用户可创建歌单，将自己喜欢的歌曲添加至歌单中，以便后期收听，避免重复搜索的麻烦。

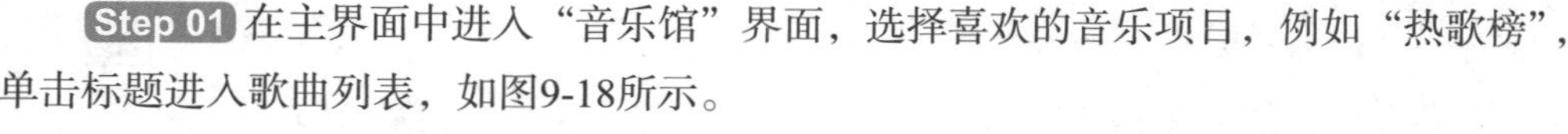

Step 01 在主界面中进入“音乐馆”界面，选择喜欢的音乐项目，例如“热歌榜”，单击标题进入歌曲列表，如图9-18所示。

图 9-18

Step 02 单击界面左下方“创建的歌单”选项的“+”按钮，如图9-19所示，输入歌单名称，完成歌单创建。

Step 03 在“热歌榜”列表中单击“批量操作”按钮，如图9-20所示。

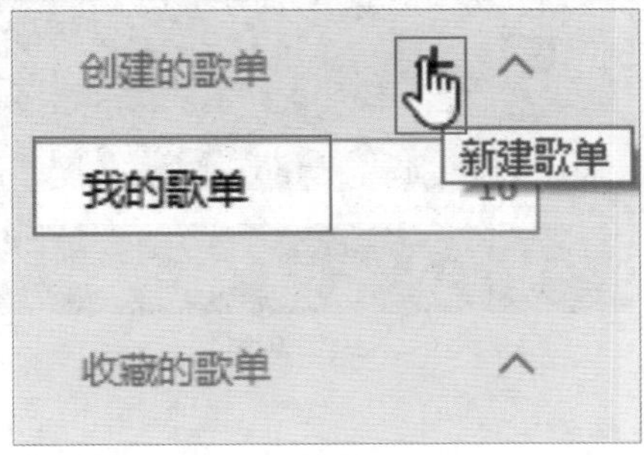

图 9-19

图 9-20

Step 04 勾选喜欢的歌曲名，单击“添加到”按钮，如图9-21所示。

Step 05 在打开的列表中，选择刚才创建的歌单即可，如图9-22所示。

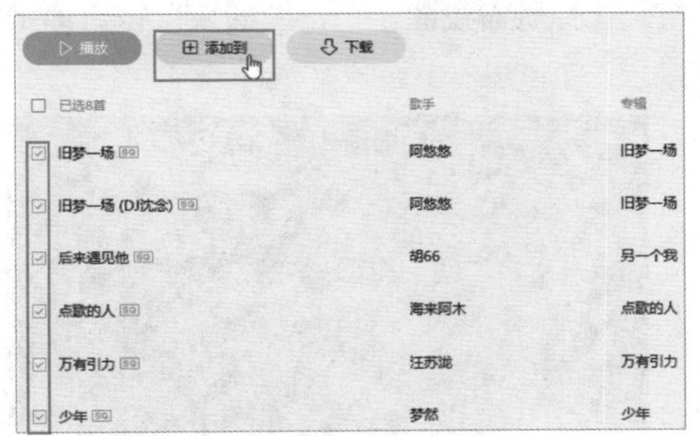

图 9-21

图 9-22

9.3 在线视频软件

常见的大型视频网站，如优酷、爱奇艺、芒果、腾讯视频等都有各自的客户端软件，下面以最常见的腾讯视频为例，介绍在线视频软件的使用方法。

9.3.1 认识腾讯视频

腾讯视频是一个聚合热播影视、综艺娱乐、体育赛事、新闻资讯等为一体的综合视频内容平台，它可通过PC端、移动端及客厅产品等多种形式为用户提供高清流畅的视频娱乐体验。需要下载腾讯视频PC端的用户，可以进入官方网站下载。

在官方网站中，单击页面右上角的“下载”按钮，在打开的列表中单击“立即体验”按钮进行下载，如图9-23所示。下载完毕后，双击安装包即可启动安装，如图9-24所示。

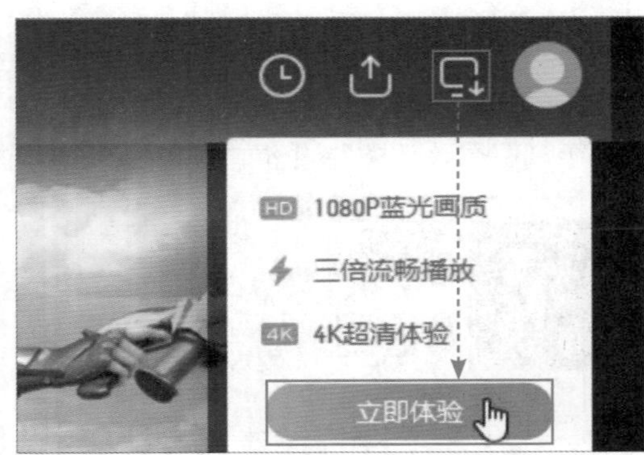

图 9-23

图 9-24

9.3.2 使用腾讯视频PC端

腾讯视频PC端除了可以播放网络视频，也可以播放本地的视频文件。本节将就相关操作进行介绍。

视频播放器的作用就是观看网站的视频，选择所需视频，单击“播放”按钮即可观看。

Step 01 在搜索栏输入内容，启动搜索，如图9-25所示。

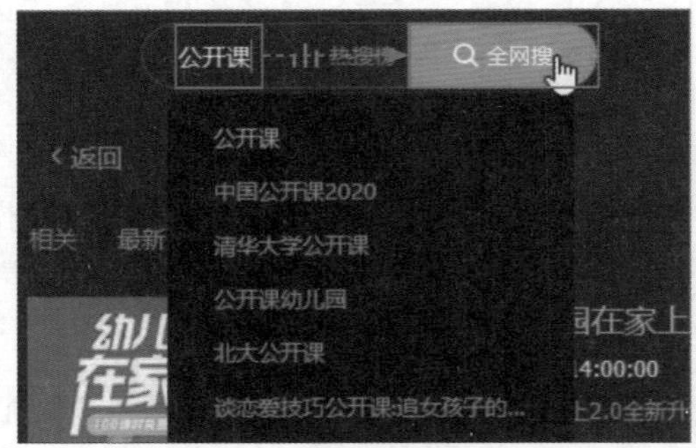

图 9-25

Step 02 软件弹出播放界面，广告结束后即可观看视频，如图9-26所示。

图 9-26

Step 03 在播放时，用户可使用下方的控制按钮进行播放设置，如图9-27所示。在左侧的“分类”列表中可选择视频类别来更换视频的播放，如图9-28所示。

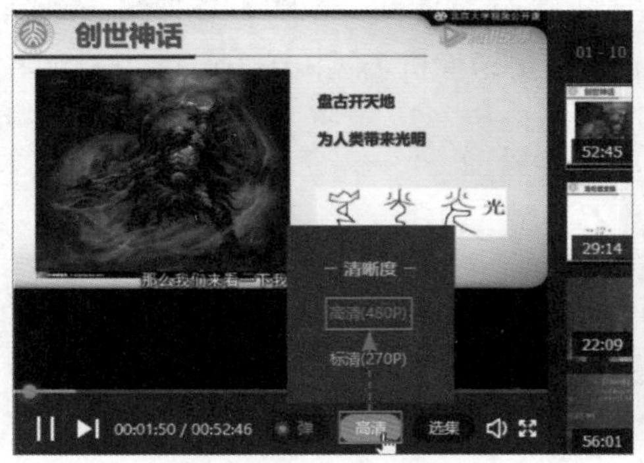

图 9-27

图 9-28

动手练 在线视频下载

扫码看视频

腾讯视频平台提供的视频可以下载到本地观看，但是下载的视频文件需要使用腾讯视频播放器来播放。

Step 01 在需下载的视频画面中右击，在弹出的快捷菜单中选择“下载”选项，如图9-29所示。

图 9-29

Step 02 在弹出的界面中选择要下载的视频，单击“确定”按钮下载即可，如图9-30所示。

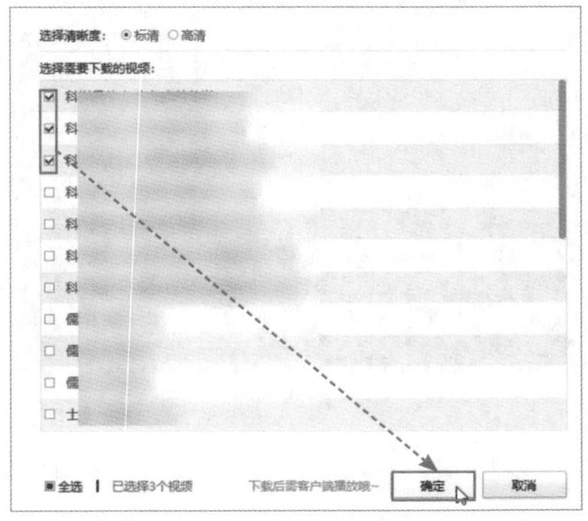

图 9-30

第9章 多媒体软件

9.4 录屏软件

录屏软件就是录制显示屏内容的软件，主要用来录制游戏、教程、各种软件操作等。常见的录屏软件有Camtasia Recorder、oCam（屏幕录像机）。本节以oCam为例介绍录屏软件的使用方法。

9.4.1 oCam（屏幕录像机）简介

oCam是一款比较实用的屏幕录像软件。该录像工具的功能十分强大，不仅能进行屏幕的录制，还能进行屏幕的截图。在使用oCam屏幕录像工具时，可选择全屏模式。当然，在截图时也可选择自定义区域。

oCam支持多种视频编码（AVI、MP4、FLV、MOV、TS、VOB）和音频编码（MP3）。支持使用外部编码器，支持录制容量超过4GB的视频，支持录制电脑播放的声音音频，可以调整音频录制的质量。截屏保存格式支持JPEG、GIF、PNG、BMP等。支持区域录制以及全屏录制，支持录制鼠标指针或者移除鼠标指针。支持双显示器，还可在选项中调整视频的帧率（FPS）等设置。

9.4.2 oCam的使用方法

oCam软件的使用方法非常简单，适合新手用户使用。

1. 使用oCam录制及查看视频

启动oCam后，在控制界面单击“录制”按钮，启动录制功能，如图9-31所示。在录制时，可查看到当前的录制时间、文件大小，以及磁盘剩余空间，还可随时暂停录制操作。单击“停止”按钮，可结束录制操作，如图9-32所示。

图 9-31

图 9-32

在录制工具栏中单击“打开”按钮，可以进入到保存目录中，在此可查看到录制的视频文件和截屏图片，如图9-33所示。双击视频文件即可开始播放，如图9-34所示。

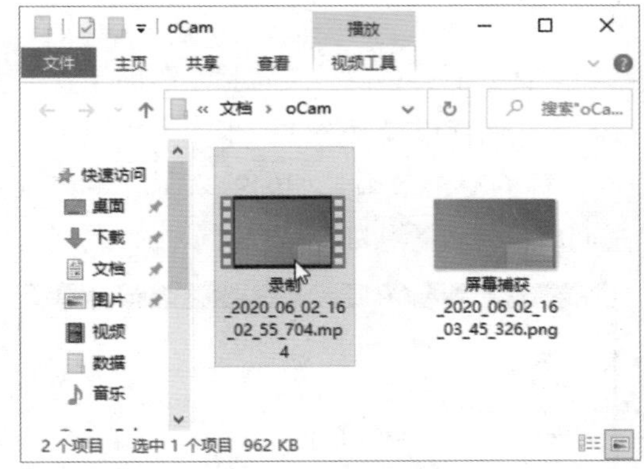

图 9-33

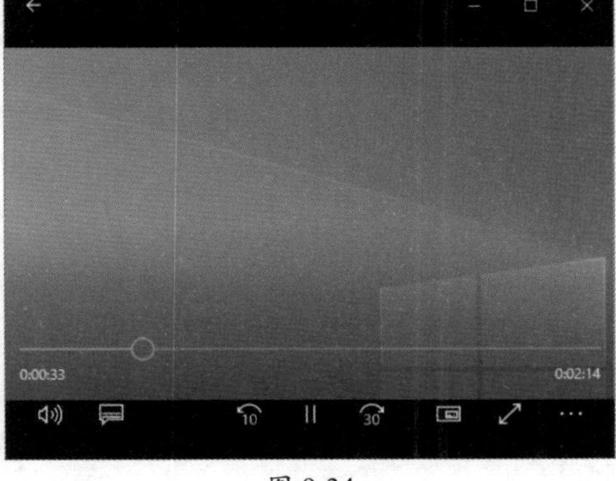

图 9-34

2. 设置录制尺寸和录制编码

单击“录制区域”按钮可以对录制的区域大小进行调整，例如使用预设的录制尺寸、全屏幕、自定义大小区域等，如图9-35所示。单击“编码”按钮可以设置录制使用的编码包，以便控制输出格式，如图9-36所示。

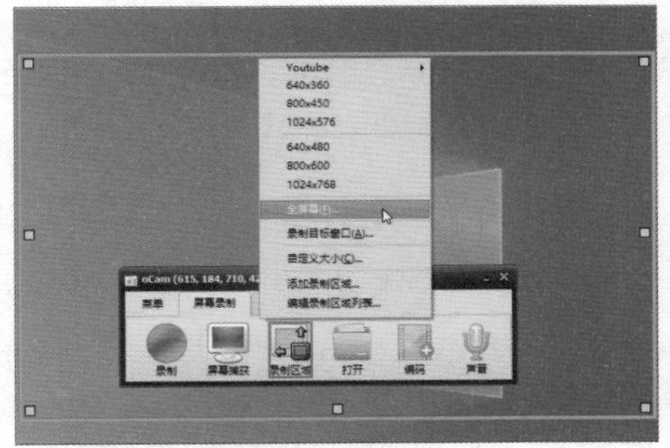

图 9-35

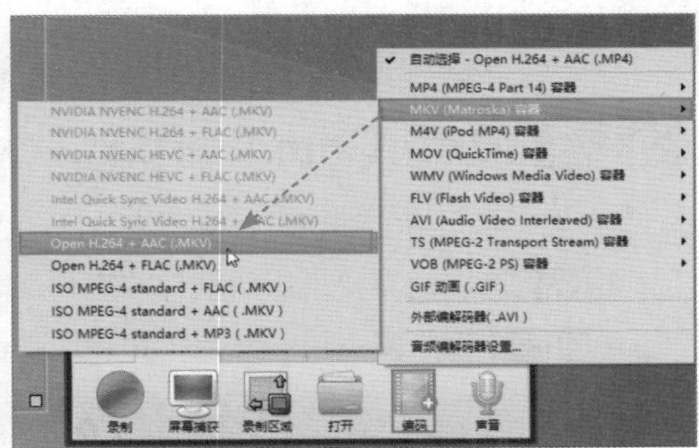

图 9-36

注意事项 开启声音录制功能

很多用户在录制完视频后，发现视频没有声音。这是因为在录制的过程中没有开启“声音”功能。在工具栏中单击“声音”按钮即可开启声音功能。注意，录制前需接入麦克风，如图9-37所示。

图 9-37

3. 设置高级选项

从主界面的“菜单”中可以进入oCam的选项设置界面，可以设置包括录制的帧频、质量、分辨率、动图、快捷键设置、单击鼠标效果、保存位置及格式、水印、摄像头、性能等。例如在“效果”选项卡中，可以设置鼠标的单击效果，如图9-38所示。如在“水印”选项中，可以添加水印并设置水印的透明度、位置等，如图9-39所示。

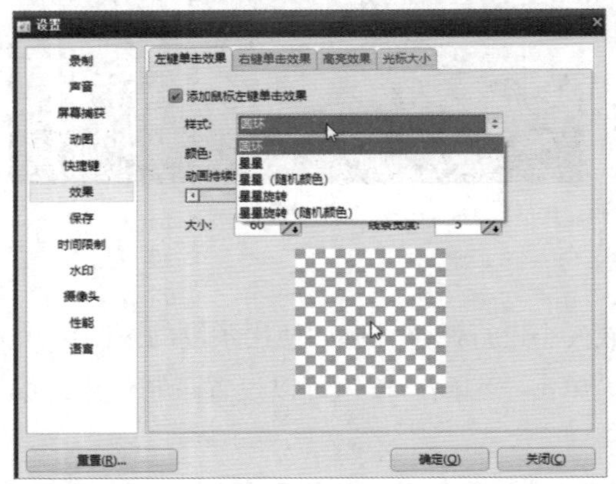

图 9-38

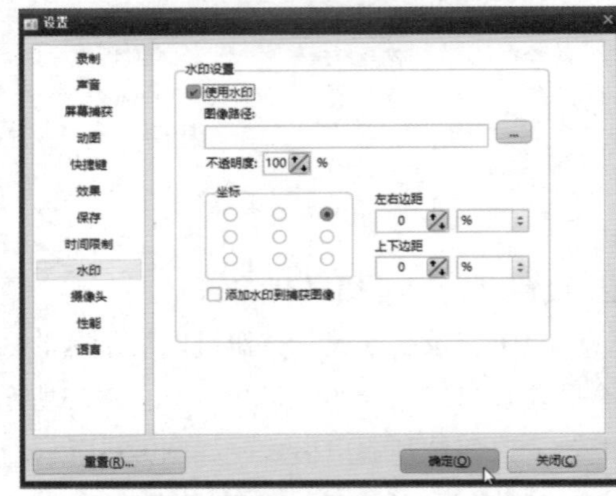

图 9-39

扫码看视频

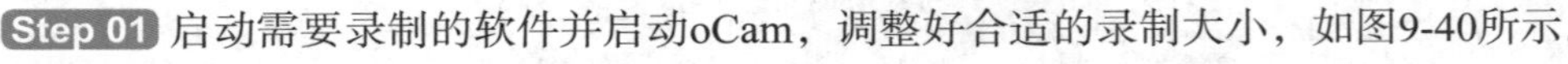

动手练 使用oCam录制软件教程

综合上面介绍的知识点，接下来自己动手录制一个简单的视频教程。

Step 01 启动需要录制的软件并启动oCam，调整好合适的录制大小，如图9-40所示。

Step 02 接入麦克风并开启“声音”功能，如图9-41所示。

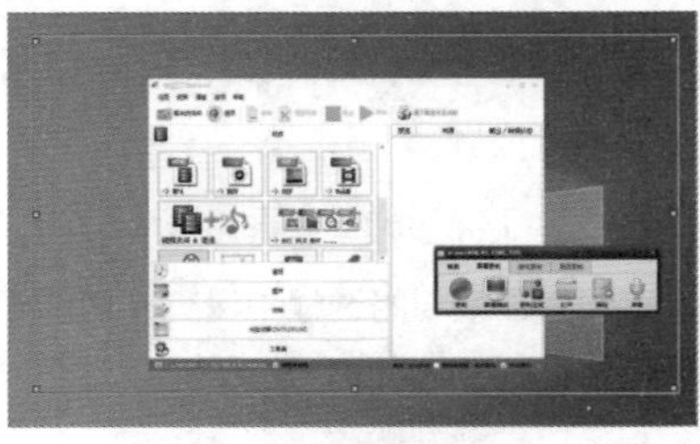

图 9-40

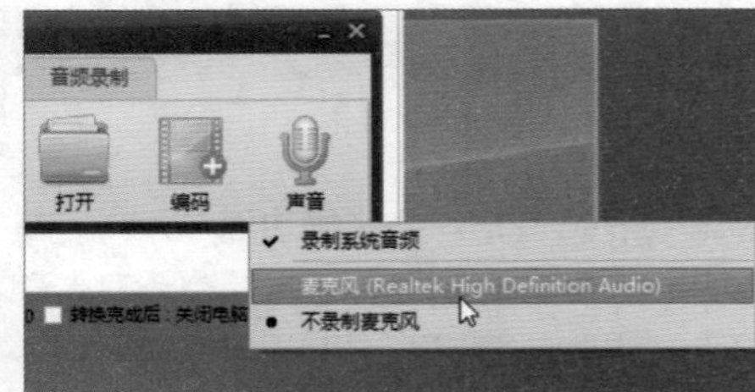

图 9-41

Step 03 单击“录制”按钮启动录制。在录制过程中，可以查看录制时间和文件大小，录制完成后单击“停止”按钮，如图9-42所示。

Step 04 设置好保存位置，即可看到录制的文件，如图9-43所示。

图 9-42

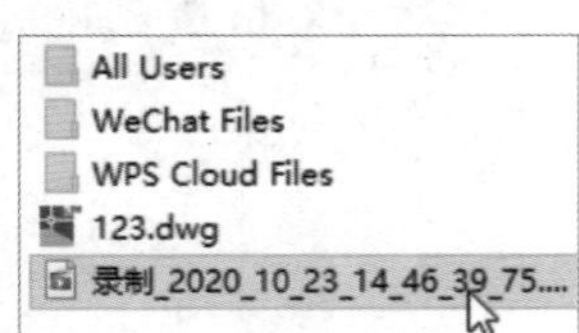

图 9-43

9.5 直播软件的使用

要实现网络直播，就需要使用专门的软件。各大直播平台都有各自的直播软件，如虎牙、斗鱼等。而最常用的直播软件则是OBS Studio，下面将对该软件进行简单介绍。

9.5.1 OBS Studio

OBS Studio是一款用于实时流媒体和屏幕录制的软件，为高效捕获、合成、编码、记录和流传输视频内容而设计，支持所有流媒体平台。

进入OBS Studio软件官网，单击“下载安装程序”按钮，下载安装软件，如图9-44所示。下载完成后，双击安装包启动软件安装程序，设置好安装参数即可开始安装，如图9-45所示。

图 9-44

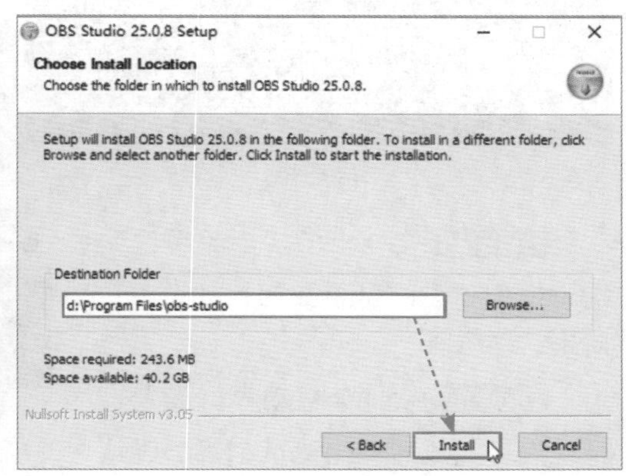

图 9-45

9.5.2 OBS Studio的使用方法

下面介绍OBS Studio的使用方法。

Step 01 打开软件后自动运行设置向导，单击“是”按钮启动向导，如图9-46所示。

Step 02 在打开的界面中单击“前进”按钮，如图9-47所示。

图 9-46

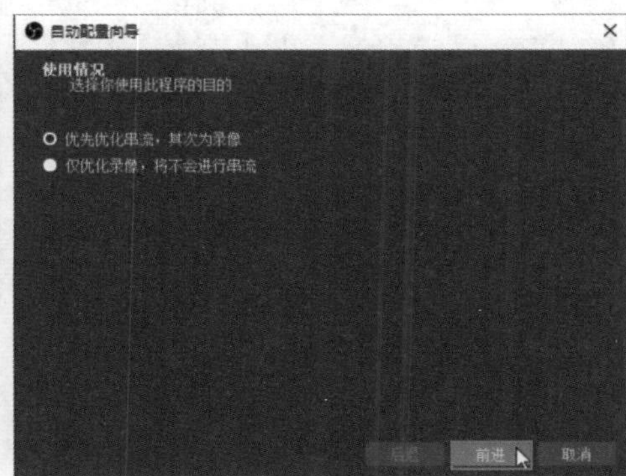

图 9-47

Step 03 在向导的“视频设置”界面中可对画面分辨率和FPS进行设置，这里保持默认设置，单击“前进”按钮，如图9-48所示。

Step 04 在“串流资讯”界面中，将“服务”选项设置为“自定义”，在“服务器”和“串流密钥”文本框中，输入平台为用户提供的注册信息，单击“前进”按钮，如图9-49所示。

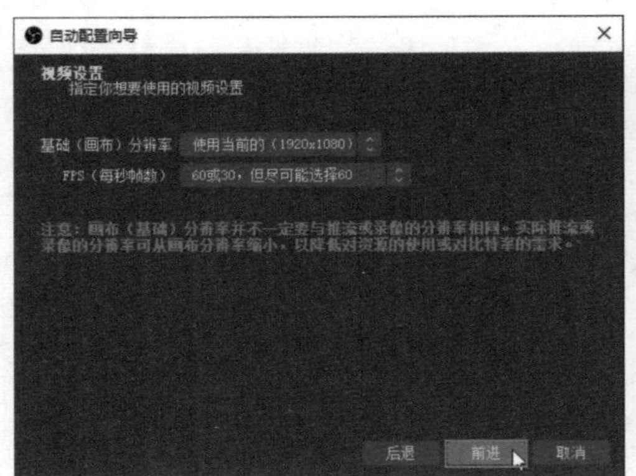

图 9-48

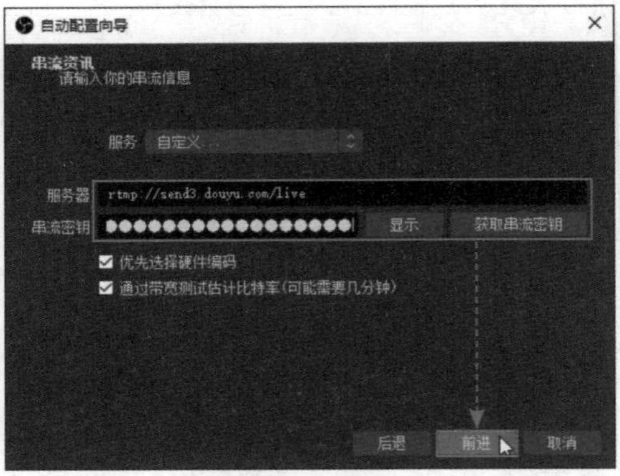

图 9-49

Step 05 在弹出的“串流警告”提示框中单击“是”按钮，如图9-50所示。

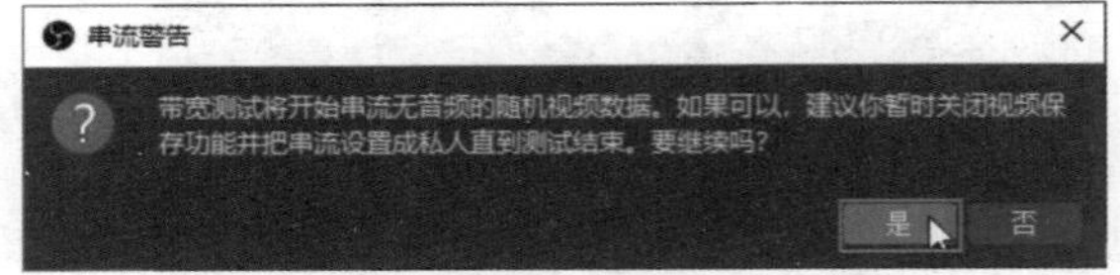

图 9-50

Step 06 软件会自动根据设置进行检测，完成后弹出测试结果，确认后单击“应用设置”按钮，完成软件基本配置，如图9-51所示。

Step 07 从中可以看到软件分为几个板块，其中，场景面板可以针对不同目的新建不同的场景，一个场景就是一套完整配置及界面。通过切换场景可以适应不同的游戏、不同的直播界面。这里保持默认，在“来源”面板中单击“+”按钮，如图9-52所示。

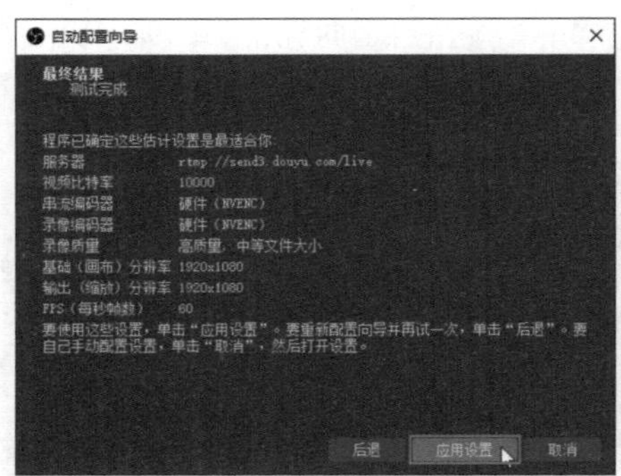

图 9-51

图 9-52

Step 08 在“来源”列表中显示有多个来源，包括图像、幻灯片、音视频媒体源、场景等。这里选择“显示器捕获”选项，如图9-53所示。

Step 09 在“创建或选择源”对话框中选中“新建”单选按钮，并为新建来源命名，这里命名为“显示器捕获”，单击“确定”按钮，如图9-54所示。

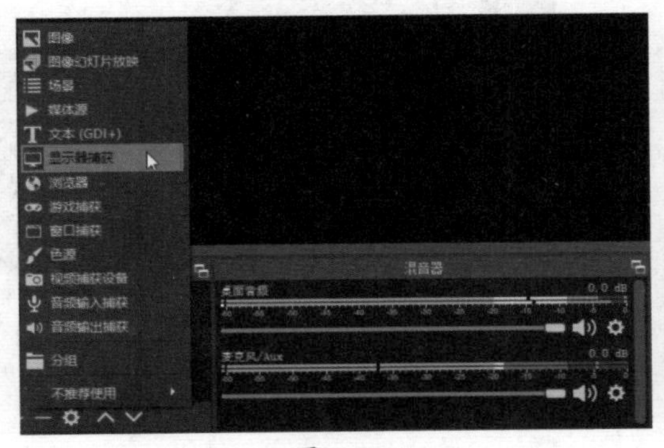

图 9-53

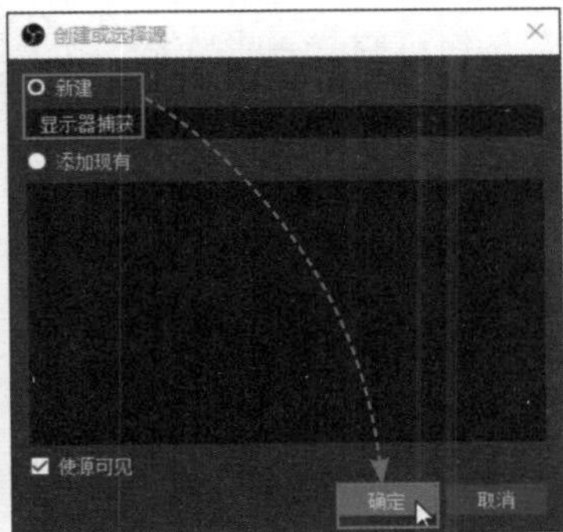

图 9-54

Step 10 在“属性 显示器捕获”对话框中设置捕获的显示器，勾选“捕捉光标”复选框，单击“确定”按钮返回到主界面，如图9-55所示。

Step 11 此时在“来源”面板中出现了“显示器捕获”选项，如图9-56所示。同时在主界面显示出当前显示器画面，可拖动红色控制角点来放大或缩小画面。画布上显示的区域就是直播画面。

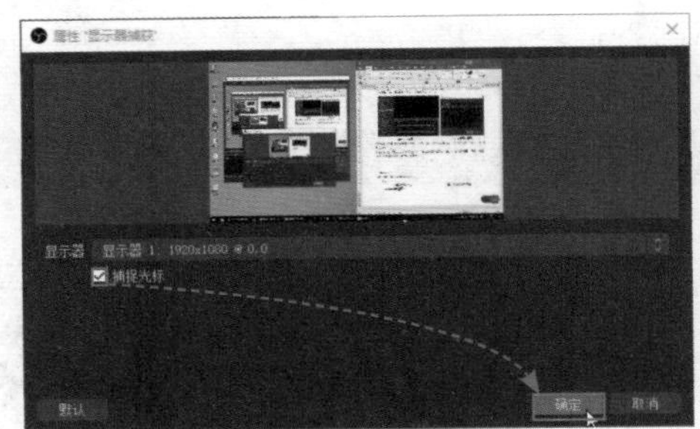

图 9-55

图 9-56

Step 12 按照同样的方法可创建其他来源，包括来源为窗口、来源为摄像头、来源为游戏、来源为音频输出等，如图9-57所示。

Step 13 在“来源”面板中，通过拖曳选项可设置显示顺序，防止被遮挡，如图9-58所示。

图 9-57

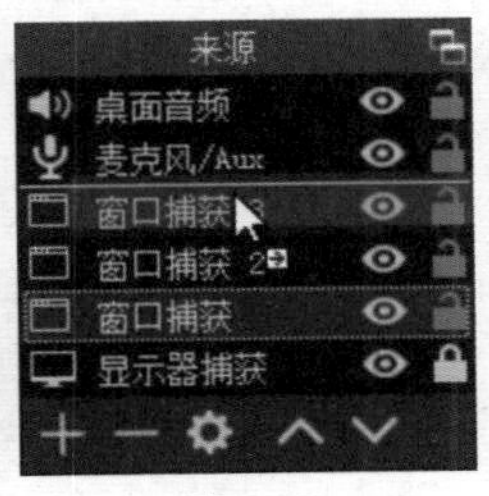

图 9-58

Step 14 在“混音器”面板中可查看及调节当前系统和麦克风的音量；单击“属性”按钮可调节一些高级参数，比如降噪等，如图9-59所示。

Step 15 设置好多个场景后，可在“转场特效”中设置转场的效果，如图9-60所示。

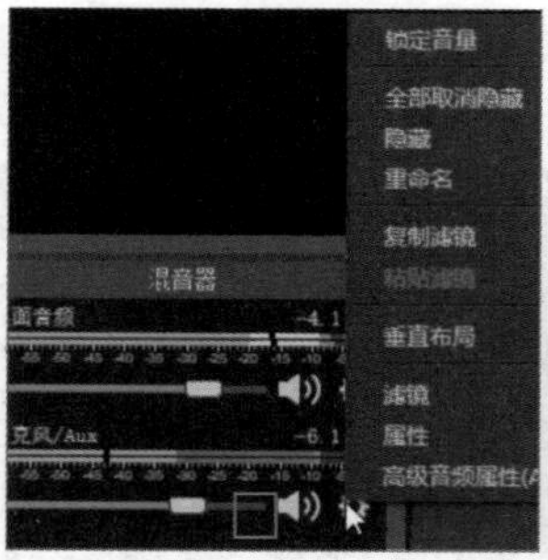

图 9-59

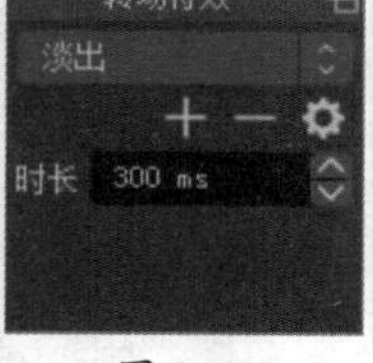

图 9-60

Step 16 在“控件”面板中，单击“设置”按钮可设置各种参数，单击“开始推流”按钮可进行直播操作，单击“开始录制”按钮可进行视频录制。这里单击“开始推流”按钮，如图9-61所示，开始直播。

Step 17 用户可以登录到网页查看直播效果，如图9-62所示。此时界面下方的状态栏也会显示直播状态和硬件及网络占用情况，如图9-63所示。

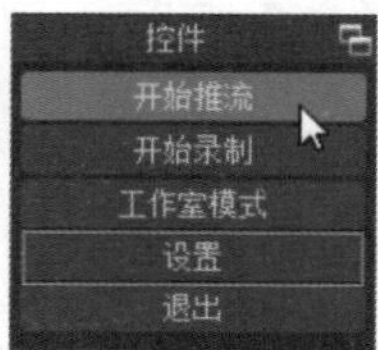

图 9-61

图 9-62

图 9-63

动手练 使用斗鱼直播软件进行直播

扫码看视频

如在斗鱼直播，可以使用官方的斗鱼直播伴侣，下面介绍该软件的基本操作方法。

> **知识点拨**
>
> **斗鱼直播管家**
>
> 为了配合OBS Studio，斗鱼还推出了一款和OBS Studio联动、免输入免流码的软件——斗鱼直播管家，安装后，单击“开启直播工具”按钮，如图9-64所示，就可以在OBS Studio直接推流，无须输入免流码。

Step 01 进入官网下载斗鱼直播伴侣，如图9-65所示。

Step 02 双击安装包启动安装，设置安装位置，单击“立即安装”按钮，如图9-66所示。

Step 03 安装完毕后自动打开主界面，弹出向导，从中选择直播的类型。这里选择“游戏直播”中的“全屏直播”。单击“确定”按钮，如图9-67所示。

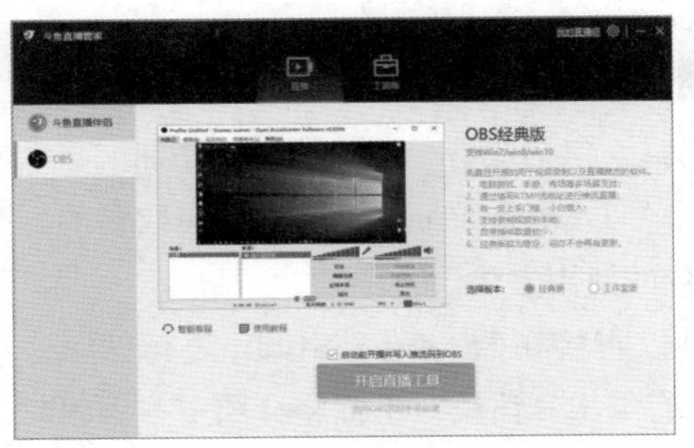

图 9-64

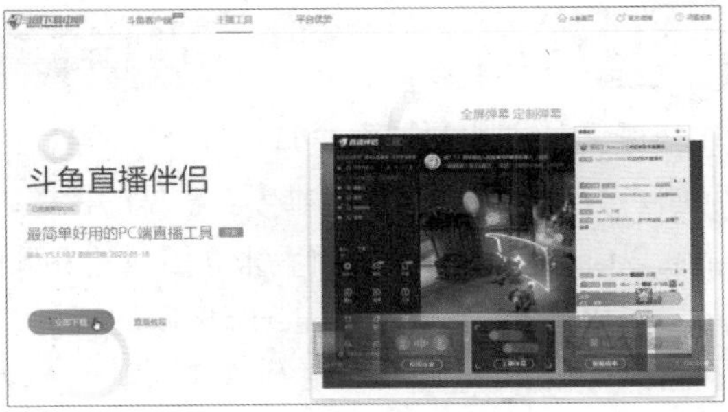

图 9-65

图 9-66

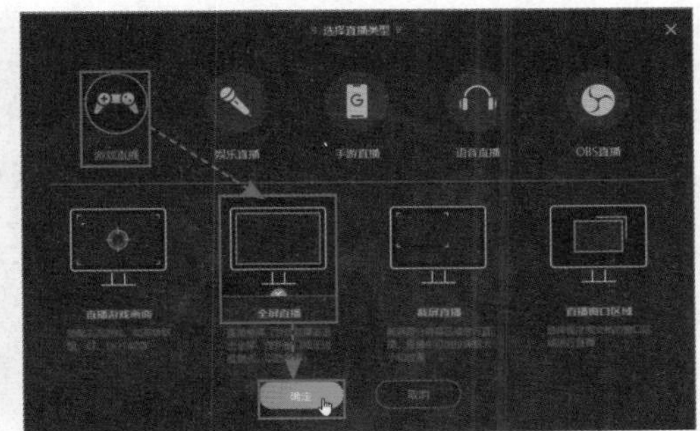

图 9-67

Step 04 软件会测试速度，完成后单击“确定”按钮。

Step 05 返回到主界面中，在界面左下方“素材”选项卡中显示了可添加的模块。在此可添加来自摄像头、图像、视频、文本、窗口、全屏、PPT等的素材，如图9-68、图9-69所示。

Step 06 在“工具”选项卡中，用户可加入一些特色功能模块，如图9-70、图9-71所示。其中一些比较常用的，例如“互动投票”，可以设定一个主题，让观众投票或答题；“局域网推流”是当需要使用手机、无人机、运动相机和编码器等设备进行多机位直播时，帮助主播接入多种设备的音视频流；“礼物灯塔”的作用是主播可以利用它更直观地看到礼物的数量；当需要获取指定网址的窗口内容，或者使用基于浏览器的第三方插件时，“浏览器”功能可派上用场。其他的功能用户可以到官网中查看对应说明。

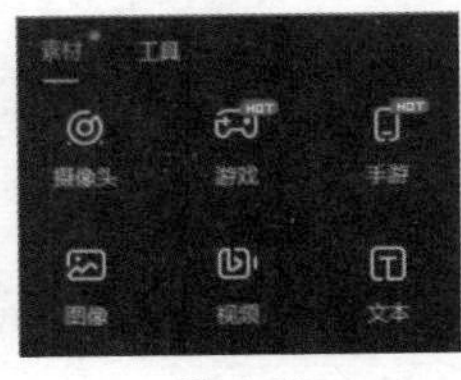

图 9-68

图 9-69

图 9-70

图 9-71

Step 07 设置完成后，单击“开始直播”按钮即可开启直播，如图9-72所示。

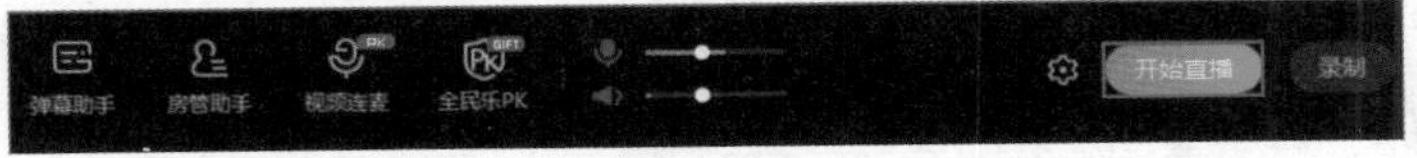

图 9-72

9.6 视频编辑软件

视频在录制完成后，可以像图片一样进行编辑，包括裁剪、添加特效、添加文字、调整声音、导出为其他格式等。常见的视频编辑软件有Camtasia Studio、绘声绘影等。下面以Camtasia Studio为例，来介绍视频编辑软件的使用方法。

使用Camtasia Recorder所录制的视频，可以直接在Camtasia Studio进行编辑。Camtasia Studio也可以对其他格式的视频文件进行编辑和渲染。下面将介绍一些编辑时常见的操作。

1. 加入媒体文件

用户在编辑前需要将媒体文件放入剪辑箱中。

Step 01 启动软件，在“剪辑箱”面板中单击“导入媒体”按钮，如图9-73所示。

Step 02 选中需要编辑的视频文件，单击“打开”按钮，如图9-74所示。

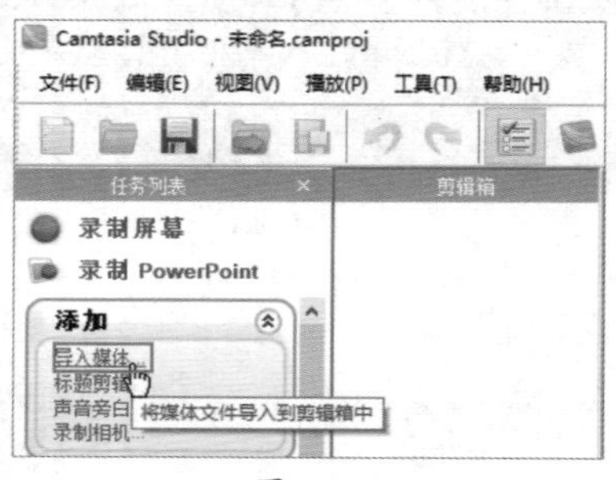

图 9-73

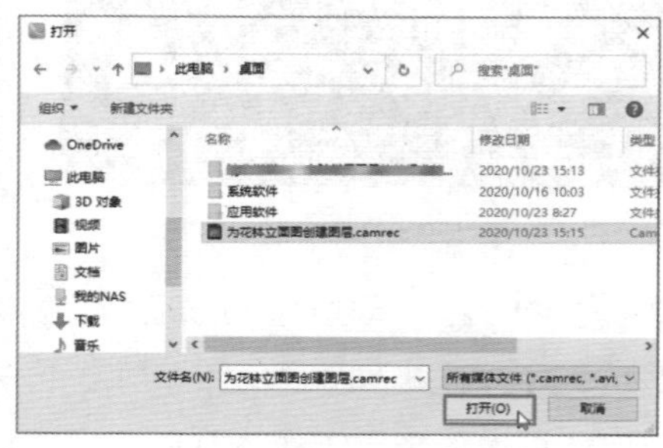

图 9-74

Step 03 用户可以将视频文件直接拖曳到“剪辑器”的列表中，如图9-75所示。

Step 04 使用鼠标拖曳的方法，将所有视频文件按照顺序拖入到“视频”轨道中即可，如图9-76所示。

图 9-75

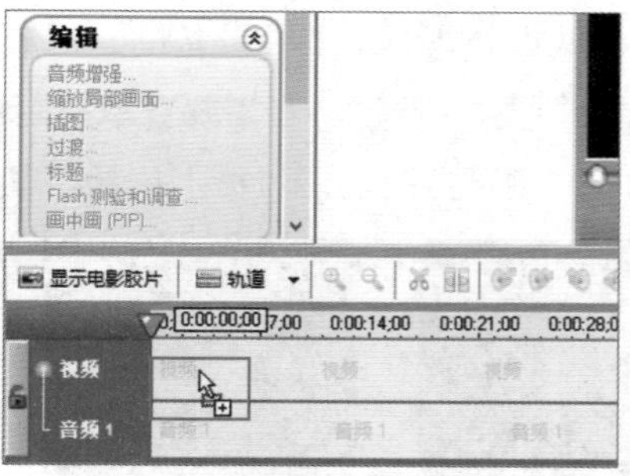

图 9-76

2. 视频剪辑

编辑视频的一个目的是将不需要的部分剪除。此操作的实现也很简单，使用鼠标拖曳的方法，选出需要裁剪的区域，如图9-77所示。在选定区域中右击，在弹出的快捷菜单中选择“剪切选区”选项，即可删除所选区域，如图9-78所示。

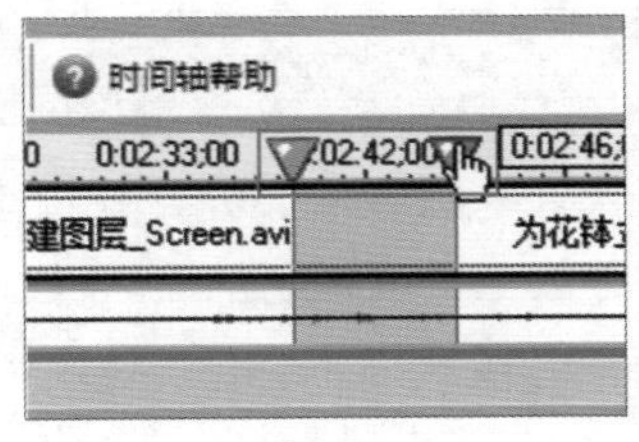

图 9-77

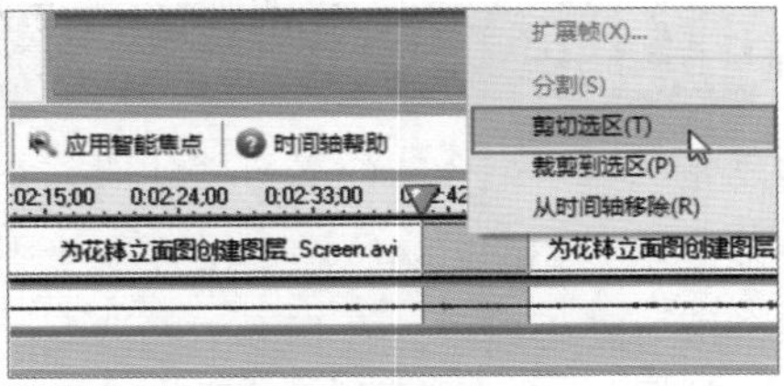

图 9-78

3. 设置转场动画

Camtasia Studio自带很多漂亮的转场动画，用户可以使用动画为转场添加效果。在“编辑”列表中选择“过渡”选项，如图9-79所示。将需要的转场动画拖入到两视频间的过渡动画仓位即可，如图9-80所示。

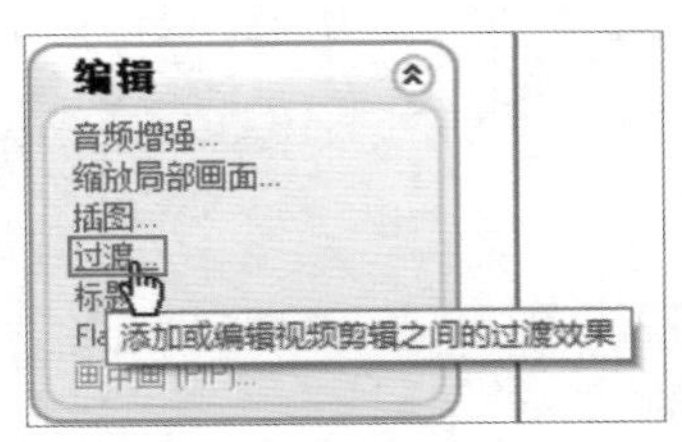

图 9-79

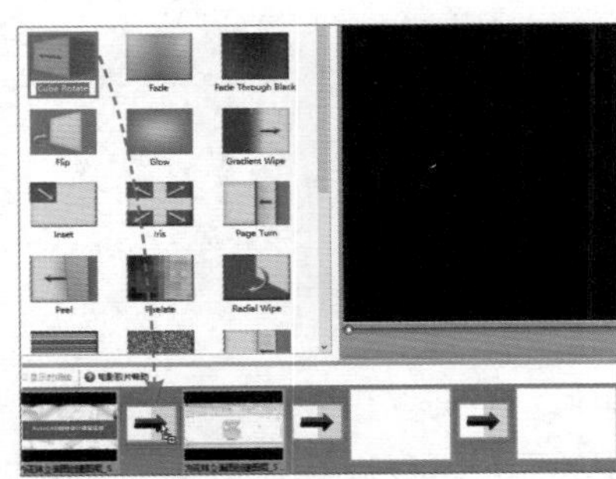

图 9-80

动手练 为视频添加注释

扫码看视频

在播放的视频中，如需对某帧画面添加注释，可通过以下方法操作。

Step 01 在轨道中指定需要添加注释的位置，在“编辑”列表中选择“插图”选项，如图9-81所示。

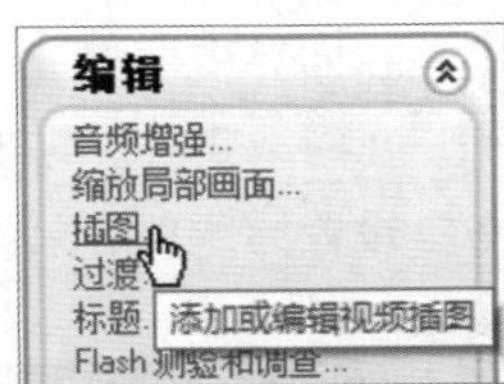

图 9-81

Step 02 在弹出的“插图属性”对话框中单击“+”按钮，增加并选择好注释形状，输入注释内容，如图9-82所示。

Step 03 在视频中，调整注释大小和位置即可完成注释的插入，如图9-83所示。

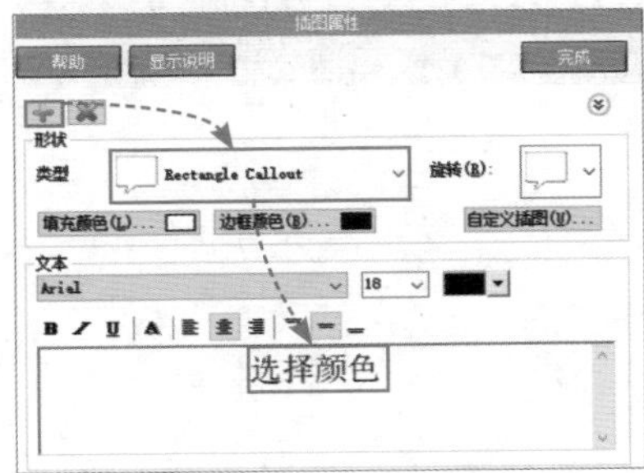

图 9-82

图 9-83

第9章 多媒体软件

知识延伸：零距离直播

用户需要先选择一个合适的平台，注册并实名认证，然后在平台上启动直播，获取到直播码或推流码，如图9-84所示。接下来使用官方的工具或录制推流软件，将本地直播推流到平台接口就可以了。在直播中如遇到问题，可在“帮助中心”板块中寻求解决方法，如图9-85所示。

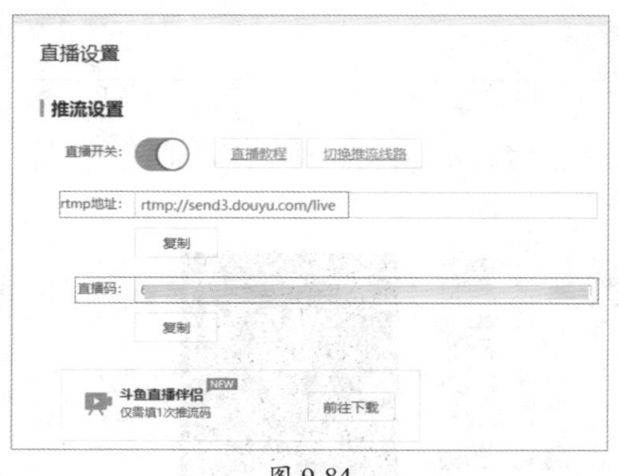

图 9-84

图 9-85

直播结束后，首先结束外部的推流软件，然后再到官网上去停止直播。在平台主页上有很多功能，用户可以边直播边学习，如图9-86所示。

图 9-86

在向导中设置了推流的服务器和推流码，一旦停播或重启后，网站会更新推流码。用户在网站获取新的推流码后，进入OBS Studio“设置”界面的“推流”选项中，将“服务”设置为“自定义”，然后输入获取的服务器地址和串流密钥即可，如图9-87所示。

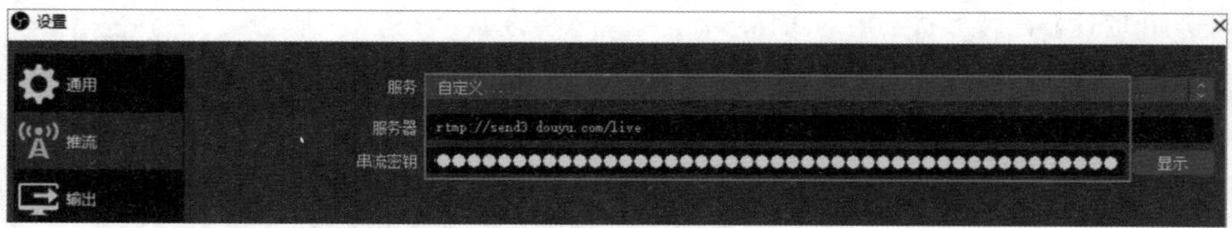

图 9-87

第10章 电脑办公软件

现在的办公软件众多，主流的办公软件包括Microsoft Office系列、WPS系列。此外还有专业办公软件、财务软件、管理软件等。本章将向读者介绍一些常见文档处理软件和翻译软件等的使用方法。

10.1 Microsoft Office软件系列

Microsoft Office是由Microsoft（微软）公司开发的一套基于Windows系统的办公软件套装，包括Word、Excel、PowerPoint、Access、Outlook、OneNote、Visio、Project等。

10.1.1 Microsoft Office组件介绍

首先对Microsoft Office常用三大组件进行介绍。

（1）文字处理软件Word。利用它可以轻松创建出具有专业水准的文档，并且能快速美化图片和表格，甚至还能直接发表博客、创建书法字帖等。图10-1为家居软装配色文案，图10-2为一则招聘海报。

图 10-1

图 10-2

（2）电子表格处理软件Excel。利用它可以对大量数据进行分类、排序、筛选、分类汇总以及绘制图表，此外还可以进行统计分析和辅助决策等。图10-3为购物消费分析图表，图10-4是健康管理统计图表。

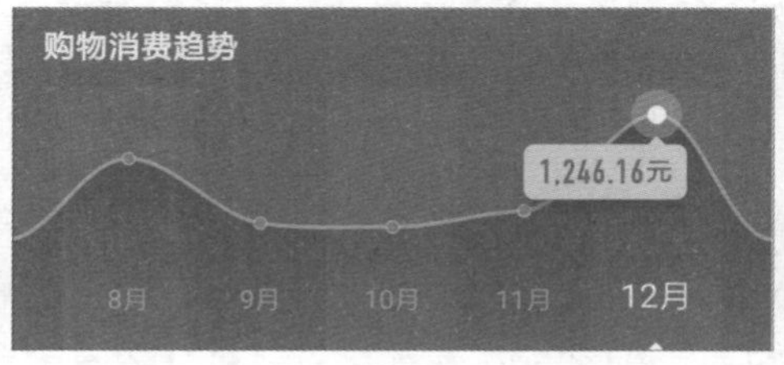

图 10-3

图 10-4

（3）使用演示文稿制作软件PowerPoint，可以编辑演讲报告、制作产品推广画册，设计教学课件等。最终将设计好的幻灯片通过投影仪等设备进行现场放映。图10-5为家居产品推介演示文稿，图10-6是公益环保类演示文稿。

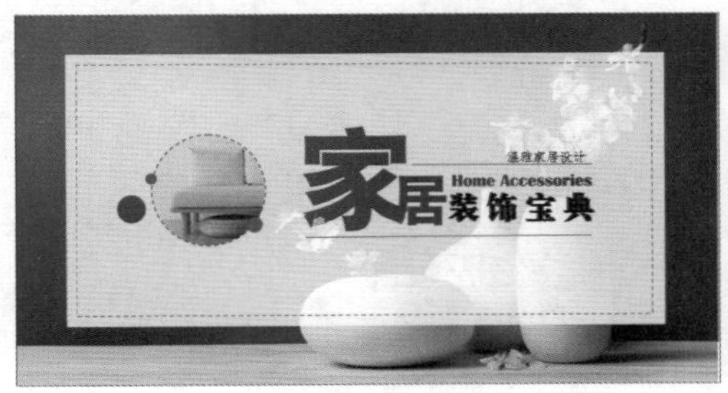

图 10-5

图 10-6

除三大组件之外，数据库管理软件Access可以创建数据库和程序来跟踪与管理信息。项目管理软件Project可以对项目和任务进行管理，能有效加强协同工作的能力。绘图工具Visio可以对复杂信息、系统和流程进行可视化处理。个人信息管理程序和电子邮件通信软件Outlook可将日历、约会事件和工作任务整合在一起，从而使用户可以把日程信息进行更好的共享。

用户只要能够熟练掌握各组件的应用技巧，并实现各组件之间的相互转换与调用，就可以完成日常办公中99%的任务。

10.1.2　Microsoft Office组件协同办公

Microsoft Office组件中的Word、Excel、PowerPoint都可以独立工作。组件之间满足某种条件时，可以将各自的文件直接转换成其他组件的文件。

某个组件的功能或文件，还可以保持原格式，直接应用至其他组件的编辑界面中，从而起到数据共享、丰富内容、美化界面的作用，并且能够和数据源同步更新。

例如，可将Word大纲转换成PPT，相反，PPT也可转换为Word大纲；Word表格可直接转换成Excel文件。同样，Excel文件也可直接放入至Word或PPT中，用来展示数据。此外，不使用第三方工具，只用Word和Excel也可以批量生成工资条、制作邀请函等。

动手练 利用模板制作邀请函

扫码看视频

制作一份邀请函很简单，但邀请人数达到10人以上，如果一份份地修改其内容，工作效率会很低。是否有简易的方法批量生成呢？答案是肯定的。利用Word邮件功能，并辅以Excel制表功能，就可以批量制作邀请函。

Step 01 启动Word，在模板搜索框中输入“邀请函”，单击“开始搜索”按钮，如图10-7所示。

Step 02 在搜索结果中选择合适的模板，单击“创建”按钮，如图10-8所示。

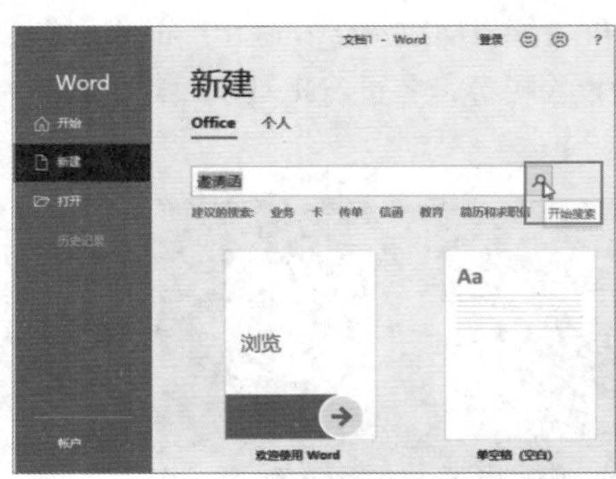

图 10-7

图 10-8

Step 03 此时系统将自动下载模板，下载完成后将会打开模板编辑界面，如图10-9所示。用户可根据需要修改内容，如图10-10所示。

图 10-9

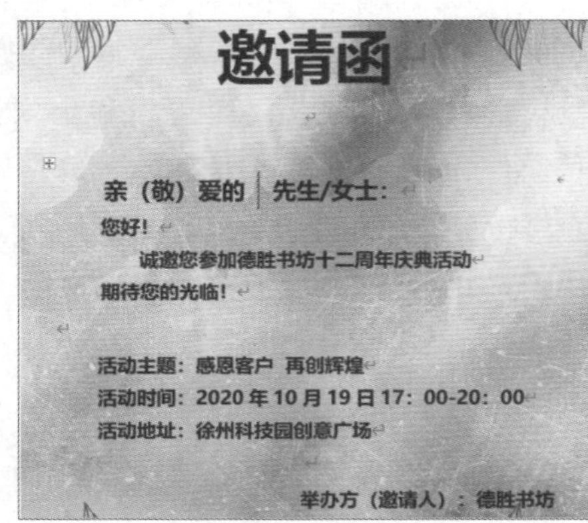

图 10-10

Step 04 内容修改完毕后进行保存。打开Excel，制作好邀请人名单并保存，如图10-11所示。

Step 05 返回Word的邀请函文档，在“邮件”选项卡的“开始邮件合并”选项组中单击“选择收件人”下拉按钮，选择“使用现有列表”选项，如图10-12所示。

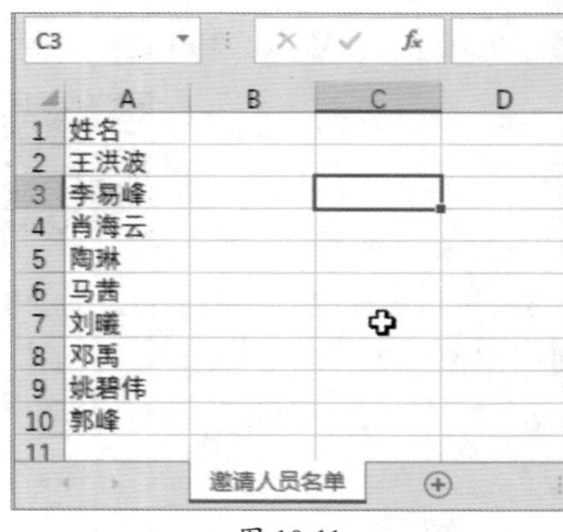

图 10-11

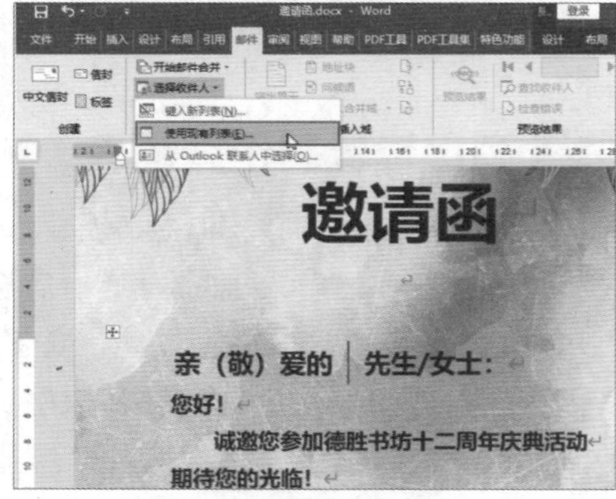

图 10-12

Step 06 在打开的“选择数据源”对话框中，选择刚创建的Excel文件“邀请人员名单”并打开。然后在弹出的“选择表格”对话框中，系统会默认选中Excel表，确认后单击“确定”按钮，如图10-13所示。

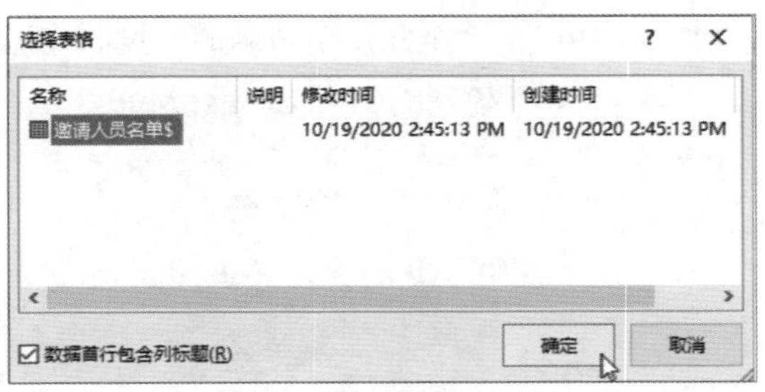

图 10-13

Step 07 将光标定位到需要插入姓名的位置，在“邮件”选项卡“编写和插入域”选项组中单击“插入合并域”下拉按钮，选择“姓名”选项，如图10-14所示。此时正文中出现“《姓名》”字样，代表此处是可变域，如图10-15所示。

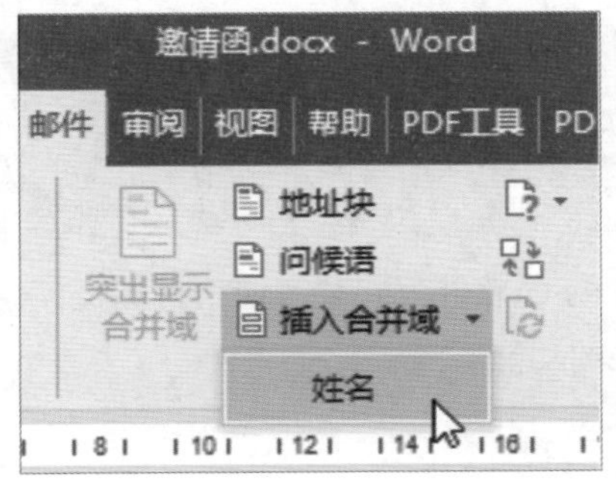

图 10-14

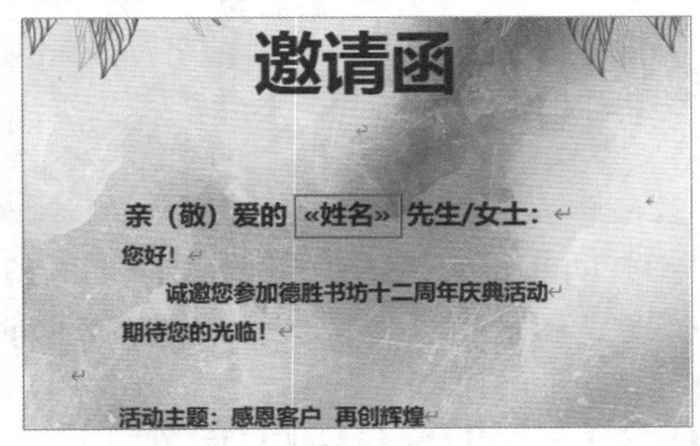

图 10-15

Step 08 在“邮件”选项卡的“预览结果”选项组中单击“预览结果”按钮，可看到用表格中的姓名来替换可变域，单击“下一记录”按钮，可查看更换姓名后的结果，如图10-16所示。

Step 09 确认无误后，可在“完成”选项组中单击“完成并合并”下拉按钮，选择“编辑单个文档”选项，如图10-17所示。

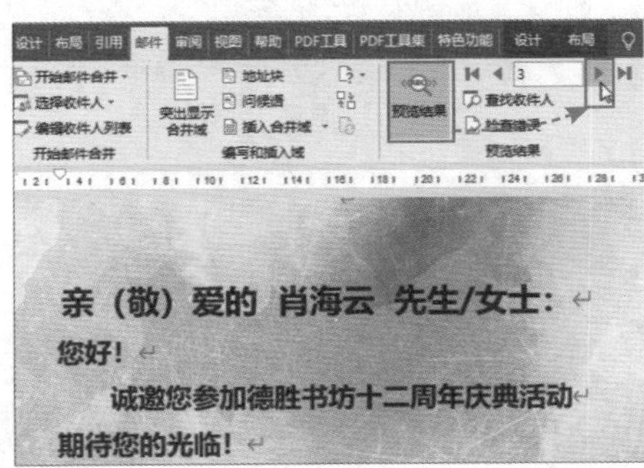

图 10-16

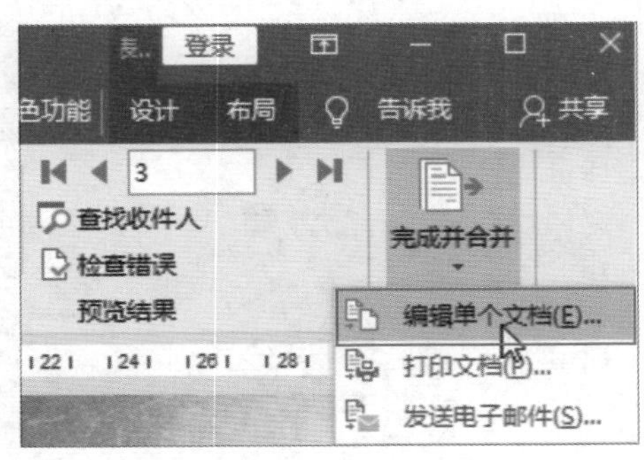

图 10-17

Step 10 在“合并到新文档”对话框中选中“全部”单选按钮，然后单击“确定”按钮，如图10-18所示。

Step 11 系统会新建“信函1”文档，同时该文档中会显示所有的邀请函信息，以方便用户打印或发送，如图10-19所示。至此，邀请函的批量制作完成。

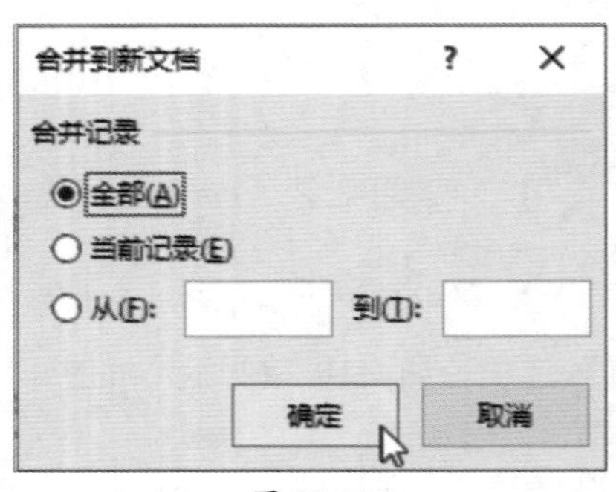

图 10-18

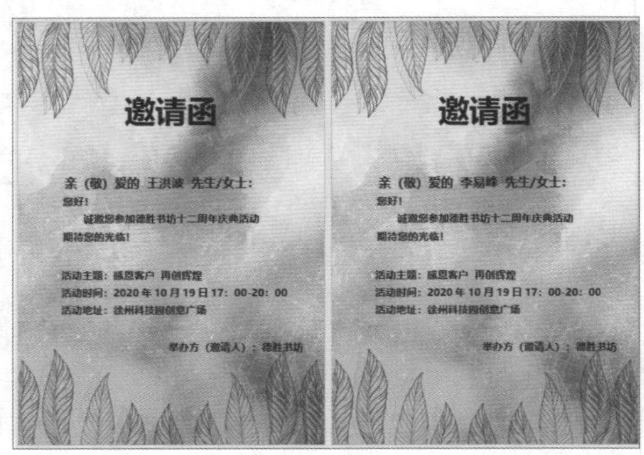

图 10-19

10.2 WPS Office系列办公软件

WPS Office系列办公软件是目前比较流行的轻办公软件。安装方便，易操作。个人用户可免费下载使用。本节向读者介绍WPS Office的功能。

10.2.1 WPS Office简介

WPS Office是由金山公司自主研发的办公软件套装，由多个组件组合而成，包括文字、表格、演示、PDF阅读等，具有内存占用少、运行速度快等特点，同时可免费提供大量设计类模板，帮助用户高效完成各类办公文档的制作，如图10-20所示。

图 10-20

10.2.2 WPS Office的下载与安装

下载WPS Office的途径有很多，从应用商店和金山官网都可以下载。下面介绍WPS Office PC版的下载与安装步骤。

Step 01 在百度中搜索“WPS 官网”或者直接进入官网网址“www.wps.cn”，在页面中选择“WPS Office 2019 PC版”，单击“立即下载”按钮，如图10-21所示。

Step 02 下载完毕后双击安装包启动安装，在配置界面中勾选“已阅读并同意金山办公软件许可协议和隐私策略”复选框，并选择好安装位置。至于关联和默认优先打开，用户可按照自己的要求进行选择。设置完成后单击“立即安装”按钮即可进行安装操作，如图10-22所示。

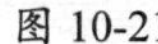
图 10-21

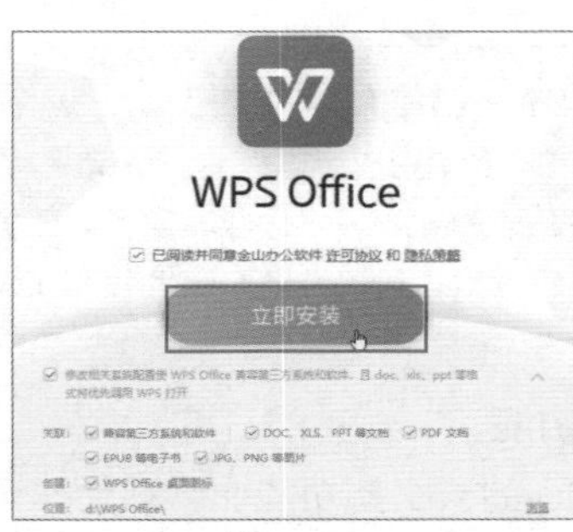

图 10-22

Step 03 安装完成后，双击WPS Office图标即可启动该软件。

10.2.3 WPS Office的使用

WPS Office与微软Office的操作相似，对于新手来说易学易用。下面介绍一些WPS Office的使用方法和技巧。

1. 使用在线模板创建文档

WPS Office提供了很多在线模板供用户使用，分为免费和付费两种。下面将以下载免费模板为例来介绍如何创建模板文档。

Step 01 双击启动软件，在“新建”界面中，根据需要选择文档类别，并在模板列表中选择所需的免费模板，单击“免费使用”按钮，如图10-23所示。

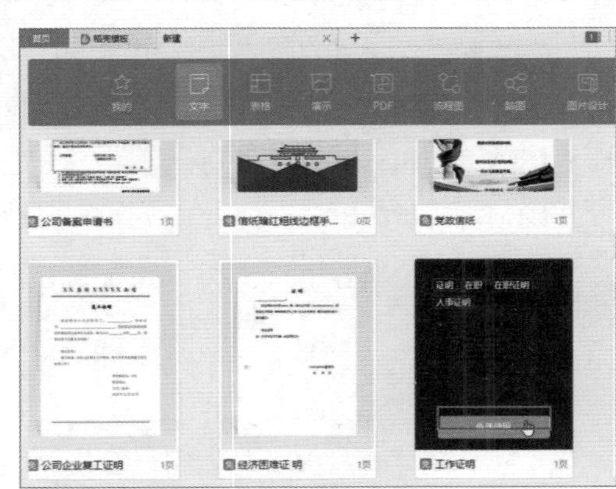

图 10-23

Step 02 软件自动到官网下载模板并打开，如图10-24所示。用户只需根据实际情况填写内容即可。

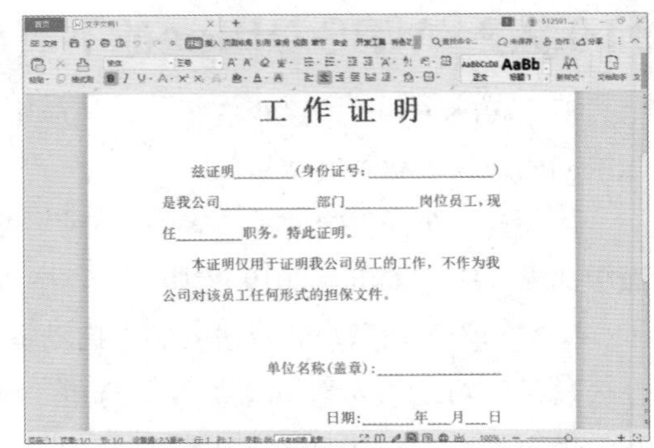
工 作 证 明

兹证明_______（身份证号：_______________）是我公司___________部门________岗位员工，现任________职务。特此证明。

本证明仅用于证明我公司员工的工作，不作为我公司对该员工任何形式的担保文件。

单位名称（盖章）：_______________

日期：______年___月___日

图 10-24

知识点拨

WPS Office创建文档的优势

在WPS主界面中用户可以看到，除文字、表格、演示组件外，还可以创建PDF、流程图、脑图、图片设计和表单文档等，功能非常多。在登录账号后，可以将文档上传至云存储中，这样多个终端都可以进行处理，可以说随时随地都能在线办公，非常方便。

2. 在线文档功能

WPS Office的云文档功能非常强大，可以实现很多复杂的功能。

Step 01 处理文档后，单击右上角的“未保存”按钮启动保存功能，如图10-25所示。

Step 02 在“另存为”对话框中用户可以看到，文档可保存到云文档或者本地不同位置，如图10-26所示。

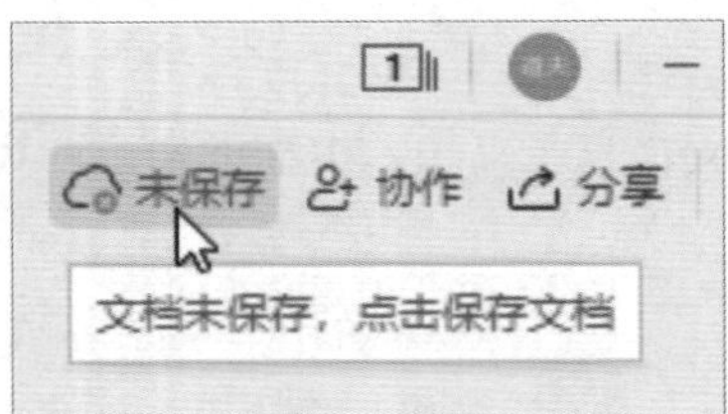

图 10-25

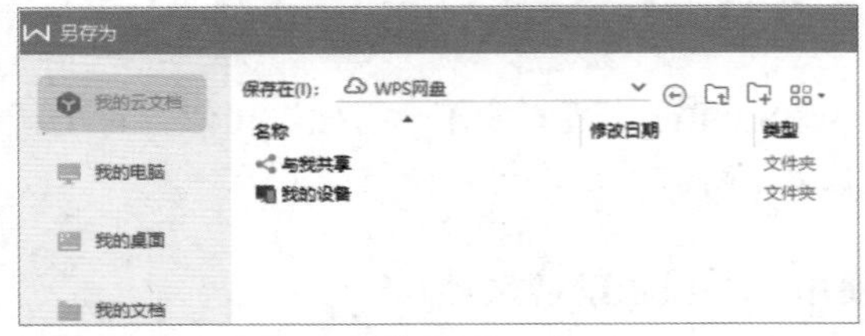

图 10-26

Step 03 在“我的云文档”中，用户可在任意位置下载并启动WPS，然后使用云文档继续编辑，如图10-27所示。

图 10-27

Step 04 在云文档中还能查看到文件的修改历史，可以随时恢复到某个状态，非常安全方便，如图10-28所示。

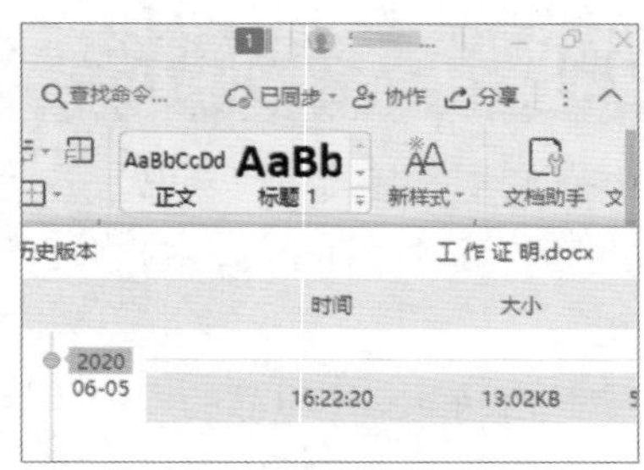

图 10-28

动手练 WPS Office多人协作

扫码看视频

WPS Office已经逐渐从单机模式发展到网络化模式，目前在线文档的处理和管理非常普遍。基于网络实现文档的共享以及协作变得非常容易，而且也非常实用。

Step 01 编辑文档后，单击界面右上角的“分享”按钮打开分享界面，在此可以设置分享对象的权限，设置完成后单击“创建并分享”按钮，如图10-29所示。

Step 02 在打开的超链接界面中，单击“复制链接”按钮即可将超链接发送给其他用户。当其他用户登录后，可在网页中对文档进行在线编辑，如图10-30所示。

图 10-29

图 10-30

Step 03 如果启动了远程协作功能，会弹出远程协作界面，如图10-31所示。将超链接地址发送给其他人，这样就能一起编辑文档了，并且文档可实时更新，非常方便。另外该界面中还提供了远程会议功能，如图10-32所示。

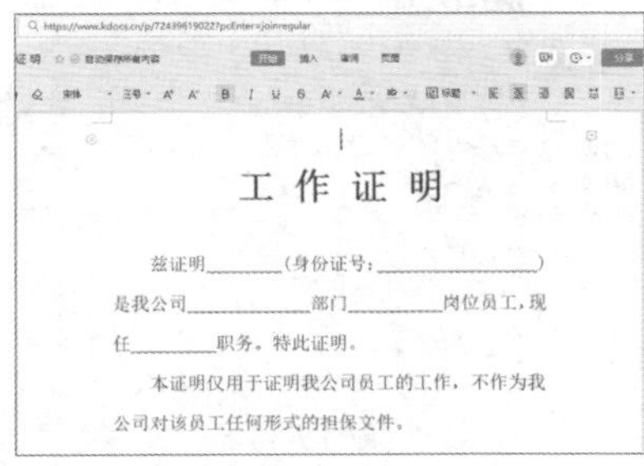

图 10-31

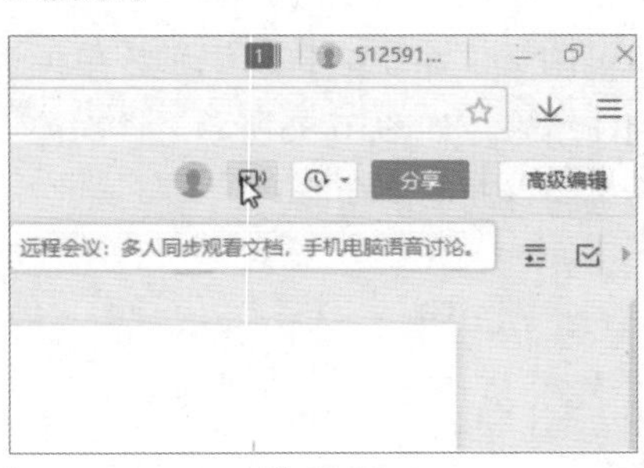

图 10-32

10.3 翻译软件

对于一些英文不太好的用户来说，翻译软件很有必要。常见的PC端翻译软件有有道词典、金山词霸、谷歌翻译器等。这些翻译软件的使用方法大同小异。在此以有道词典为例展开介绍。

有道词典是由网易有道出品的全球首款基于搜索引擎技术的全能免费翻译软件。下面将对其下载、安装及使用方法进行介绍。

10.3.1 有道词典的下载及安装

有道词典的下载非常方便，在其官网就可以免费下载。

Step 01 进入官网地址“www.youdao.com”，在主页中单击“下载词典客户端”超链接，如图10-33所示。（该页面也支持在线翻译。）

Step 02 下载完毕后，双击安装文件启动安装，设置好参数后，单击“快速安装”按钮即可，如图10-34所示。

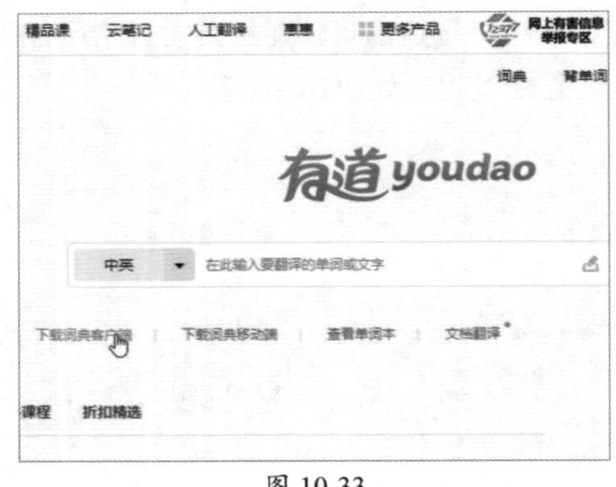

图 10-33

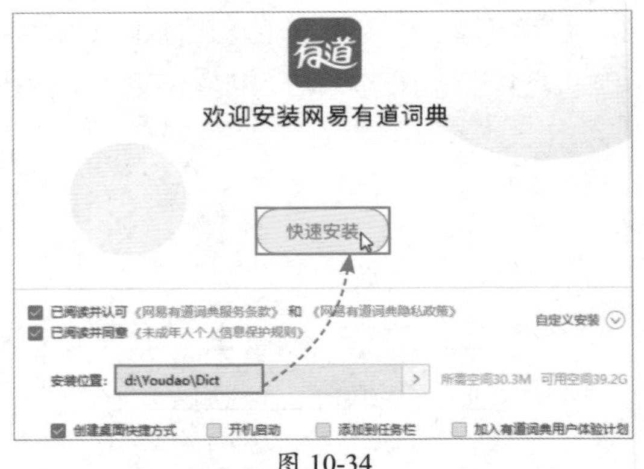

图 10-34

10.3.2 有道词典的取词及划词翻译功能

翻译软件最主要的功能就是语言翻译功能。启动有道词典后，系统默认选中“取词”和“划词”两组选项。将光标放置到英文单词附近，系统会自动识别该单词并显示翻译结果，如图10-35所示。该功能为有道词典的自动取词功能。

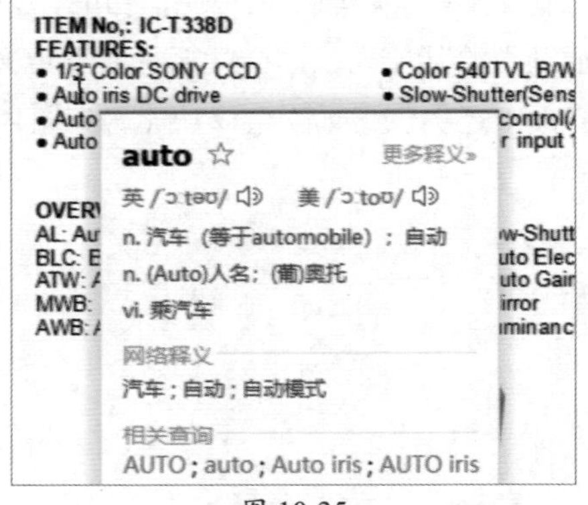

图 10-35

用户也可以选中一段文字，此时有道会自动弹出翻译按钮，单击该按钮会自动将所选单词、语句进行翻译，如图10-36所示。当然不只是文档，在其他可以获取文本的地方，都可以使用该功能进行翻译。

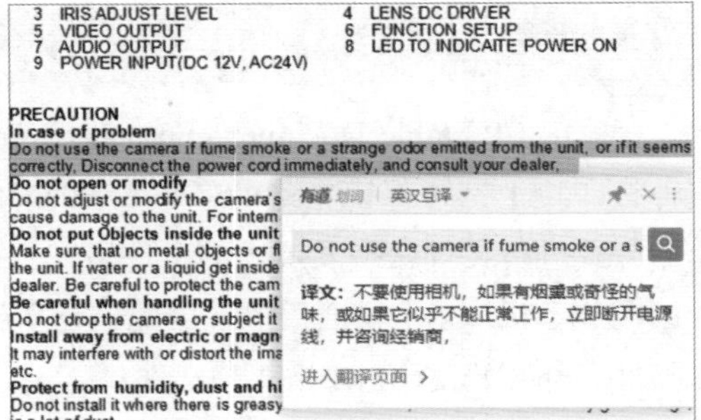

图 10-36

扫码看视频

动手练 截屏翻译

有道词典还可以对截图中的内容进行翻译，操作非常简便。

Step 01 在有道词典界面中单击“截屏翻译”按钮，如图10-37所示。

Step 02 使用鼠标在文档中框选出需要翻译的内容，如图10-38所示。

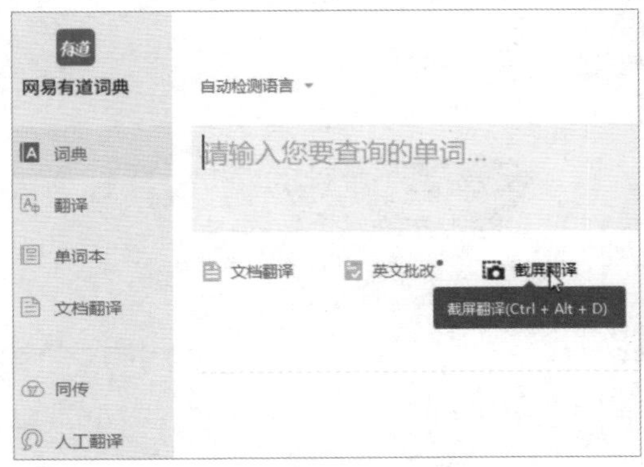

图 10-37

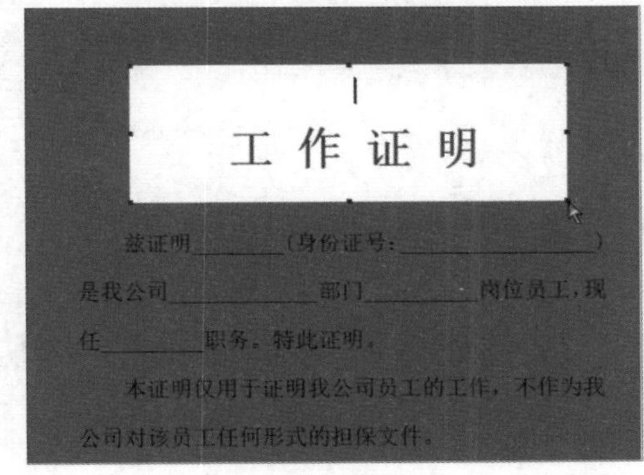

图 10-38

Step 03 松开鼠标后，系统会自动进行分析并翻译，如图10-39所示。

除了以上功能，有道还可以翻译整篇文档，如图10-40所示。可以说无论是文档、网页还是应用程序，只要能获取到内容，都可以进行翻译。

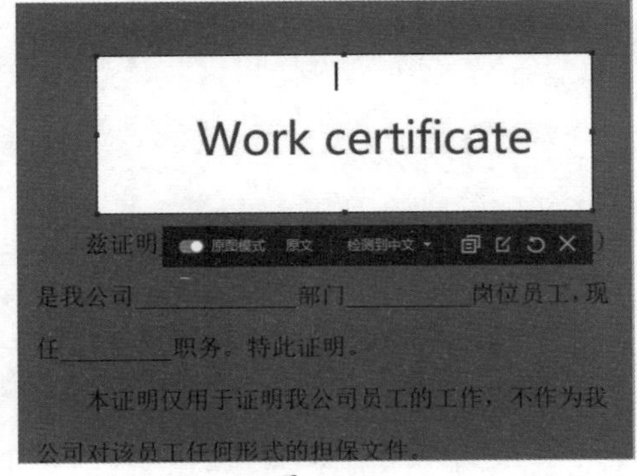

图 10-39

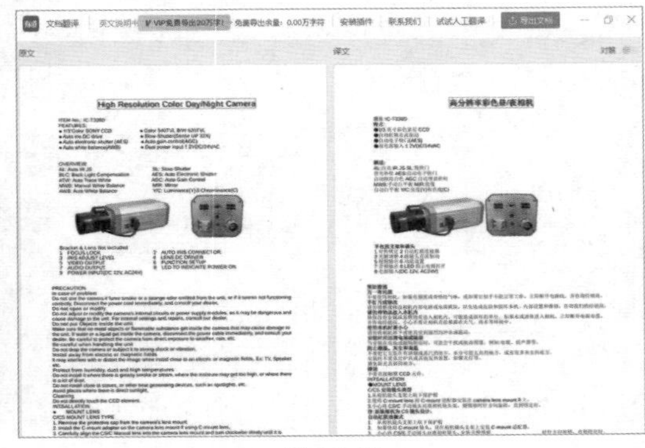

图 10-40

10.4 PDF阅读器

PDF（Portable Document Format）格式以PostScript页面描述语言为基础，无论在何种打印机上都可保证精确的颜色及打印效果，是以与应用程序、操作系统、硬件无关的方式进行文件交换发展出的文件格式。换句话说，采用PDF格式的文件在Windows、UNIX、Mac OS中是通用的。因此，越来越多的电子图书、产品说明、网络资料、电子邮件等都开始使用PDF格式的文件。

常见的PDF阅读器包括Adobe Acrobat Reader、Foxit Reader、金山PDF等，在此以金山PDF阅读器为例进行介绍。

动手练 金山PDF阅读器的使用方法

扫码看视频

金山PDF是一款功能强大、操作简单的PDF编辑器。支持一键编辑、快速修改PDF文档内容，并支持PDF文档和DOCX、PPTX、XLSX、TXT、图片等多种文档格式的转换。

Step 01 进入官网后单击“免费下载”按钮，如图10-41所示。

图 10-41

Step 02 设置好安装路径，单击“立即安装”按钮进行安装，如图10-42所示。

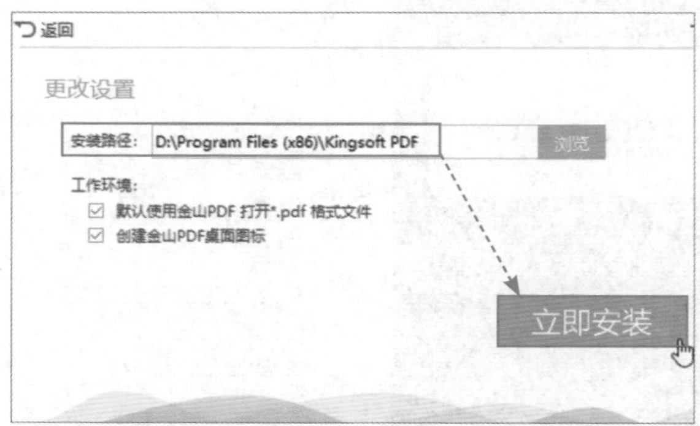

图 10-42

Step 03 完成安装后启动金山PDF阅读器，将PDF格式的文件拖入软件主界面即可阅读，如图10-43所示。

图 10-43

Step 04 启动PDF转换为Word功能，可以将采用PDF格式的文档转换为Word文档，如图10-44所示。

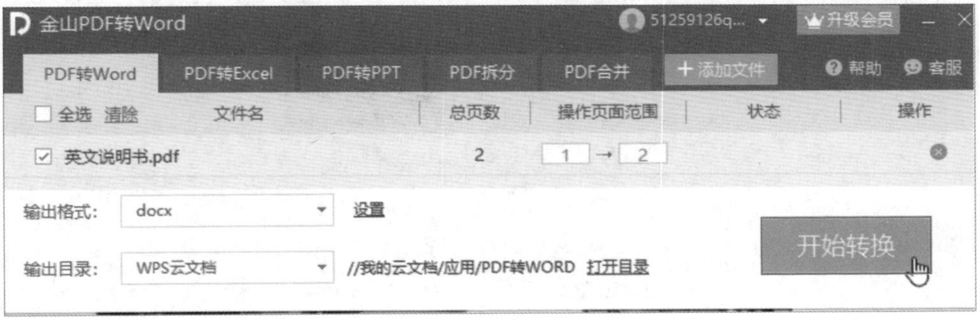

图 10-44

知识点拨

金山PDF阅读器的编辑功能

金山PDF阅读器除了阅读PDF格式的文件外，还可以对其进行编辑操作。如果该文档允许编辑，可以在文档中选中需要编辑的文字，直接修改即可，如图10-45所示。

图 10-45

知识延伸：Microsoft Office移动端的使用

Microsoft Office Mobile for Office 365是微软专为安卓系统的手机发布的版本，有Word、Excel和PowerPoint三个基本产品。用户可以通过网络从任何地方访问、查看和编辑使用Word、Excel和PowerPoint制作的文件。文件在手机端的页面版式和电脑端一样，手机端还支持图表、动画、SmartArt图形和形状。

用户可以从各大应用商城中，选择安装包并下载到手机中进行安装，安装完成后启动该软件，如图10-46所示。在这里用户可以直接打开文档，也可以使用在线模板创建文档，如图10-47所示。

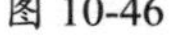
图 10-46

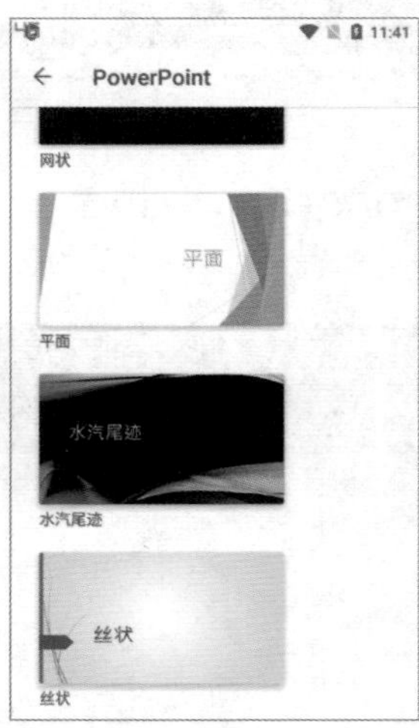

图 10-47

打开文档模版后可对其进行编辑操作，如图10-48所示。制作完成后可将文档传送至电脑或者其他手机中。该软件还可提取图片中的文本和表格，如图10-49所示。

图 10-48

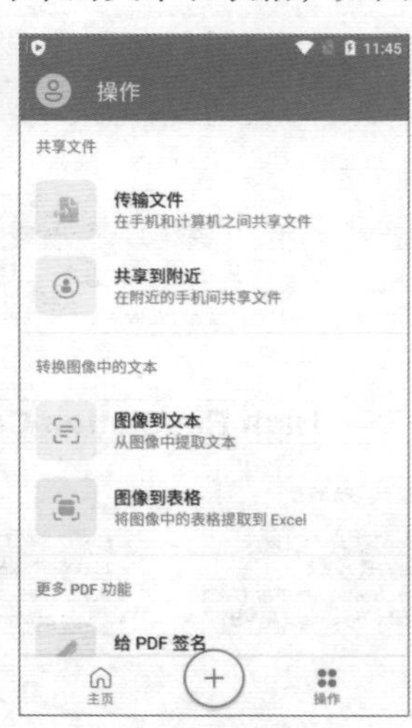

图 10-49

第 11 章

操作系统安装软件

从某种角度来说，操作系统也属于软件，只不过是一种特殊的软件。前面已经介绍了软件分类，从中可以看到操作系统与普通软件的区别。对于操作系统的安装，不少用户觉得很难，不易操作，其实使用一些工具软件来辅助。安装操作系统还是比较简单的。本章将介绍操作系统安装的基本步骤，供读者学习参考。

11.1 操作系统安装概述

安装操作系统需要有一定的电脑操作知识。本节介绍操作系统安装的基础知识。

11.1.1 什么情况下需要安装系统

电脑需要安装或者重新安装系统的情况如下。

- 新电脑
- 系统崩溃
- 开机报错
- 经常蓝屏、死机
- 系统跨大版本升级
- 系统卡顿
- 病毒木马无法清除
- 软件环境需要
- 测试系统
- 新系统尝试
- 身边的人需要

11.1.2 安装操作系统的准备

安装操作系统需要使用一些软硬件工具并进行必要设置。

- **U盘。**U盘的作用一个是作为开机启动的设备，用来启动到PE系统，另一个是存储系统镜像文件。
- **系统镜像文件。**所谓系统镜像文件，就是操作系统的安装文件。一直以来，Windows操作系统都是以ISO文件发布，可以直接刻录到光盘上，用光驱读取，也可以使用虚拟光驱加载使用。
- **BIOS设置。**BIOS设置主要包括两个方面：一方面，需要设置U盘为第一启动项；另一方面，则根据系统启动方式和存储方式的不同，需要配置成新的UEFI+GPT启动模式，或者是老的Legacy+MBR启动模式。

11.1.3 UEFI+GPT与Legacy+MBR简介

UEFI+GPT和Legacy+MBR这两种模式的特点如下。

- **两者概念简介。**Legacy+MBR的意思是传统的BIOS和MBR硬盘分区表的组合。UEFI+GPT的意思是最新的UEFI BIOS和GPT分区表的组合，UEFI BIOS可以鼠标键盘操作，带图形界面。GPT是一种最新的硬盘分区表，功能相比于传统的MBR有着很大的优势。现在新设备使用的都是UEFI BIOS和GPT分区表的组合方式。
- **启动模式的不同。**开机后，传统的BIOS需要初始化和自检后再进入系统。而UEFI BIOS只要进行了UEFI初始化就可以引导系统了，从原理上来说，比传统BIOS启动要快。
- **支持的操作系统。**Legacy+MBR模式支持几乎所有的操作系统，而UEFI+GPT模式只能在Vista 64及以上的64位操作系统中才可以安装。
- GPT这种分区模式，Windows XP 64位及以上的操作系统都可以识别并读取其中的数据，而要使用GPT分区启动系统，则需要Vista 64位及以上操作系统才可以，如Windows 7 64位、Windows 8 64位、Windows 10 64位操作系统。在其他的操作系统中只能作为数据盘，不能作为系统盘。

知识点拨

UEFI+GPT分区时，各分区的作用

在使用UEFI+GPT模式安装系统时，如果使用原版光盘进行安装，在分区时，会自动多生成3个分区。这些多出来的分区的作用参见表11-1。

表 11 -1

分区名称	大小	类型	作用	必须
EFI/ESP（启动分区）	100MB	FAT32	UEFI启动分区，存放了引导管理程序、驱动程序、系统维护工具等	是
MSR（保留分区）	16MB	MSR	GPT保留空间备用，如转换动态磁盘时使用	否
恢复分区/系统保留	100～500MB	NTFS	存储恢复环境包括还原点还原、启动修复、系统映像恢复	否

11.1.4 系统安装主要过程

下面介绍系统的一般安装过程。

1. 准备工作

（1）启动U盘。

（2）系统镜像（复制到U盘上或者分区中）。

2. 设置BIOS

（1）MBR启动：关闭Secure Boot（非必须）。系统类型选择“其他”（非必须）。打开CMS。启动模式选择ONLY LEGACY或者BOTH。

（2）UEFI启动：打开Secure Boot（非必须）。系统类型选择Windows 10、Windows 8、其他（非必须）。关闭CMS或打开CMS，启动模式选择UEFI或者BOTH。

（3）验证：查看启动设备中是否有UEFI开头的选项。

3. 使用U盘启动系统到PE环境

开机进入启动设备选择界面，判断并进入合适的PE环境。

4. 判断是否需要并对硬盘进行分区操作

（1）硬盘重新分区，在安装时分区即可。安装时出现错误后，返回DiskGenius进行分区操作。

（2）需要转换硬盘模式（根据不同的安装模式选择MBR或GPT），在DiskGenius中操作。

（3）存在分区数据，并需要对硬盘进行处理，安装系统时或者在DiskGenius中操作。

（4）想DIY分区或者需要高级操作，在DiskGenius中操作。

5. 选择系统安装模式

用户根据实际情况和喜好选择系统安装模式，可以选择虚拟光驱、第三方工具、专业工具、无工具安装等模式。

6. 引导修复

安装完系统，如果启动不了，查看是否需要修复引导，并使用工具或者命令进行启动引导修复。

7. 重启电脑

重启电脑以继续安装，或者是安装完毕后启动系统。

11.2 启动U盘的制作

制作启动U盘，新手用户可以使用第三方工具，而有一定基础的用户，可以DIY自己的启动U盘。

11.2.1 PE简介

Windows PE（Windows Preinstallation Environment）简称PE，是Windows预安装环境，是带有有限服务的最小子系统，基于以保护模式运行Windows内核。它包括运行Windows安装程序及脚本、连接网络共享。现在网上比较流行的U深度、老毛桃、大白菜、微PE等，是在制作好纯净PE后，在其中加入很多实用的工具，然后打包而成。用户使用这些程序可以直接将他们的PE复制到U盘中，非常方便。

11.2.2 U深度

U深度是一款非常实用的启动U盘制作工具，制作好的启动U盘不仅可以用于引导电脑开机启动，还能用于存储日常文件，真正意义上实现了一盘两用。制作好的启动U盘可兼容多种机型安装系统，支持GHO、ISO文件系统的安装，同时也可以支持原版系统的安装。操作简单快捷，可实现一键安装系统，其傻瓜式的操作方式可让更多用户以最快的速度学会系统安装。

11.2.3 U深度的下载和安装

U深度是一款U盘制作软件，需要下载安装才能制作启动U盘。进入官网主页，选择好版本，这里单击“增强版下载”按钮，如图11-1所示。下载后双击安装程序，单击

“立即安装”按钮启动安装，如图11-2所示。

图 11-1

图 11-2

动手练 制作启动U盘

扫码看视频

将U盘插入电脑的USB接口中，启动电脑，即可启动PE U盘制作程序了。在制作前需要备份U盘的重要资料到其他盘。

Step 01 U深度软件会自动选择U盘等移动介质，默认是“智能模式”。用户需要确定其盘符和U盘的选择是否正确。确认无误后单击“高级设置”按钮，如图11-3所示。需注意的是一定要确认选择是否正确。否则安装到其他分区，会将该分区数据格式化。

Step 02 打开个性化设置界面，用户可查看PE启动后的菜单，如果要取消赞助，单击左下角的“取消赞助商”按钮，如图11-4所示。

图 11-3

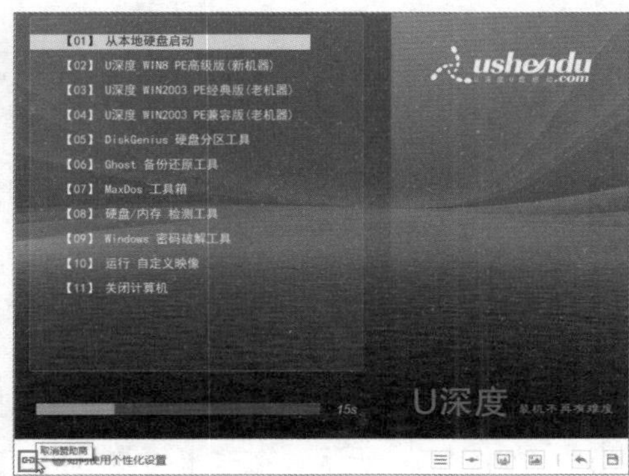

图 11-4

Step 03 在弹出的对话框中输入U深度的官网地址，单击“立即取消”按钮，取消赞助商软件及永久锁定主页的设置，如图11-5所示。

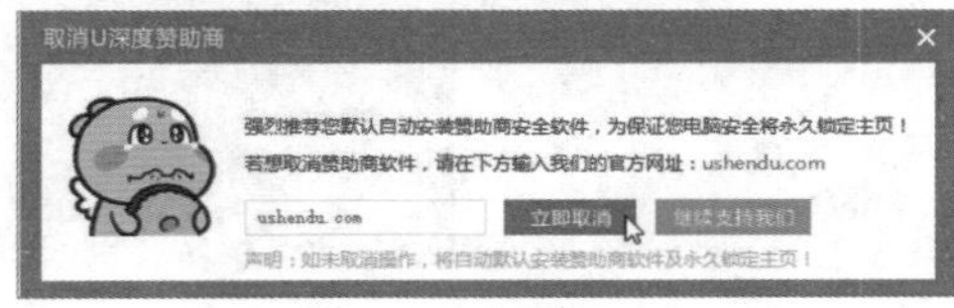

图 11-5

Step 04 在弹出的警告信息中选择“否”选项，这样就会弹出取消成功的提示信息，如图11-6所示，单击“确定”按钮。

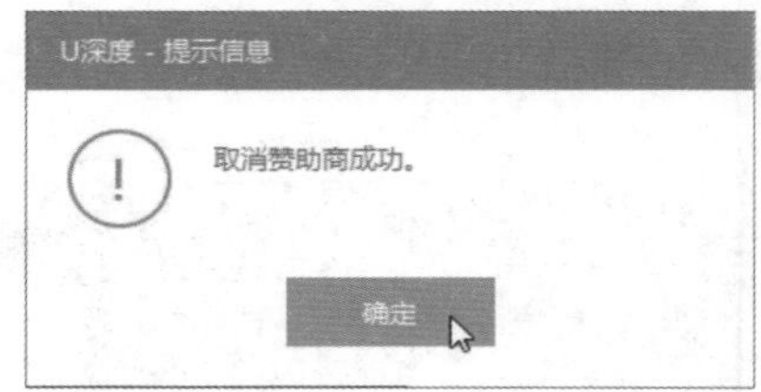

图 11-6

Step 05 关闭设置界面返回到制作主界面，单击“开始制作”按钮，如图11-7所示。

Step 06 系统弹出警告提示信息，单击“确定”按钮启动制作，如图11-8所示。

图 11-7

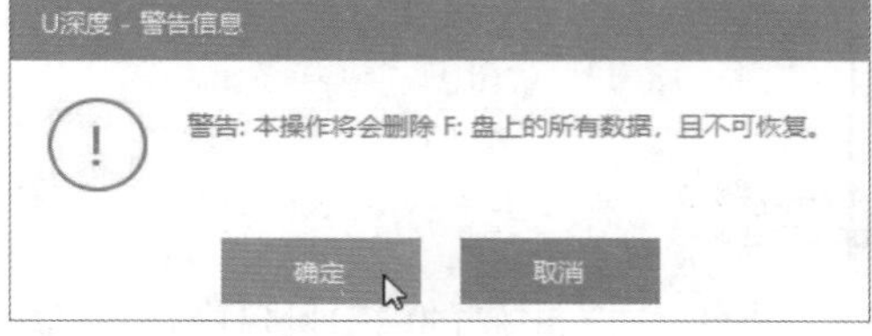

图 11-8

Step 07 在制作过程中，会为U盘重新分区并格式化U盘，接着写入数据，如图11-9、图11-10所示。

图 11-9

图 11-10

Step 08 完成所有的数据写入后会弹出完成提示框，单击“是”按钮进行模拟启动测试，如图11-11所示。在这里可测试PE启动的参数是否正常，如图11-12所示。

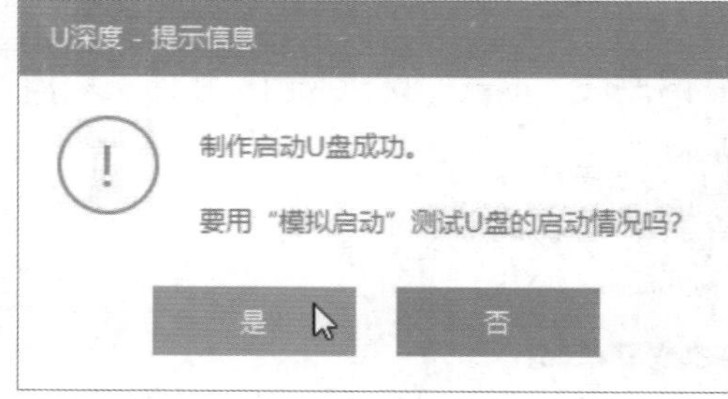

图 11-11

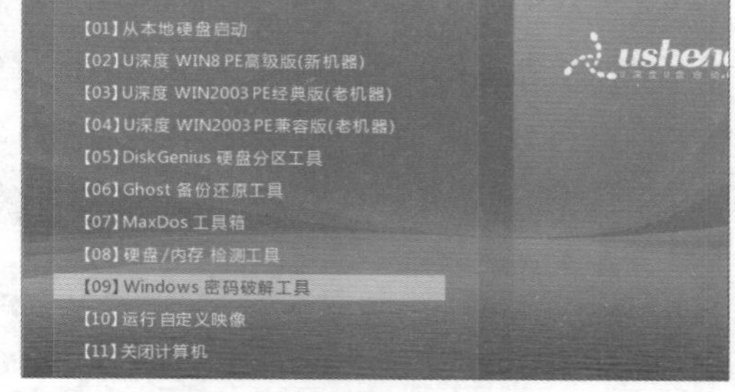

图 11-12

11.3 操作系统安装过程

BIOS设置完毕，需将操作系统的镜像文件也复制到U盘中。这样使用U盘启动电脑，启动到PE环境，就可进行操作系统的安装了。下面按照不同模式和不同工具，介绍典型的操作系统安装过程。

注意事项 安装匹配模式原则

以上介绍了安装操作系统的基本过程及注意事项。图11-13所示的是笔者总结的安装匹配模式原则。在许多模棱两可和原则性的问题上，通过该图就可明确排除一些问题。

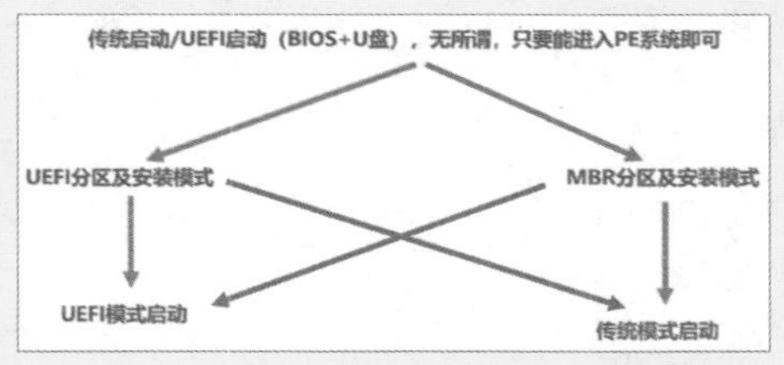

图 11-13

无论使用哪种启动方式，只要进入了PE就可以安装操作系统了。进入了PE系统后，两种方式都可安装UEFI+GPT的系统或者Legacy+MBR的系统。使用UEFI+GPT模式对硬盘进行操作，并安装了UEFI启动的系统，只能使用UEFI模式启动。Legacy+MBR模式只能使用传统模式启动。所以装好系统，重启时更改启动模式即可。当然，用户也可以在安装操作系统前修改。

11.3.1 在UEFI模式下安装Windows 10操作系统

下面将介绍在电脑的UEFI模式下，安装Windows 10操作系统的方法和步骤。

Step 01 将U盘放入电脑USB接口中，开机进入BIOS界面，设置BIOS为对应的启动模式。另外设置U盘为第一启动项，此时系统会自动读取U盘中的数据，启动U盘中的系统，如图11-14所示。

图 11-14

Step 02 启动后进入PE环境。此时选择并启动虚拟光驱，如图11-15所示。

Step 03 启动虚拟光驱软件后，单击“打开”按钮，选择操作系统的镜像文件并打开，如图11-16所示。镜像文件一般会放到U盘中，但用户也可以将其放到非系统盘分区中。将镜像复制到硬盘上安装，可以提高安装速度，减少U盘读写，防止因为U盘的问题造成文件丢失。

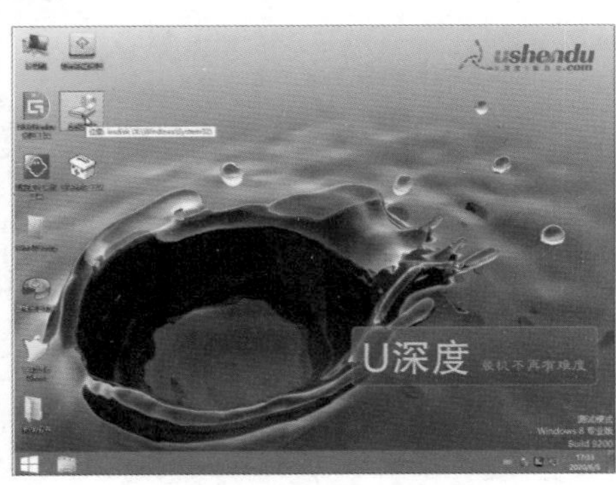

图 11-15

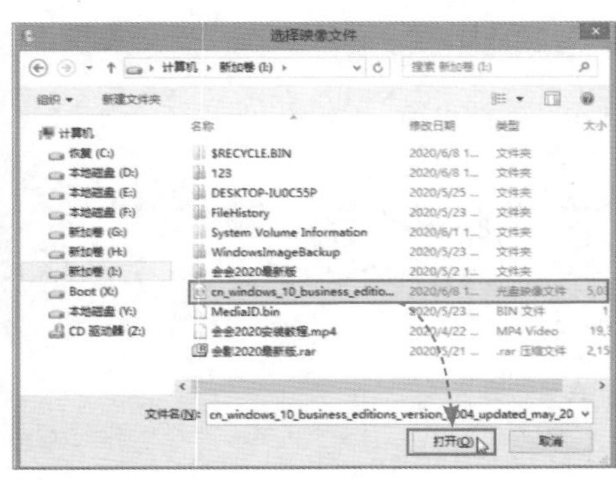

图 11-16

第11章 操作系统安装软件

Step 04 镜像文件加载之后，可以进入到“此电脑”中查看虚拟光驱，双击打开系统安装程序，如图11-17所示。

Step 05 安装程序启动，各设置保持默认值，单击“下一步”按钮，如图11-18所示。

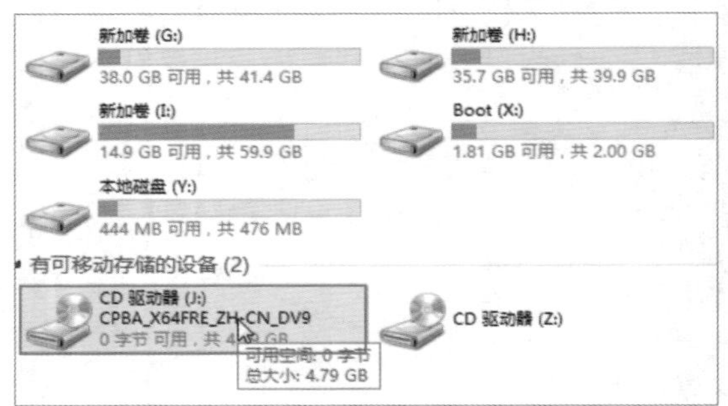

图 11-17

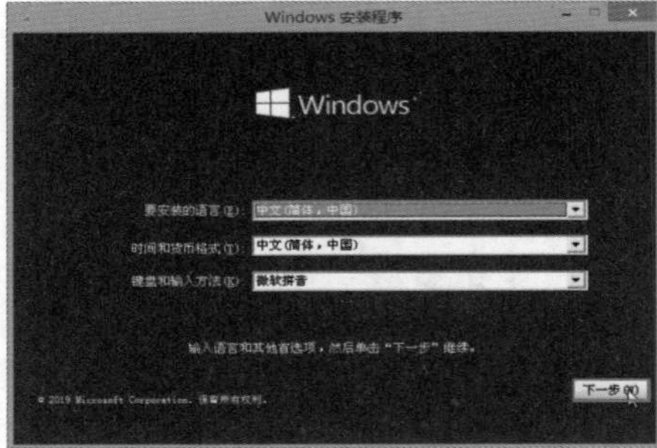

图 11-18

Step 06 单击“现在安装”按钮，如图11-19所示。

Step 07 选择操作系统版本，这里选择“专业工作站版”，如图11-20所示。

图 11-19

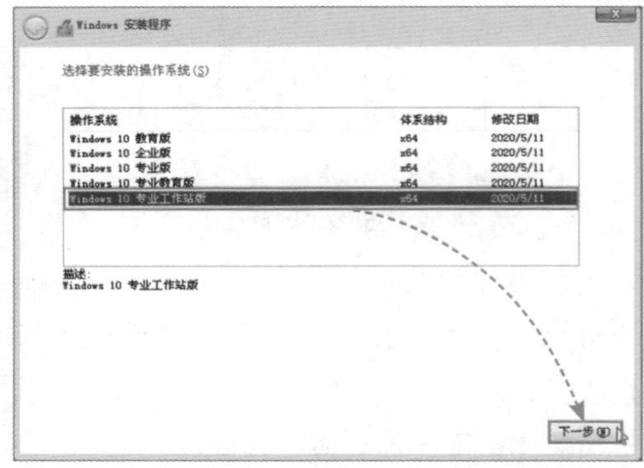

图 11-20

Step 08 阅读并勾选“我接受许可条款”复选框，单击“下一步”按钮，如图11-21所示。

Step 09 由于是全新安装，这里选择“自定义：仅安装Windows（高级）”选项，如图11-22所示。

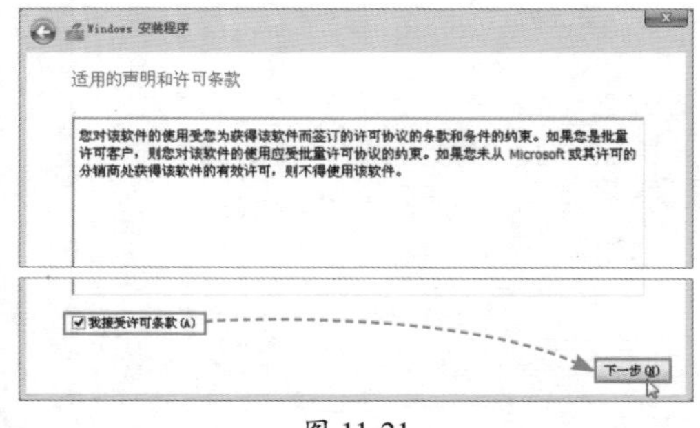

图 11-21

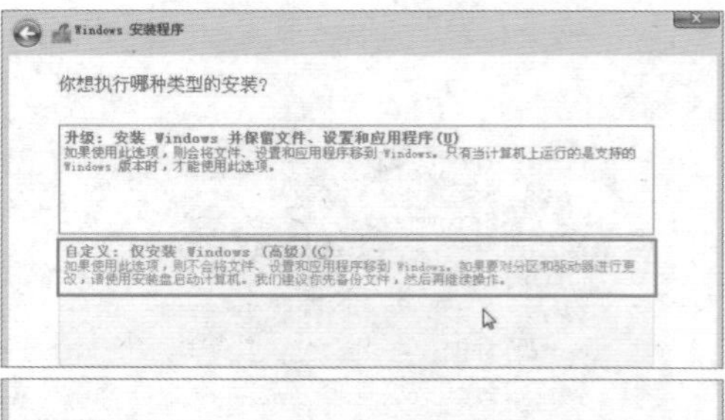

图 11-22

Step 10 驱动器0为全新硬盘，还未分区。用户如果提前使用DiskGenius进行了分区或者升级安装，直接选择对应的分区即可，单击“新建”按钮，如图11-23所示。

Step 11 设置分区大小。输入完毕后单击“应用”按钮，如图11-24所示。

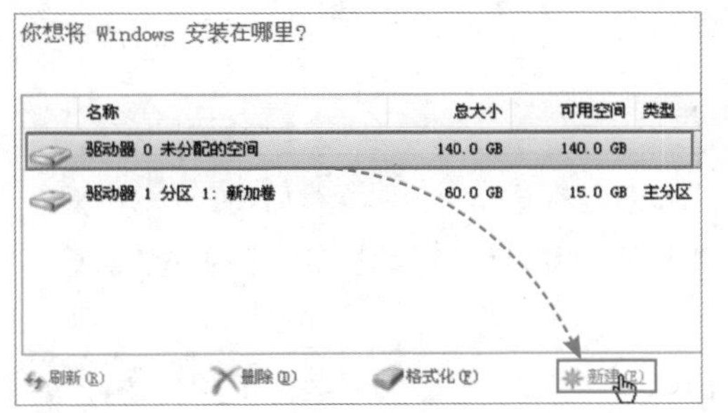

图 11-23

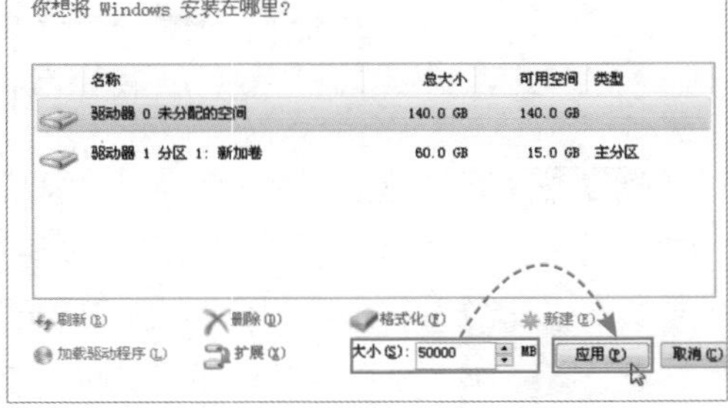

图 11-24

Step 12 系统提示需要创建额外分区，单击“确定”按钮，如图11-25所示。

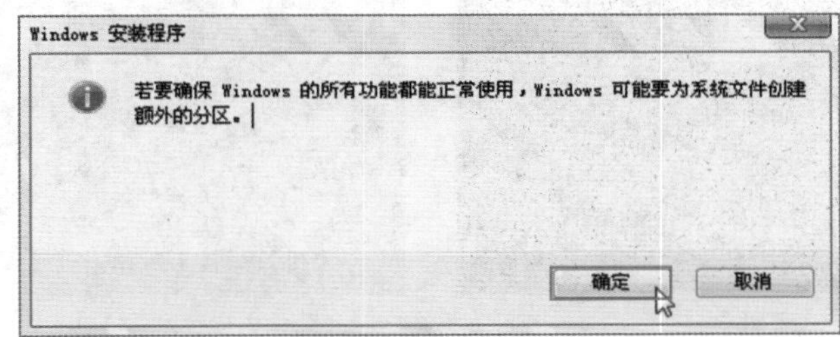

图 11-25

Step 13 系统按照之前说明的关于额外分区的介绍创建分区。用户按照上面的操作创建其他分区，将“未分配空间”使用完。选中需要安装系统的分区，单击“下一步”按钮，如图11-26所示。

Step 14 安装程序开始复制文件，安装各种功能，如图11-27所示。

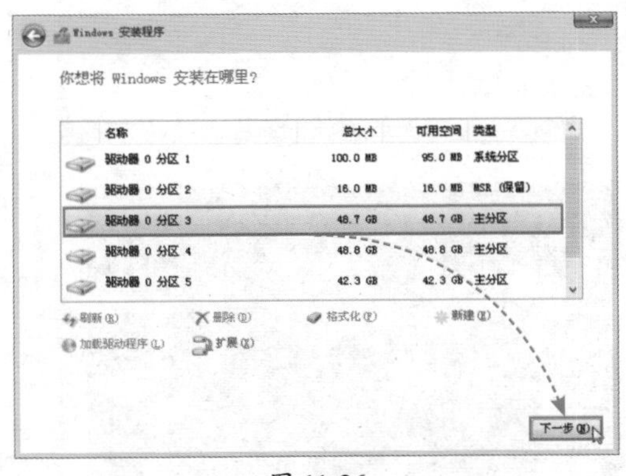

图 11-26

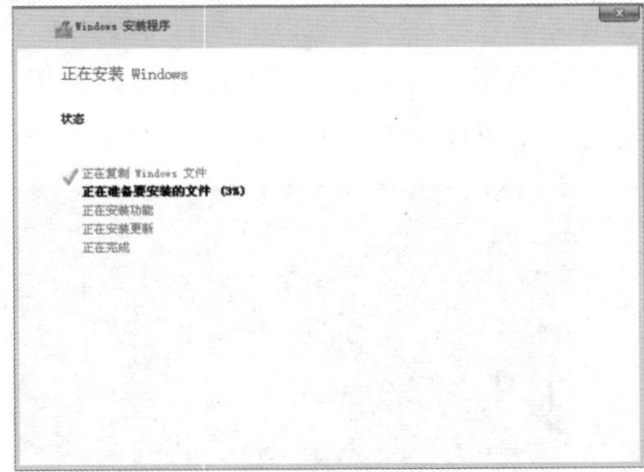

图 11-27

第11章 操作系统安装软件

Step 15 完成后会自动重启电脑，如图11-28所示。

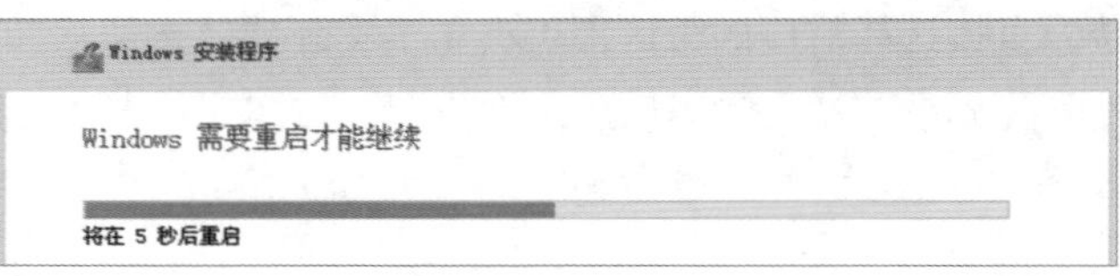

图 11-28

Step 16 系统重启时用户可以拔掉U盘，防止再次进入PE中。然后将BIOS设置成UEFI启动模式，如果之前设置好了，等待重启即可。重启后进入第二阶段的安装引导，准备设备，继续进行安装，如图11-29所示。

Step 17 第二阶段安装结束后，再次重启电脑进入第三阶段的安装，如图11-30所示。

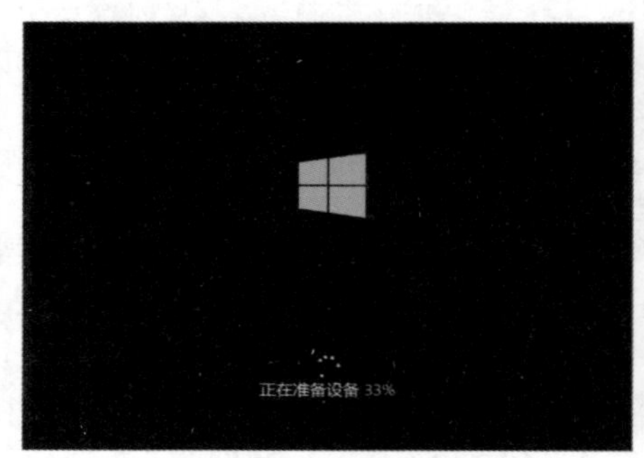

图 11-29

图 11-30

11.3.2 配置系统参数

操作系统的安装进入到第三阶段后，需要用户根据实际情况进行一些必要参数的配置。

Step 01 第三阶段的安装完成后会弹出配置向导界面，选择区域设置中的“中国”选项，单击“是”按钮，如图11-31所示。

Step 02 根据使用习惯设置键盘布局，这里选择默认的“微软拼音”，单击“是”按钮，如图11-32所示。

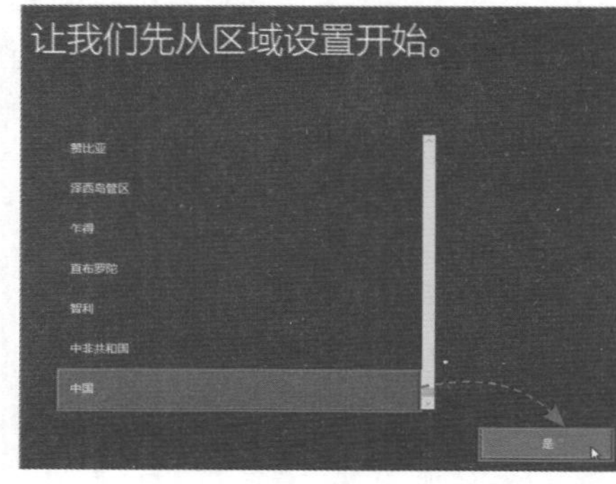

图 11-31

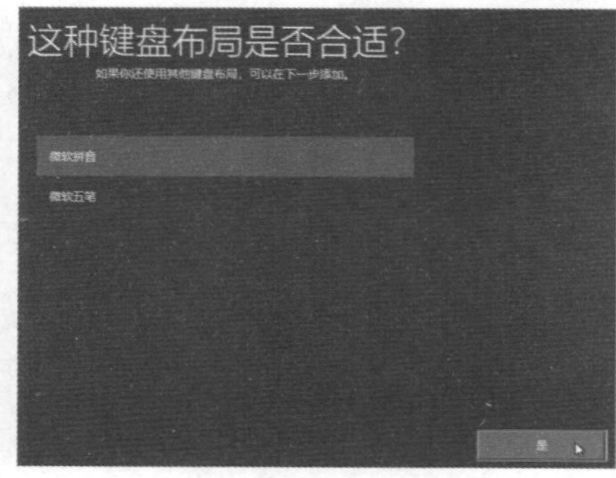

图 11-32

Step 03 设置第二种键盘布局，单击“跳过”按钮，如图11-33所示。

Step 04 系统会提示进行一些必要设置，稍等片刻，在选择设置方式时选择“针对个人使用进行设置”选项，单击“下一步”按钮，如图11-34所示。

图 11-33

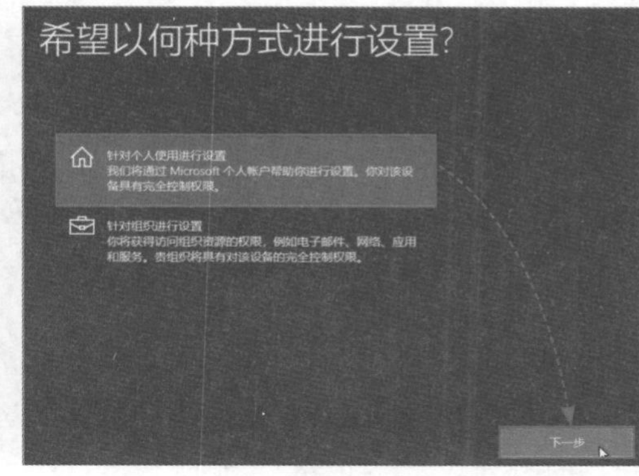

图 11-34

Step 05 选择登录方式，如有Microsoft账号可直接登录。如果是本地用户，单击左下角的“脱机账户”按钮，如图11-35所示。

Step 06 单击界面左下角的“有限的体验”按钮，如图11-36所示。

图 11-35

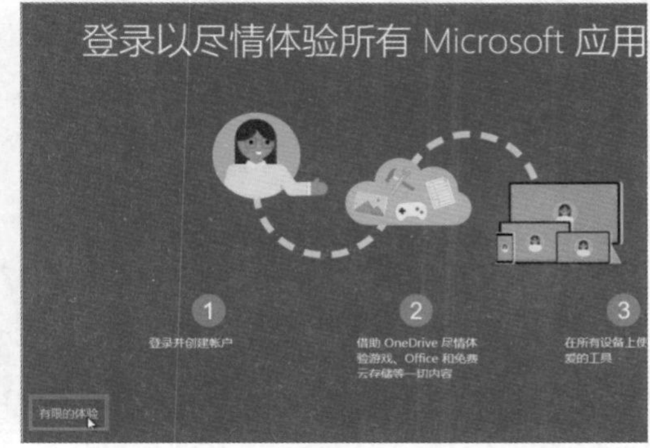

图 11-36

Step 07 输入账户名，单击“下一步”按钮，如图11-37所示。

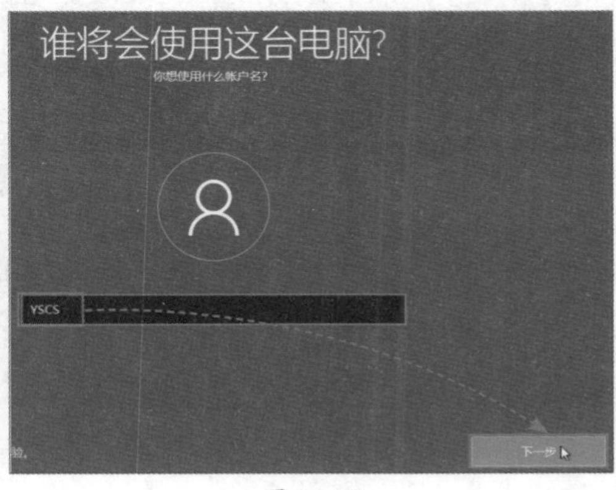

图 11-37

注意事项

为什么安装Windows系统后会同时安装很多的软件

前面介绍过，纯净的PE经过开发，加入了很多工具，也加入了一些第三方的推广软件用来获益，以维持软件的开发管理等工作。当安装系统时，会默认加入自启动的部署工具，系统运行后，在部署工具的安排下推广软件。

Step 08 输入密码，如果是工作或公用电脑，可以设置密码，家庭使用可不设置了，直接单击“下一步”按钮，如图11-38所示。

图 11-38

Step 09 选择隐私设置，用户阅读后选择是否启用，然后单击“接受”按钮，如图11-39所示。

Step 10 设置活动历史记录，单击“是”按钮，如图11-40所示。

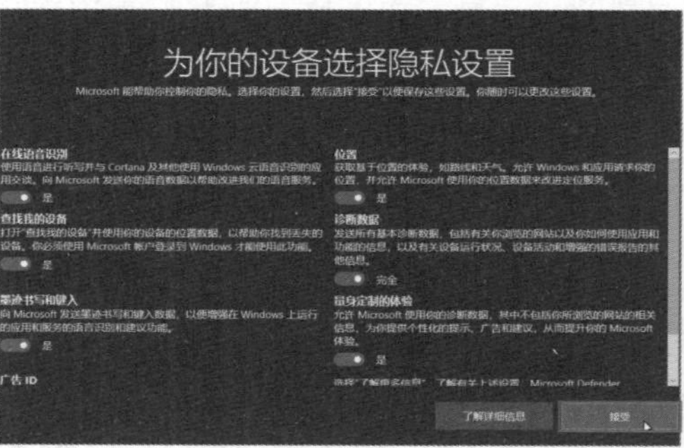

图 11-39

图 11-40

Step 11 为人工智能设置权限，单击“接受”按钮，如图11-41所示

Step 12 等待片刻，系统保存并启用配置。完成后进入桌面环境，通过“个性化”调出常用的几个图标，如图11-42所示。至此系统安装就完成了。

图 11-41

图 11-42

动手练 使用第三方工具安装Windows Server服务器系统

扫码看视频

Windows Server系统是Windows专门为服务器打造的专业系统，不同于桌面级别的Windows 10，它是用来提供各种服务，如网页服务、DHCP服务、共享服务等专业级服务的系统，稳定和高效是其主要特点。

Step 01 插入U盘，开机设置BIOS，选择从U盘启动，进入到PE环境，U深度会自动启动第三方工具。工具启动后会自动搜索硬盘中的镜像文件，加载并显示所有的版本。单击版本下拉按钮，选择合适的版本，如图11-43所示。

Step 02 选中“还原分区”单选按钮，选择安装位置，这里选择F盘，单击“确定”按钮，如图11-44所示。

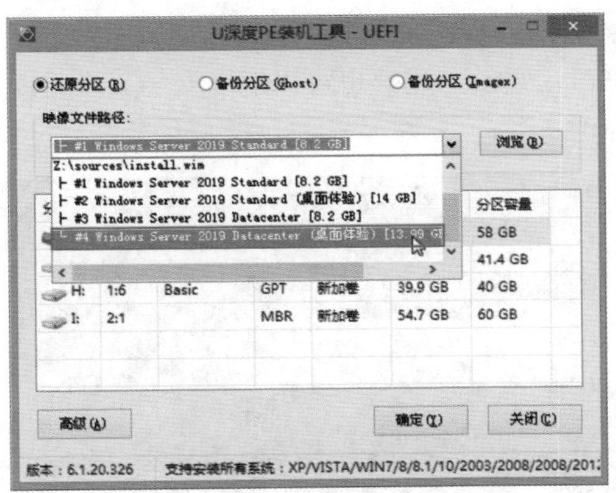

图 11-43

图 11-44

Step 03 在弹出的配置界面中保持默认设置，查看添加引导的分区是否是EFI分区，确认无误后单击“确定”按钮，如图11-45所示。

Step 04 系统会自动格式化系统分区，并开始复制安装文件，如图11-46所示。复制完毕后重建EFI分区引导。如果重建出现问题，用户也可以使用工具或者命令重建UEFI引导分区的文件。

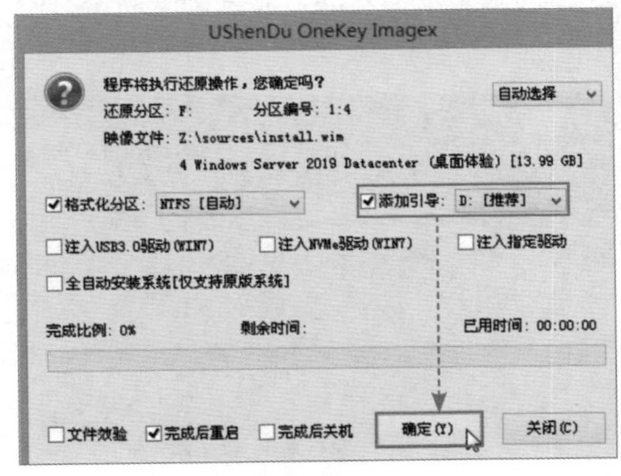

图 11-45

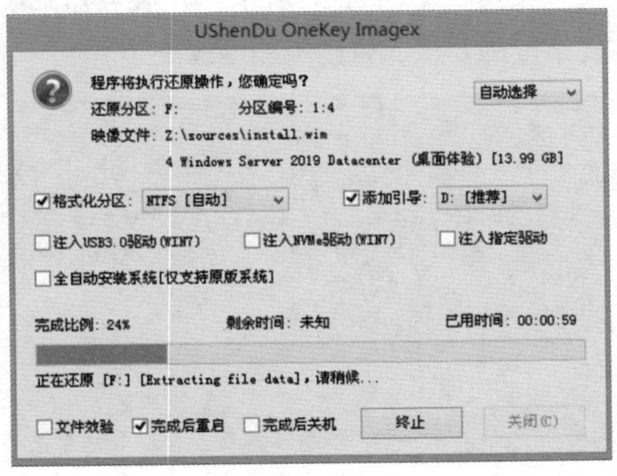

图 11-46

Step 05 完成重建后，提示重启，单击“是”按钮，如图11-47所示。

Step 06 重启电脑后，系统会自动释放并安装各种系统文件、驱动、启动服务等，如图11-48所示。

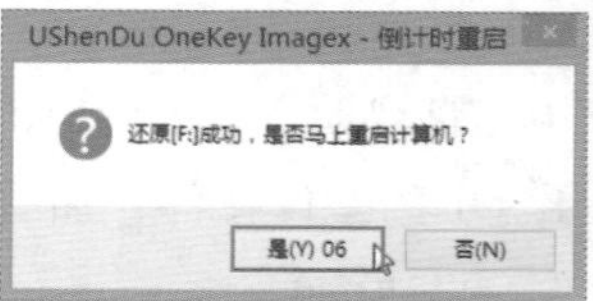

图 11-47

图 11-48

Step 07 重启后进入第三阶段安装过程，稍等片刻直接进入配置界面，配置区域、语言和键盘，保持默认设置即可，单击“下一步”按钮，如图11-49所示。

Step 08 如果有产品密钥，可输入密钥并激活系统。用户也可以继续安装，以后再激活。这里单击“以后再说”链接，如图11-50所示。

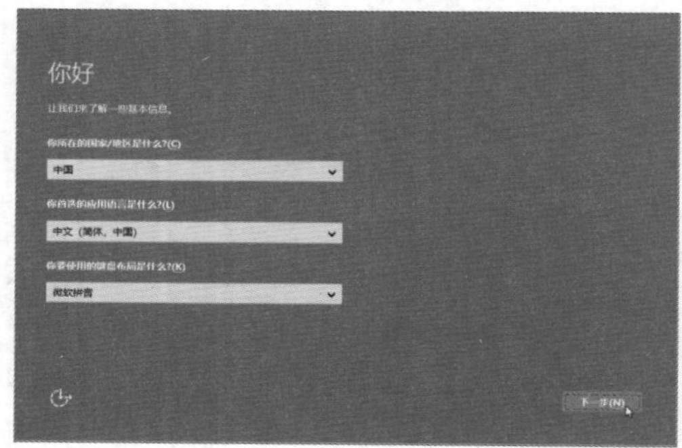

图 11-49

图 11-50

Step 09 安装程序弹出用户许可协议，用户可以阅读协议，单击“接受”按钮，如图11-51所示。

Step 10 默认用户名是“Administrator”，输入两次密码以防输错，完成后单击“完成”按钮，如图11-52所示。在服务器系统中，密码是必须输入的，而且必须满足密码复杂度的要求，否则不能继续安装。

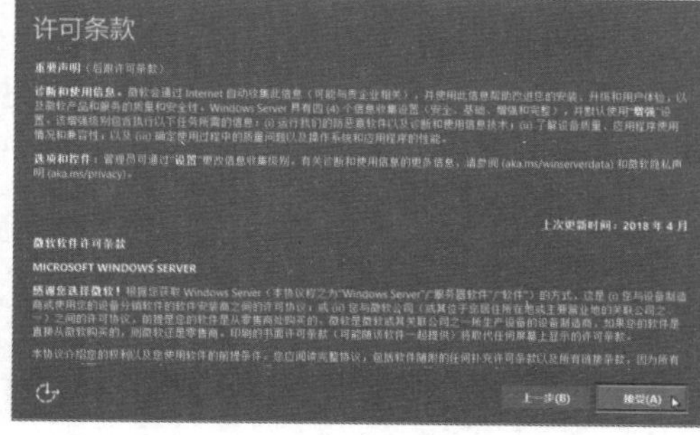

图 11-51

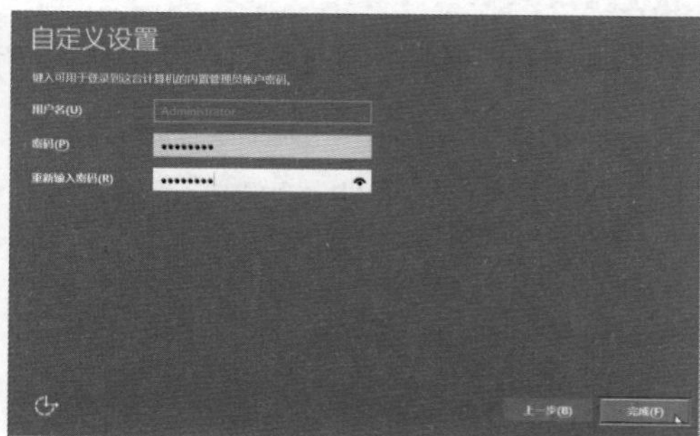

图 11-52

Step 11 系统会启动并进入锁屏界面，按Ctrl+Alt+Delete组合键解锁屏幕，如图11-53所示。

Step 12 输入设置的密码后进入服务器系统进行个性化设置，如图11-54所示。

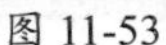
图 11-53

图 11-54

至此，使用第三方工具安装服务器系统的操作就完成了。这种方式也适用于上节介绍的Windows 10操作系统的安装，以及Ghost版本Windows 7操作系统的安装。

11.4 制作随身携带的操作系统

随着PE被开发得越来越强大，工具越来越多，PE可以直接当作操作系统使用。一些Linux Live版本也可以当作Linux的PE版本直接使用。但它们都有一个缺点，就是不能保存，电脑重启后所有的操作都归零，好处就是这种系统不怕病毒、木马的影响。

接下来将介绍如何制作可以保存、可以设置、可以正常使用的Windows及Linux随身携带系统。

11.4.1 Windows TO GO简介

随身携带的Windows系统制作需要一个工具，那就是Windows To Go。

Windows To Go（简称WTG）是Windows 8/8.1、Windows 10企业版系统的独特功能，被内置于系统之中。

纯净版的WTG工具可以在微软官网下载。本节介绍的工具以WTG为内核，制作得更加适合新手用户使用的“WTG辅助工具”，也叫作WTGA。

11.4.2 使用WTGA制作随身携带的Windows 10操作系统

下面介绍使用WTGA制作随身携带的Windows 10操作系统，当然也可以制作其他版本的Windows系统。

Step 01 下载Windows 10操作系统的原版镜像，放入硬盘中备用，将U盘插入电脑USB接口。下载WTGA，双击打开该程序，主界面如图11-55所示。

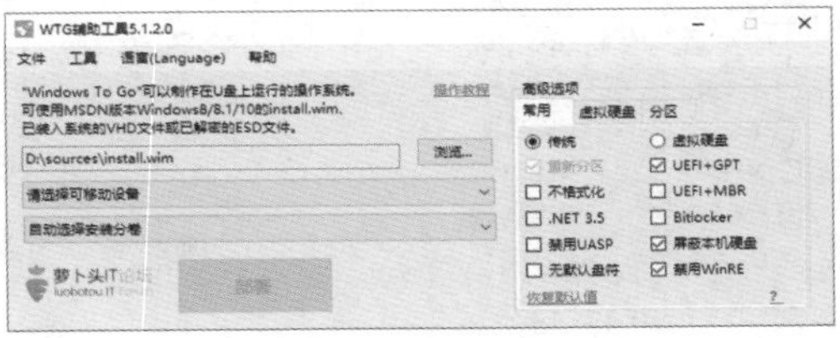

图 11-55

知识点拨

镜像的选择

WTG软件会自动检测系统中的镜像文件，例如找到Windows 10镜像，会自动创建虚拟光驱，并将镜像文件载入光驱，自动将安装文件“D:\sources\install.win”的路径填入。如果路径不对，用户也可以单击“浏览”按钮，手动选择文件。

Step 02 单击“请选择可移动设备”下拉按钮，选择U盘，如图11-56所示。关于虚拟机的使用方法，将在第12章进行讲解。

Step 03 单击“自动选择安装分卷”下拉按钮，选择系统版本，如图11-57所示。

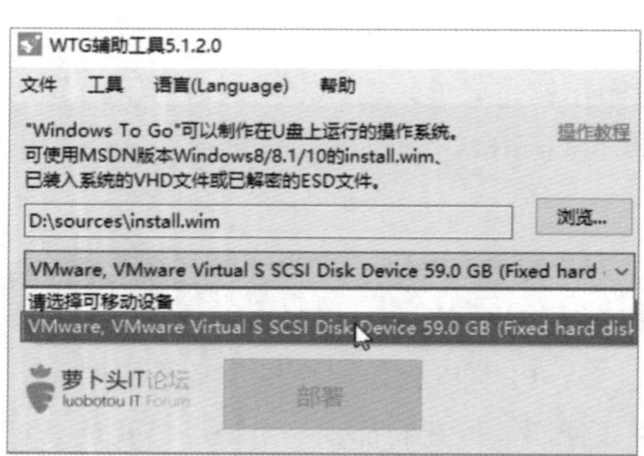

图 11-56

图 11-57

Step 04 在界面右侧的“高级选项”选项卡中设置制作模式，默认选择“传统”“UEFI+GPT”模式，其他选项保持默认设置即可，如图11-58所示。

如果选择“虚拟硬盘”选项，则需启动虚拟硬盘模式。在“虚拟硬盘”选项卡中，设置虚拟硬盘的文件名及大小，“0”代表自动设置，如图11-59所示。

注意事项 虚拟硬盘模式

虚拟硬盘模式能够在安装介质中虚拟出一个可以引导的虚拟镜像文件，此文件会随着用户的使用自动变大。由于是文件的形式，因此容易管理，且不妨碍用户在安装介质中存储其他内容，制作成启动U盘使用，非常方便。但这种模式兼容性方面并不稳定，建议有经验的用户尝试。

Step 05 切换到“分区”选项卡，设置EFI分区大小。如果要创建更多分区，可以在这里设置每个分区的大小，单位为MB，如图11-60所示。

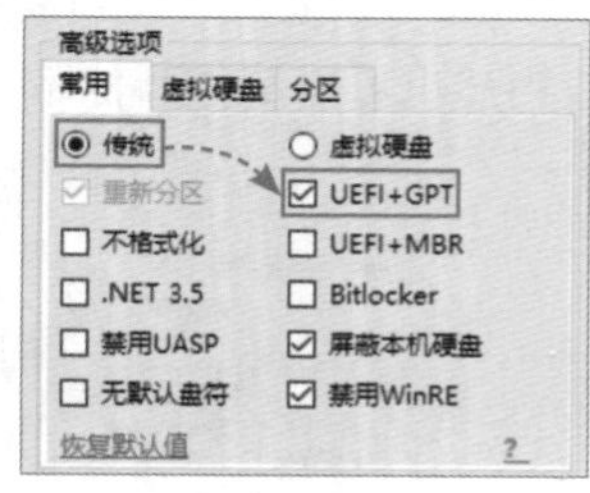

图 11-58

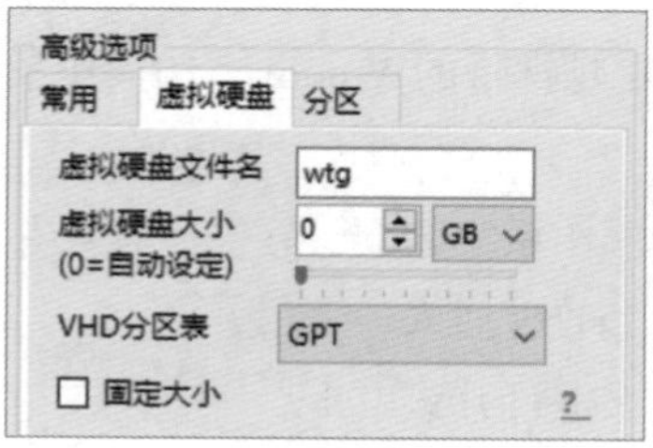

图 11-59

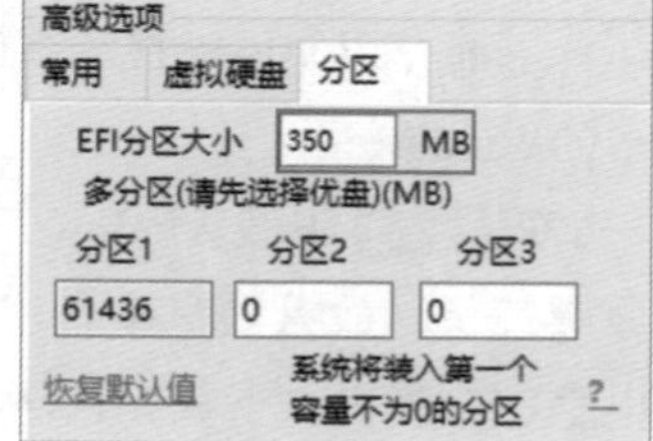

图 11-60

知识点拨

分区的设置

选项里提示，系统将装入第一个容量不为0的分区。这里就要求用户在分区时，先分系统分区，再分其他分区，否则可能造成系统分区空间不足的问题。用户在操作时，如果不懂，可以单击红色“？”按钮，在打开的网页中了解更详细的内容。

Step 06 其余选项使用默认设置，单击左边的“部署”按钮，如图11-61所示。

Step 07 系统会弹出警告信息，用户可忽略信息内容，单击“是”按钮，如图11-62所示。

图 11-61

图 11-62

Step 08 系统开始向U盘中写入数据，并显示进度等信息，如图11-63所示。在新版本中，可使用“备份还原”选项卡进行FFU格式备份或还原整个U盘操作，如图11-64所示。

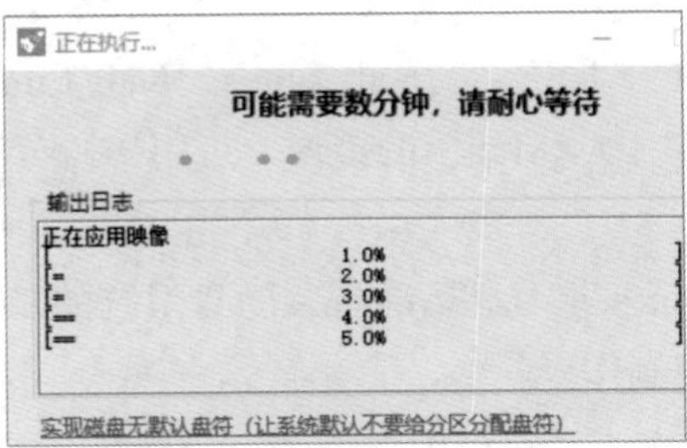

图 11-63

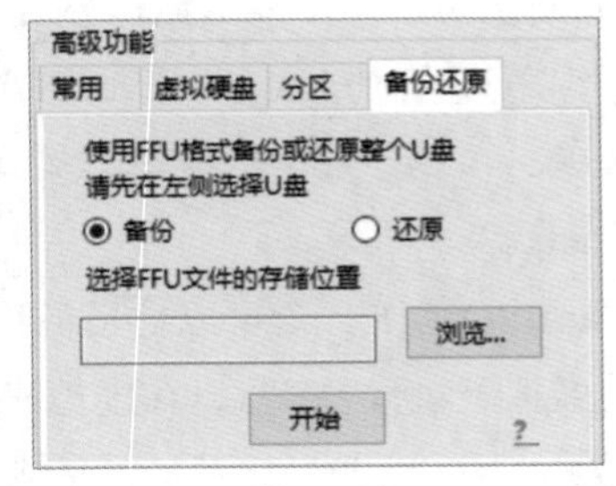

图 11-64

Step 09 安装完成后弹出成功提示，单击“确定”按钮。使用部署后的U盘启动电脑，如图11-65所示，会启动U盘上操作系统的第三阶段安装及配置界面，如图11-66所示。

图 11-65

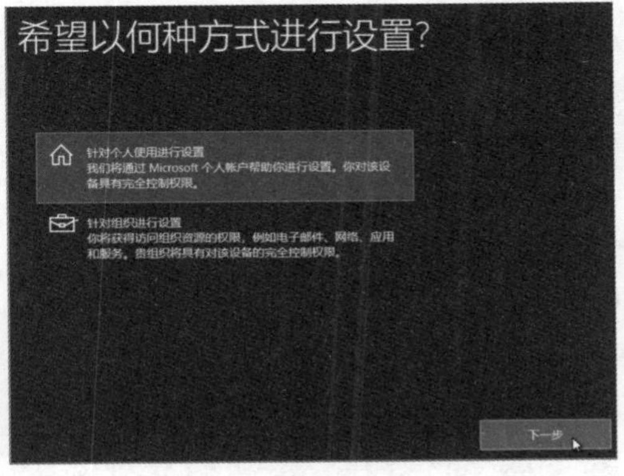

图 11-66

Step 10 按照以上介绍的配置过程，完成U盘系统的安装并进入桌面，如图11-67所示。

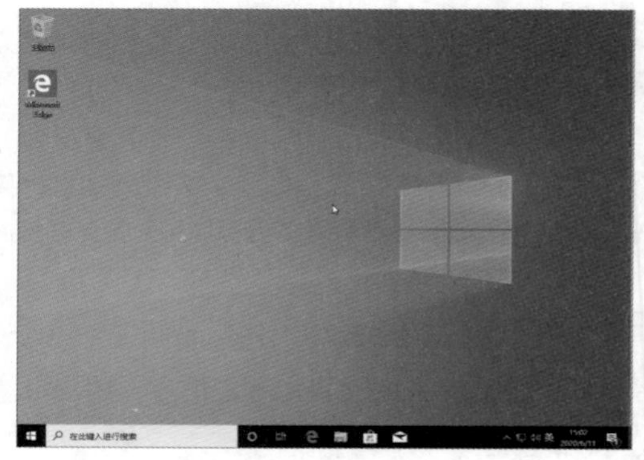

图 11-67

此时，U盘已经是带有操作系统的设备了。将U盘插入其他电脑，使用U盘启动，会自动进入到U盘的系统中。在此系统做的各种操作，都可以保存，类似于口袋操作系统。当然，速度和容量由U盘的速度决定。用户可在其中安装各种软件，放置各种文件，和使用普通电脑一样。

动手练 制作口袋Linux系统

扫码看视频

接下来介绍如何安装随身携带的口袋Linux系统。这里使用的是Linux的发行版——Kali系统。Kali Linux是基于Debian的Linux发行版。

Kali Linux预装了许多渗透测试软件，包括nmap、Wireshark、John the Ripper，以及Aircrack-ng，用户可通过硬盘、live CD或live USB运行Kali Linux。Kali Linux既有32位和64位的镜像，可用于x86 指令集，又有基于ARM架构的镜像，可用于树莓派和三星的ARM Chromebook。

使用UltraISO制作一个可以启动的Linux安装U盘、准备装随身系统的U盘。这里使用虚拟机的虚拟磁盘代替U盘，在虚拟机中制作。

Step 01 使用启动U盘启动Kali安装程序，在菜单中选择“Start installer”选项，按回车键，如图11-68所示。

Step 02 随后启动Kali安装程序，选择“中文”，单击“Continue”按钮，如图11-69所示。

图 11-68

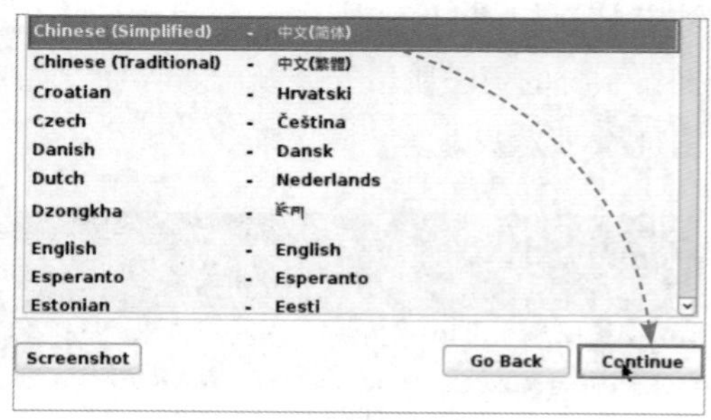

图 11-69

Step 03 选择用户所在区域，默认项为中国，单击“继续”按钮，如图11-70所示。

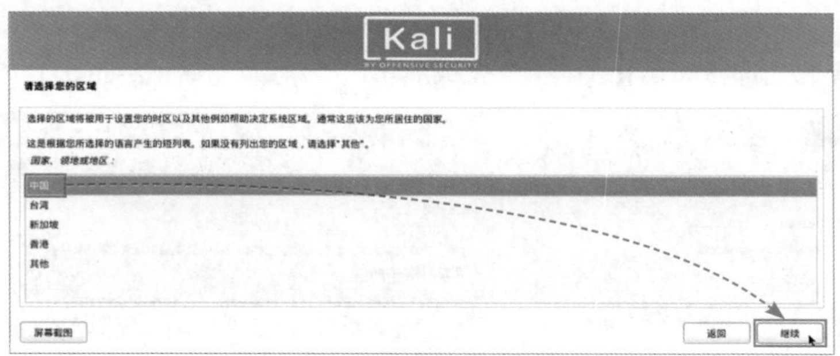

图 11-70

Step 04 配置键盘，选择“汉语”，单击“继续”按钮，如图11-71所示。

Step 05 Kali会加载额外组件并配置网络，自动获取IP。输入主机名后单击“继续”按钮，如图11-72所示。

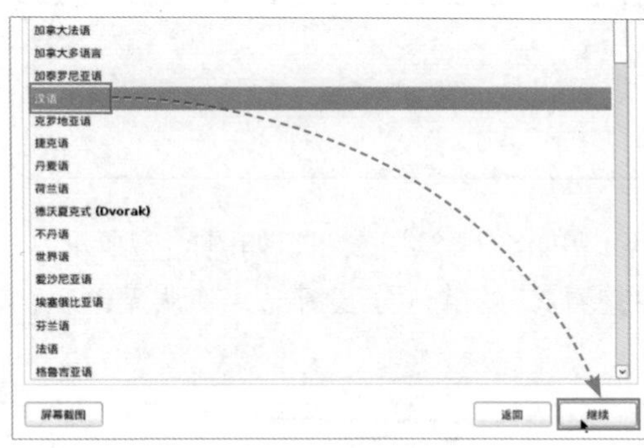

图 11-71

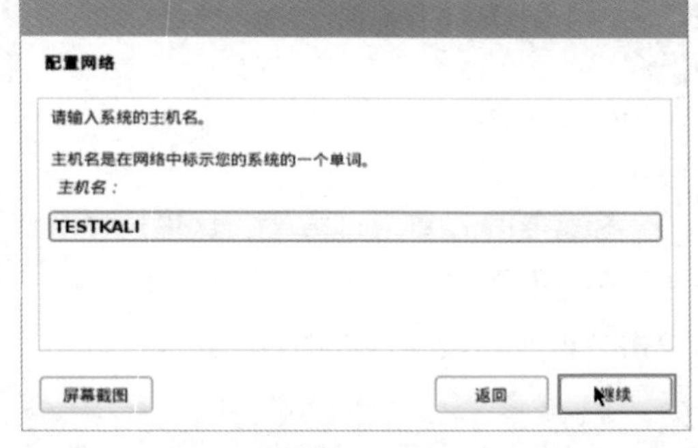

图 11-72

Step 06 在配置域名界面单击“继续”按钮，在设置用户名和密码界面输入用户名，单击“继续”按钮，如图11-73所示。

Step 07 设置密码，完成后单击“继续”按钮，如图11-74所示。

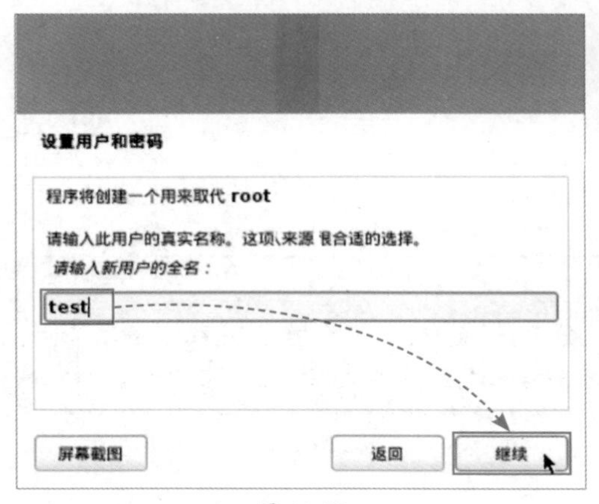

图 11-73

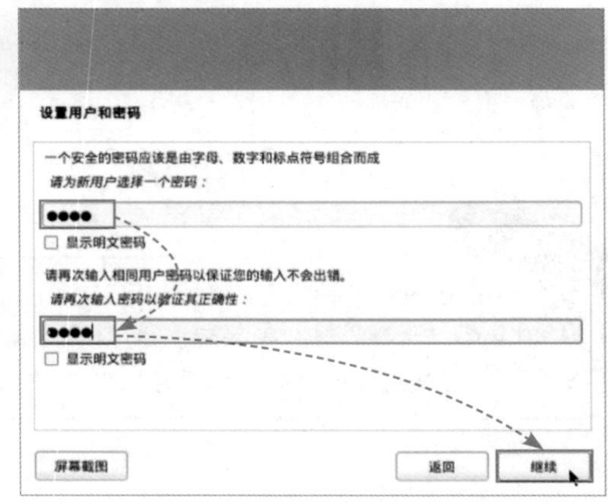

图 11-74

Step 08 自动设置时钟并加载外部程序后，开始进入磁盘分区，选择“向导-使用整个磁盘”选项，单击“继续”按钮，如图11-75所示。

Step 09 此处选择64.4GB的U盘，完成后单击“继续”按钮，如图11-76所示。

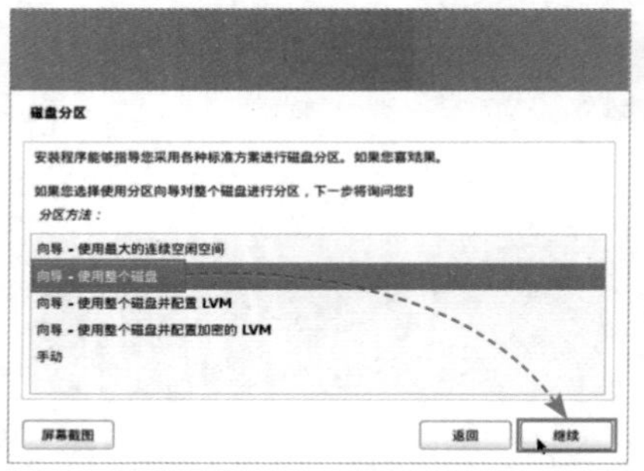

图 11-75

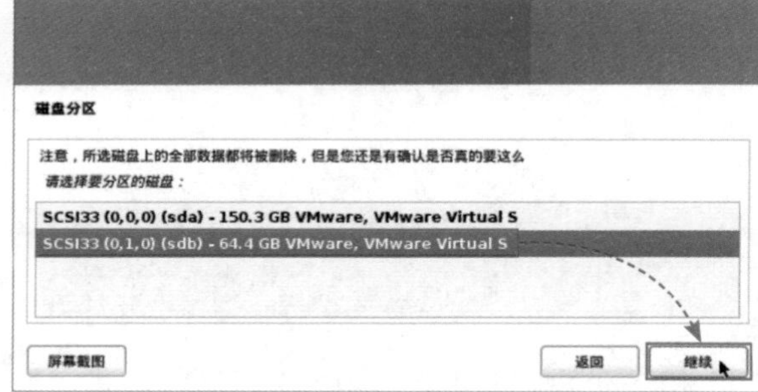

图 11-76

知识点拨

Linux的硬盘命名

Windows使用磁盘0、磁盘1、磁盘2表示第一块、第二块、第三块硬盘，而Linux使用sda、sdb、sdc表示。

Step 10 设置分区方案，这里选择默认方案，单击“继续”按钮，如图11-77所示。

Step 11 系统会显示当前分区情况。用户查看sdb的默认分区情况，确认无误后，单击“继续”按钮，如图11-78所示。

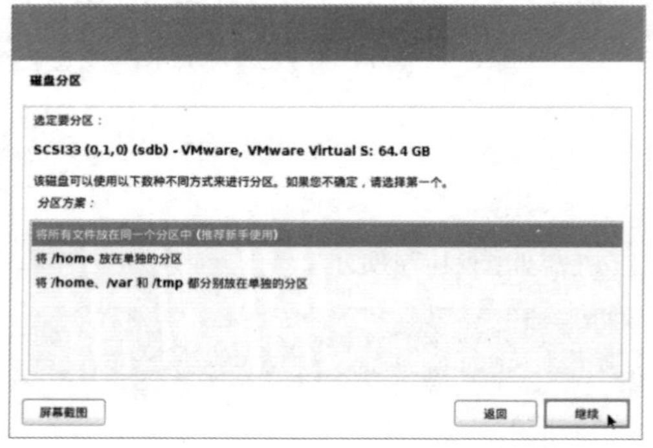

图 11-77

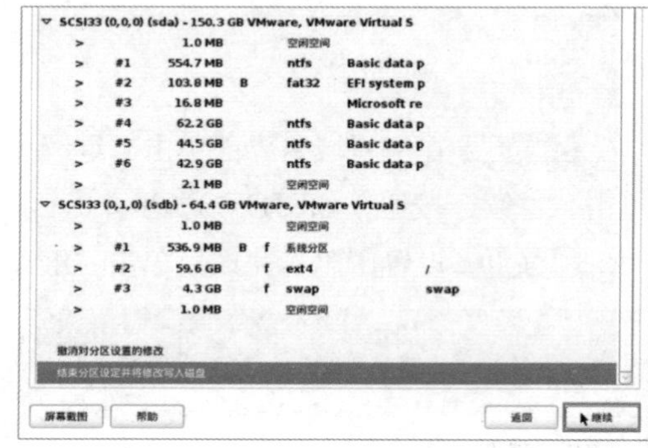

图 11-78

Linux分区

Linux有很高的自由度，在划分分区中，swap分区、启动分区、根分区是必须划分的，其他分区可以在根分区中，也可以划分成独立的分区。有兴趣的读者可以学习Linux的相关资料。

Step 12 系统询问确认修改，选中“是”单选按钮，单击“继续”按钮，如图11-79所示。

Step 13 分区自动划分并保存，系统会复制文件到该磁盘中。

Step 14 在文件复制完毕后进入软件包配置，询问是否使用网络镜像，单击“否”按钮，在询问代理界面单击“继续”按钮，不使用代理，接下来系统会安全启动引导器并进行系统引导的创建。用户可以耐心等待安装进程结束。安装完成后会提示用户重启进入新系统，并取出安装介质。单击“继续”按钮，如图11-80所示。

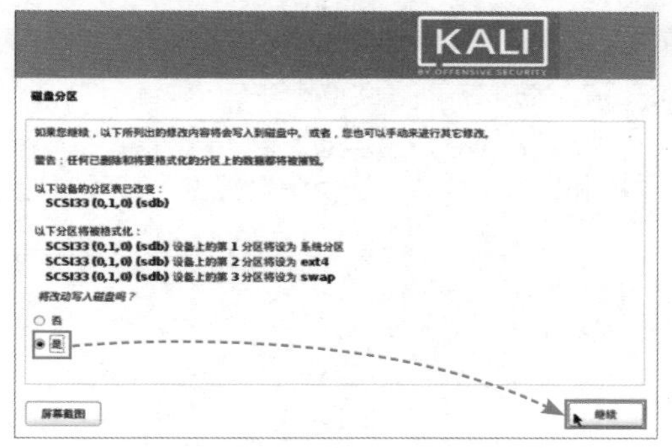

图 11-79

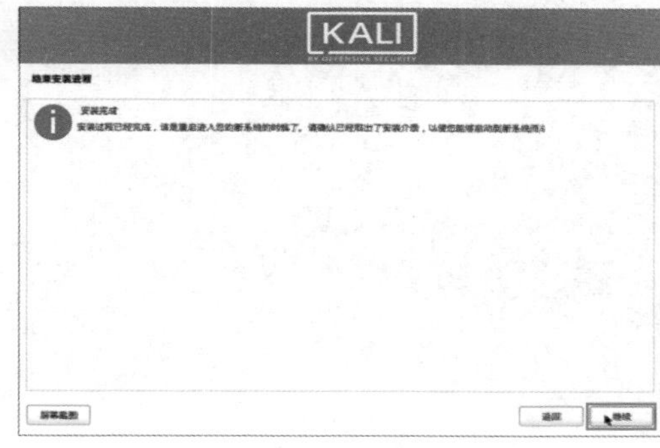

图 11-80

Step 15 系统会自动运行。重启后选择从U盘启动，自动进入Kali的启动菜单，保持默认设置，按回车键启动，如图11-81所示。

Step 16 输入之前设置的账号和密码后，可以进入Kali系统的主界面，如图11-82所示。至此Kali系统安装完毕。

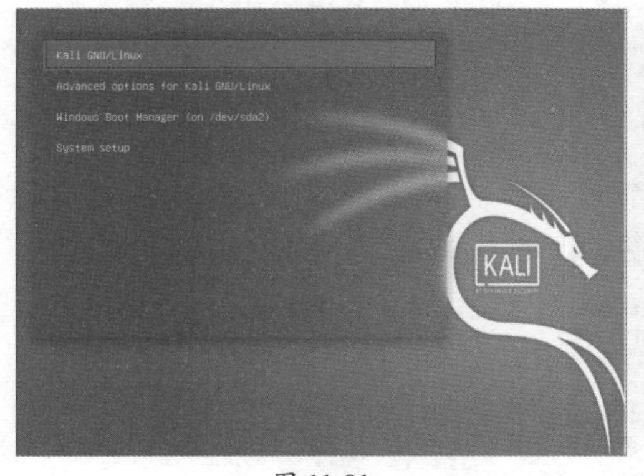

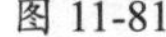
图 11-81

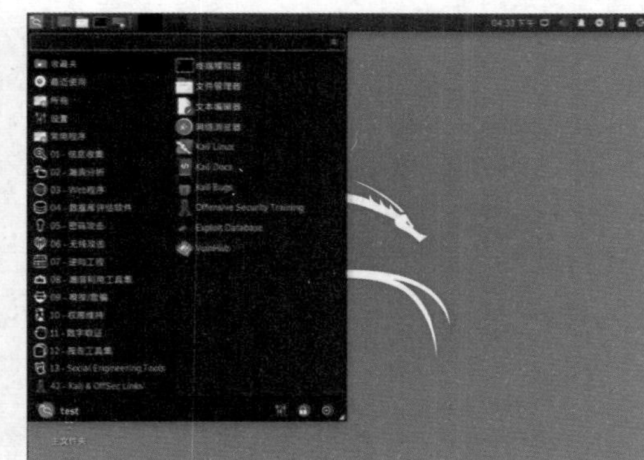

图 11-82

用户可以将U盘插入其他电脑并使用Kali系统，而不用安装到电脑中，或者使用虚拟机。因为虚拟机对某些应用还是无法支持的，而使用U盘就解决了这个问题。

知识延伸：了解多操作系统

多系统就是在一台电脑中，安装并使用多个不同的操作系统，包括多个Windows 系统、多个Linux系统或者Windows和Linux系统的组合。一般最常见的双系统是安装到同一硬盘的不同分区，通过Windows启动管理器或者是Grub启动管理器进行引导启动，如图11-83、图11-84所示。

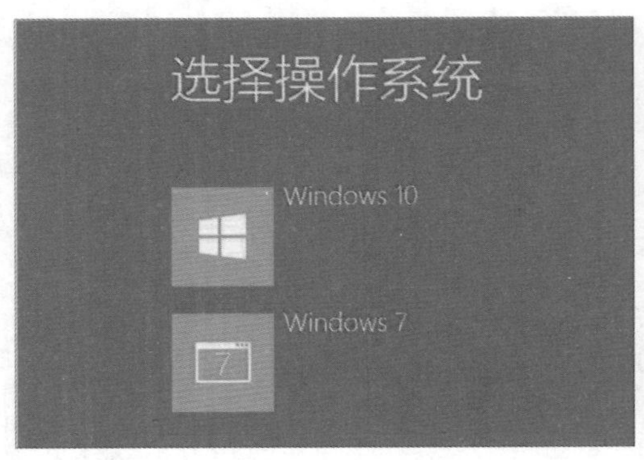

图 11-83

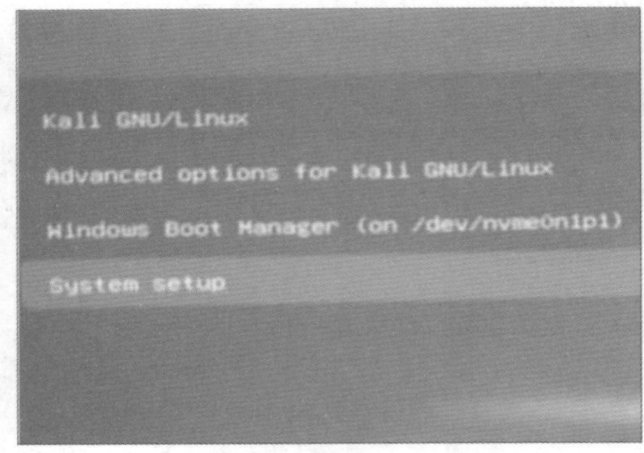

图 11-84

双系统或者多系统的安装并不是同时进行，必须一个个安装。相对于单系统安装，多系统的安装必须要首先完成分区。如果是Windows系统，查看硬盘的分区状态，如图11-85所示，只要是主分区即可安装操作系统；如果是Linux系统，可以删除掉分区，使其变成未分配状态。在Linux中可以对未分配空间进行分区。

图 11-85

安装双系统也非常简单，在安装了第一个系统后，再挂载第二个系统的镜像。启动安装程序，在选择安装位置时，选择其他主分区即可。Linux需要先按照Linux的模式分区，如图11-86所示。读者可以尝试制作Windows双系统，或者Linux双系统，也可以制作成混合模式。在安装过程中，启动管理器会自动添加其他系统到当前的启动菜单中。

空闲 1.0 MB	sdb1 (ext4) 20.5 GB	sdb2 (linux-swap) 16.4 GB	sdb3 (ext4) 511.7 MB	sdb4 (ext4) 202.7 GB	空闲 597.5 kB

设备	类型	挂载点	格式化？	大小	已用	已装系统
/dev/sda						
/dev/sda1	ntfs			250054 MB	100410 MB	
/dev/sdb						
空闲				1 MB		
/dev/sdb1	ext4	/	✓	20478 MB	未知	
/dev/sdb2	swap			16384 MB	未知	
/dev/sdb3	efi			511 MB	未知	
/dev/sdb4	ext4	/home	✓	202681 MB	未知	
空闲				0 MB		

图 11-86

第12章 电脑及手机虚拟化软件

电脑软件中还有一类特殊的软件，它的用途是在单一的电脑中模拟出一套或者几套硬件环境，这种功能一般用于科学实验、搭建各种服务器、测试病毒、测试系统稳定性、新系统尝试等，是各类电脑专业人员和特殊行业人员需要掌握的。现在虚拟化技术的最大应用在服务器上，可以虚拟出多套硬件环境并提供给需要的人，通过这种方式，可以节约成本，方便管理。除了电脑，手机的安卓系统也可以进行虚拟，即在电脑上模拟手机。

12.1 虚拟机软件

虚拟机软件，顾名思义，就是在一台电脑中模拟出一台或多台电脑供用户使用。常见的虚拟机软件有VirtualBox、VMware Workstation Pro、Virtual PC等。使用最广泛的虚拟机软件是VMware Workstation Pro。

12.1.1 VMware Workstation Pro简介

VMware Workstation Pro（中文名“威睿工作站”）是一款功能强大的桌面虚拟计算机软件，用户可在单一的电脑上同时运行不同的操作系统，是进行开发、测试、部署新的应用程序的最佳解决方案。对于企业的IT开发人员和系统管理员而言，VMware Workstation在虚拟网络、实时快照、拖曳共享文件夹、支持PXE等方面的特点使它成为必不可少的工具。用户可以到官网下载和试用，下面介绍具体步骤。

Step 01 在百度中搜索“Vmware 官网”或者直接输入官网地址打开主页。在主页左侧的“下载”选项下选择“免费产品试用和演示”选项，单击“Workstation Pro”链接，如图12-1所示。

Step 02 在打开的页面中，单击Windows版本的“立即下载”链接，如图12-2所示。选择下载位置后启动下载。

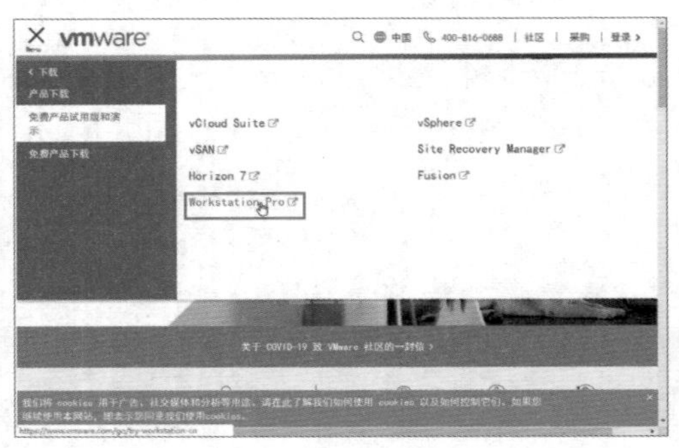

图 12-1

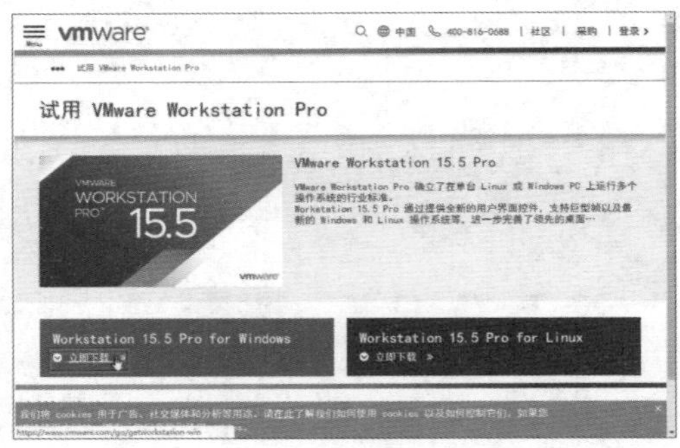

图 12-2

Step 03 下载完成后，双击安装文件启动安装。设置好路径和参数后开始安装，如图12-3所示。完成安装后弹出完成提示，单击“完成”按钮，如图12-4所示。

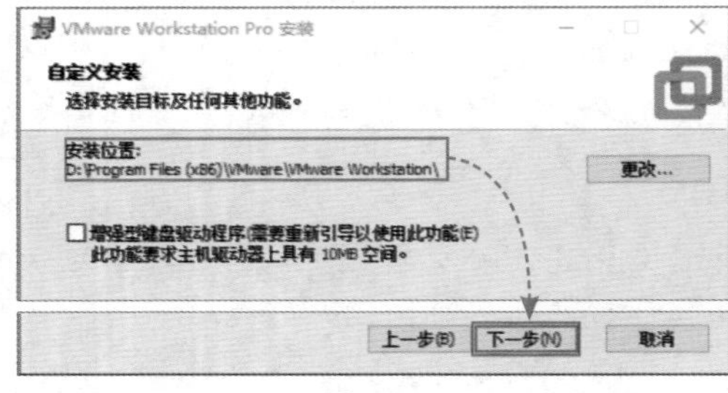

图 12-3

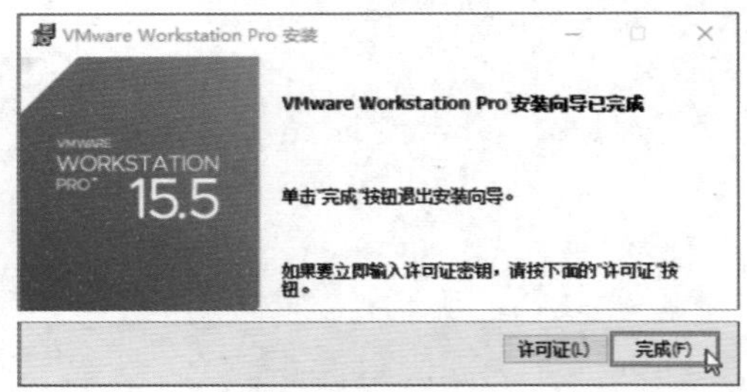

图 12-4

12.1.2 Vmware Workstation Pro常用功能

Vmware Workstation Pro的主要功能就是模拟计算机。

- 可在不需分区或重新开机的情况下，在一台电脑上同时使用两种以上的操作系统，如可在虚拟机中安装Linux系统来学习，而不必担心会对当前的Windows系统有影响。
- 默认情况下虚拟机与真实机是独立的，用户可在虚拟机中测试系统，测试病毒。
- 在网络学习或需要搭建靶机进行网络测试时，使用虚拟机是非常方便快捷的选择。
- Vmware Workstation Pro可拍摄当前时刻的快照，在出现各种问题后，可以随时还原到快照时刻的状态。
- Vmware Workstation Pro可和真实机共享文件，安装了VMware Tools后可随时拖曳文件进行传递。
- 在Unity模式下，真实机可以像使用本机程序一样使用Vmware Workstation Pro中的各种程序。
- Vmware Workstation Pro还可以复制已经安装的系统作为新系统，省去反复安装系统的麻烦。

1. VMware Tools

VMware Tools可自动调整虚拟机中系统分辨率，可在真实机和虚拟机文件之间直接拖曳复制。用户可以在菜单中单击“虚拟机”，选择安装该工具或者更新工具，如图12-5所示。

2. 快照功能

快照功能用于直接备份系统当前状态。建议用户在尽量不使用硬盘的情况下，在“快照”中进行拍摄和恢复快照。可以拍摄多个快照，并支持快照删除，如图12-6所示。

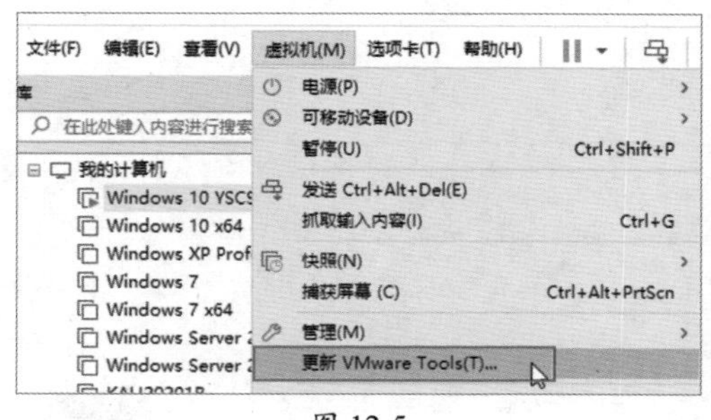

图 12-5

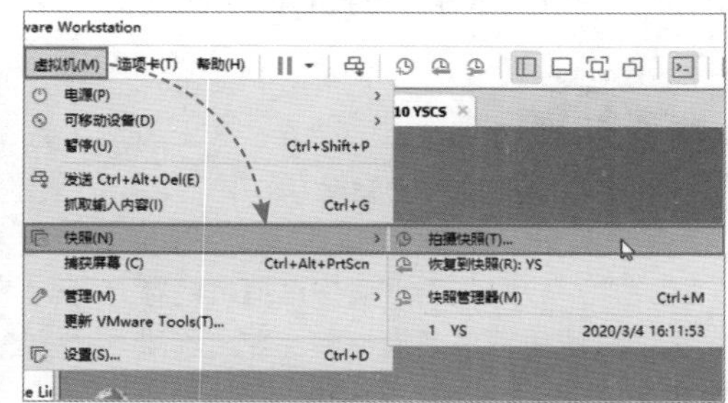

图 12-6

3. Unity模式

Unity模式可以像使用本地电脑程序、打开各种窗口一样使用虚拟机中的各种资源，如图12-7所示。在“查看”中选择“Unity”选项，如图12-8所示，来体验这种无边界的感觉。

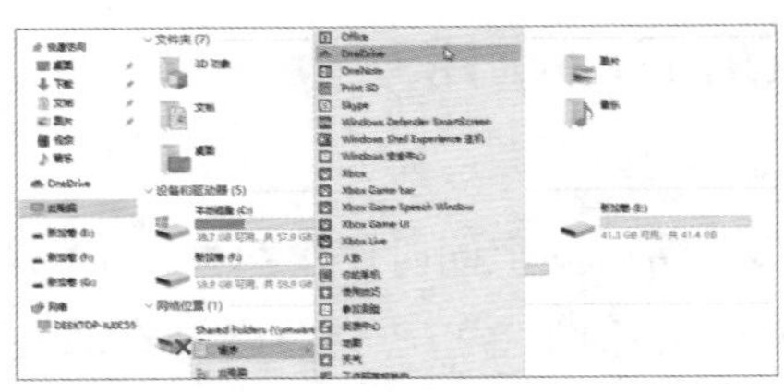

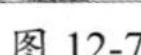

图 12-7

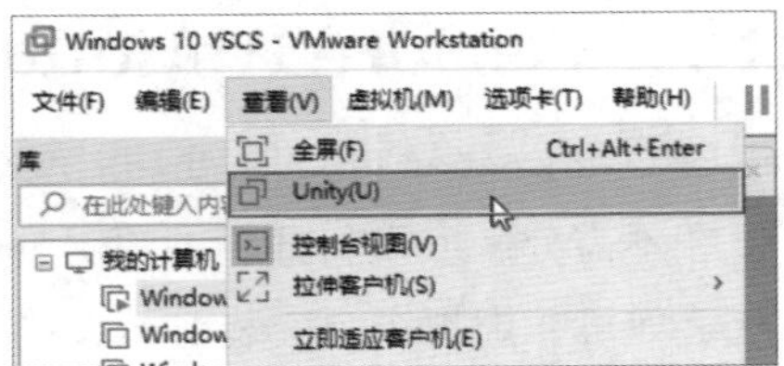

图 12-8

4. 虚拟机首选项设置

在虚拟机首选项设置中，用户可设置虚拟机默认安装位置、鼠标脱出快捷键、虚拟机显示模式、USB接入选项等，如图12-9所示。

5. 虚拟机设置

首选项设置针对所有的虚拟机，而虚拟机设置是针对当前虚拟机，可以设置CPU、内存、磁盘、添加磁盘、镜像加载、网络模式等。在“选项”选项卡中可设置当前的工作目录、共享文件夹、登录方式等，如图12-10所示。

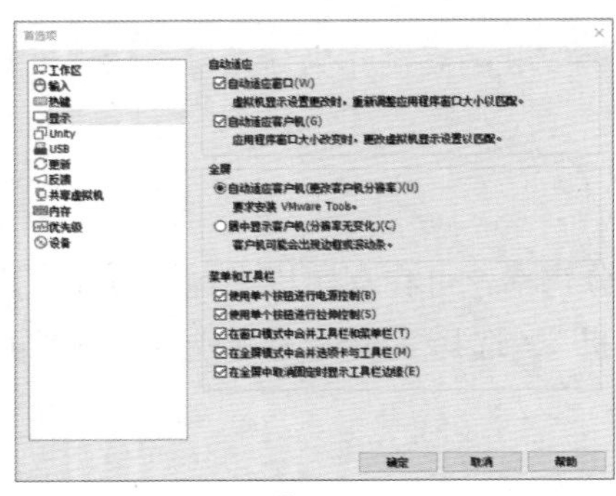

图 12-9

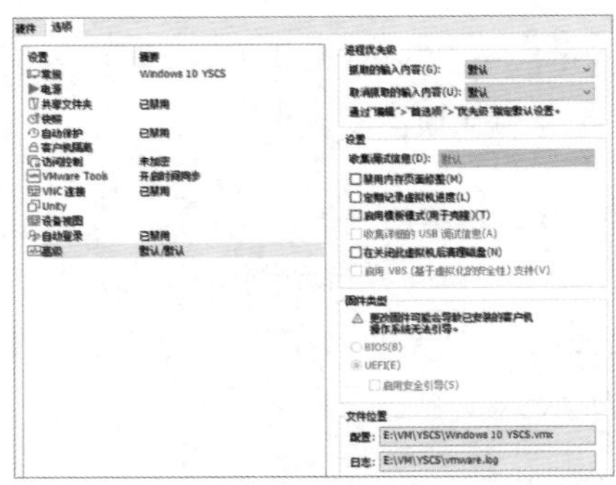

图 12-10

当然，虚拟机的高级操作还有很多，因篇幅有限，在此不再一一展开介绍，感兴趣的读者可以进入本书的QQ群一起交流学习虚拟机的使用技巧。

知识点拨

虚拟机的清理和删除

虚拟机不使用时可以删除，也可以在使用一段时间后，清理虚拟机的存储，以腾出更多硬盘空间。在“虚拟机”→“管理”的级联菜单中可选择是进行磁盘清理还是删除，如图12-11所示。

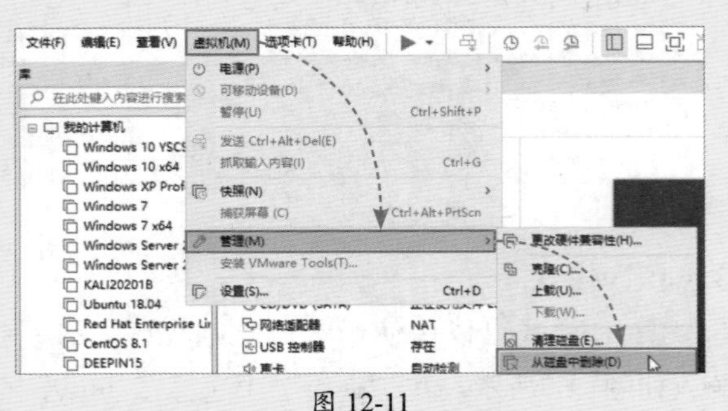

图 12-11

动手练 在虚拟机中安装Windows 10系统

在虚拟机中安装操作系统前，用户需要下载好所安装操作系统的镜像文件。

Step 01 启动Vmware Workstation Pro软件后，在“主页”选项卡单击“创建新的虚拟机”按钮，如图12-12所示。

Step 02 在弹出的新建向导中，选中“自定义”单选按钮，然后单击“下一步”按钮，如图12-13所示。

图 12-12

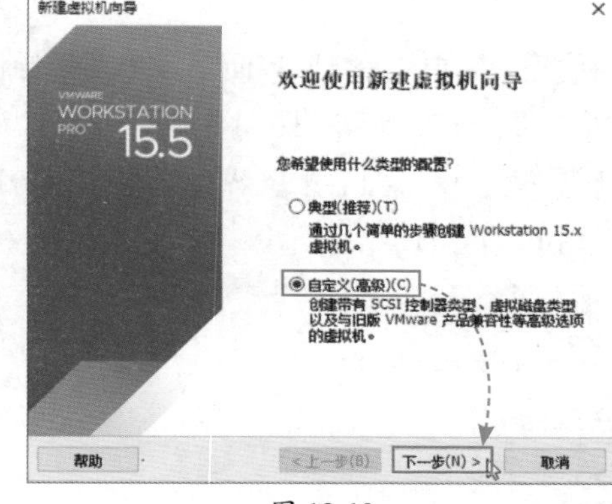

图 12-13

Step 03 在选择虚拟机硬件兼容性界面，选择默认设置即可，单击“下一步”按钮，如图12-14所示。

Step 04 在安装客户机操作系统界面中，选中“稍后安装操作系统”单选按钮，单击“下一步”按钮，如图12-15所示。

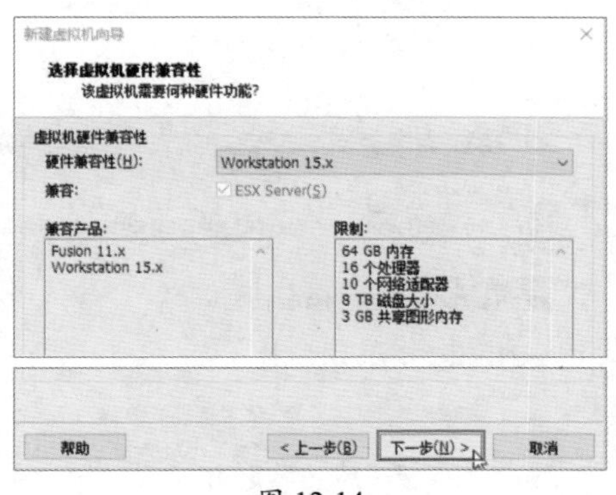

图 12-14

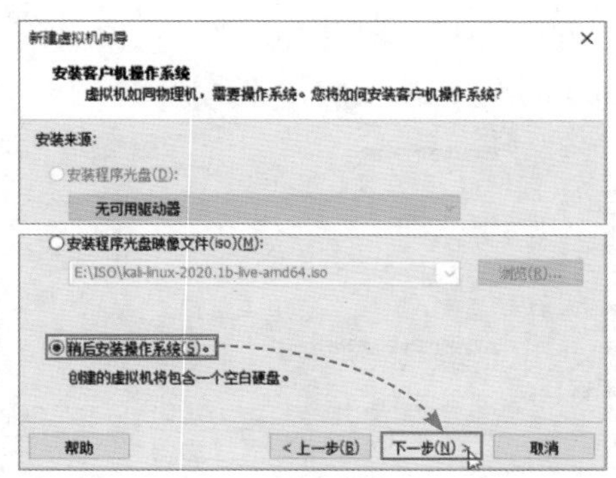

图 12-15

Step 05 接下来选择安装的操作系统类型和版本。这里选择“Windows 10 x64”，单击“下一步”按钮，如图12-16所示。

Step 06 在命名虚拟机界面中输入虚拟机名称，选择保存的位置，完成后单击“下一步”按钮，如图12-17所示。

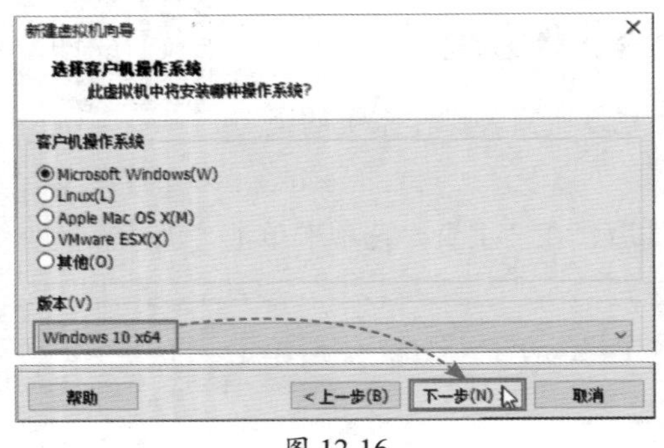

图 12-16

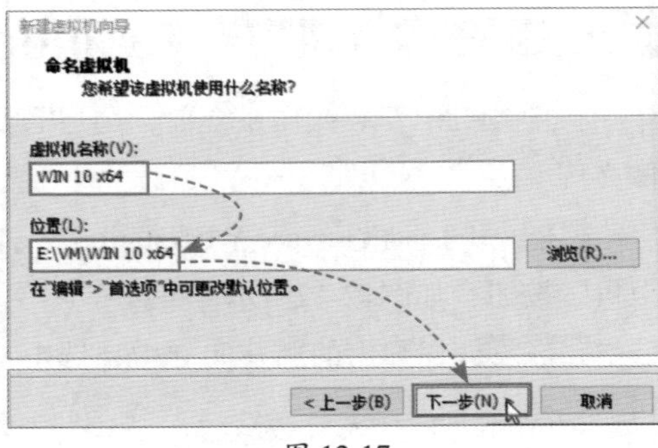

图 12-17

Step 07 在固件类型界面选择启动引导模式，安装Windows 10系统就选择UEFI，单击“下一步”按钮，如图12-18所示。

Step 08 在处理器配置界面选择CPU分配给该虚拟机的CPU及内核数，单击“下一步”按钮，如图12-19所示。

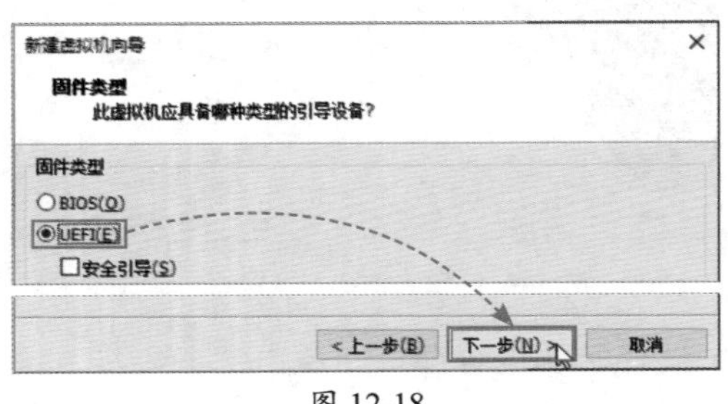

图 12-18

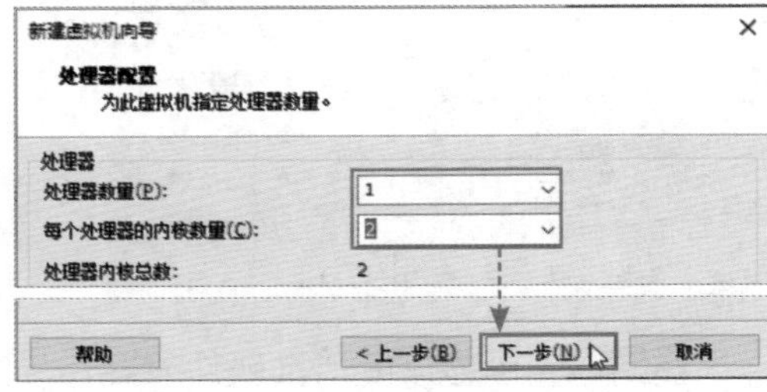

图 12-19

Step 09 设置分配给虚拟机的内存大小，单击“下一步”按钮，如图12-20所示。

Step 10 在“网络连接”界面设置虚拟机的上网方式，默认选择“使用网络地址转换”，单击“下一步”按钮，如图12-21所示。

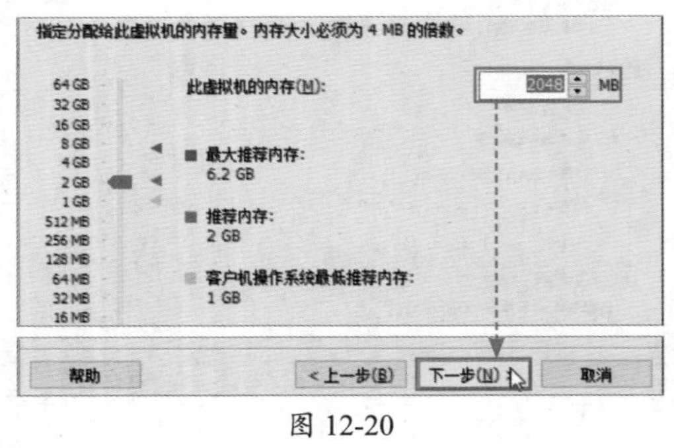

图 12-20

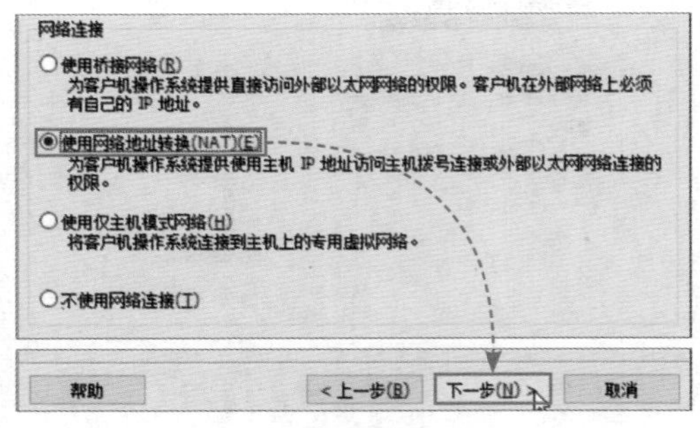

图 12-21

Step 11 在选择I/O控制器类型界面设置I/O控制器类型，使用默认设置即可，单击“下一步”按钮，如图12-22所示。

Step 12 在选择磁盘类型界面设置磁盘类型，选用NVMe即可，单击“下一步”按钮，如图12-23所示。

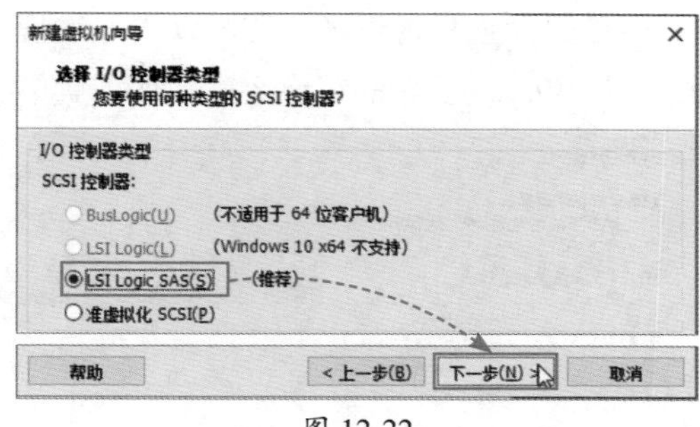

图 12-22

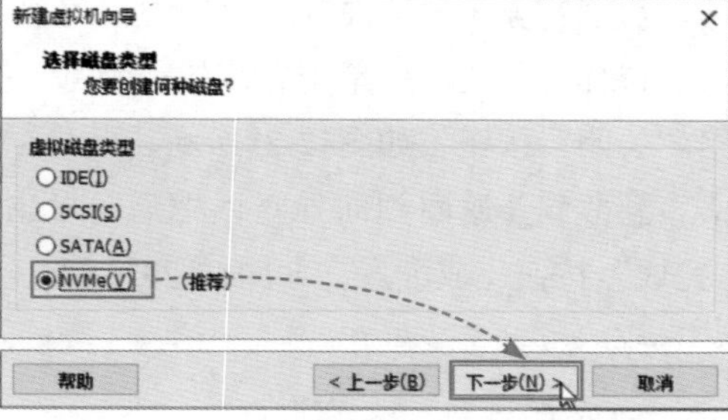

图 12-23

Step 13 在选择磁盘界面单击“创建新虚拟磁盘”按钮，单击“下一步”按钮，如图12-24所示。

Step 14 在指定磁盘容量界面根据实际情况进行设置，这里设置为120GB，选中“将虚拟磁盘拆分成多个文件”单选按钮，单击“下一步”按钮，如图12-25所示。

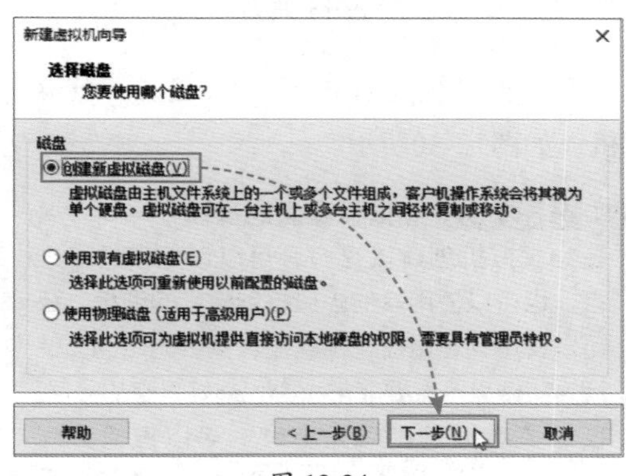

图 12-24

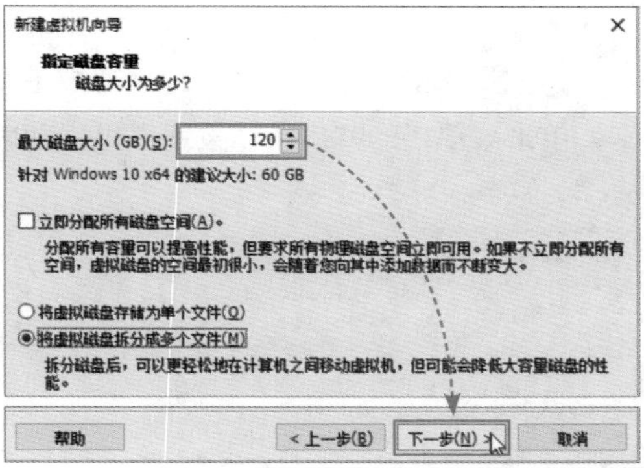

图 12-25

Step 15 在指定磁盘文件界面指定易于辨识和查找的名称。如果不指定文件保存位置，默认放置在虚拟机目录下，单击“下一步”按钮，如图12-26所示。

Step 16 Windows 10操作系统创建完成，但是没有加载光驱文件，所以在这里单击“自定义硬件”按钮进行创建，如图12-27所示。

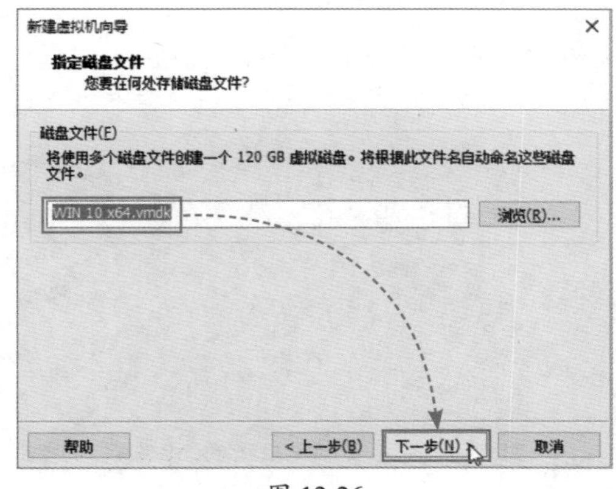

图 12-26

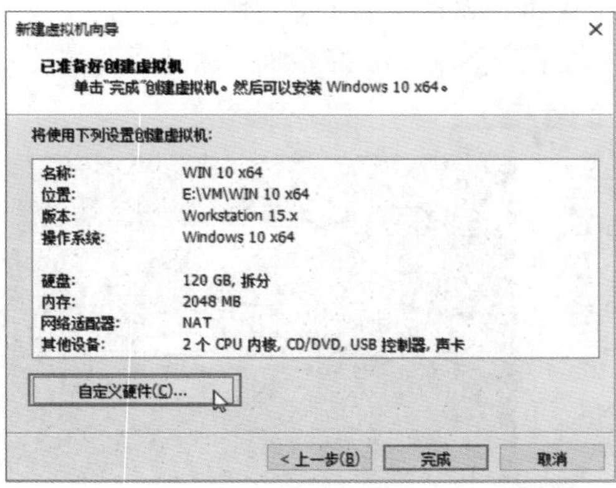

图 12-27

Step 17 在“硬件”对话框中，用户可以查看参数设置是否正确，还可以添加硬盘等。选择光驱选项，单击右侧的“浏览”按钮，选择Windows 10的镜像文件，加载后单击“关闭”按钮，如图12-28所示。

Step 18 返回到向导对话框后，单击“完成”按钮完成配置，如图12-29所示。

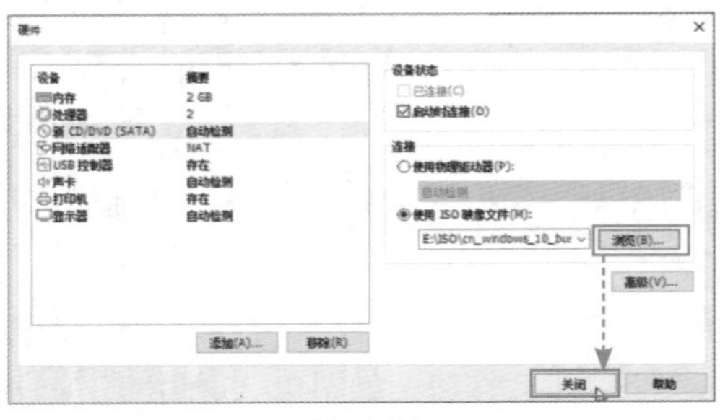

图 12-28

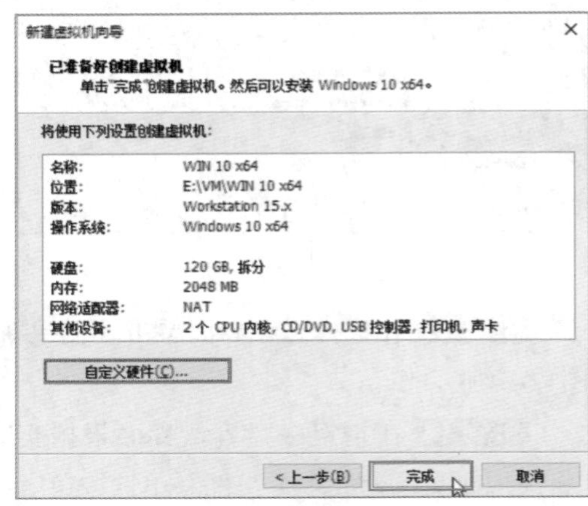

图 12-29

Step 19 在主界面中可以看到添加了新的以新虚拟系统为名的选项卡，选择该选项卡，单击菜单栏的“启动”按钮即可启动虚拟机，如图12-30所示。

图 12-30

> **注意事项 虚拟机磁盘的设置**
>
> 在为虚拟机创建磁盘时，可以创建新虚拟硬盘，也可以使用其他虚拟机创建好的硬盘，还可以使用物理磁盘，也就是真实机的硬盘。使用真实硬盘一定要非常小心，最好是空的分区。在设置虚拟机磁盘大小时，可以直接分配120GB，也可以拆分成多个文件，使用多少就创建多少，不要一下占用120GB的磁盘空间，这样比较节省空间。

Step 20 此时虚拟机中的电脑开始启动，载入安装界面，如图12-31所示。在虚拟机中操作，和真实机完全一样。

Step 21 安装好系统及软件后，需要安装虚拟机工具，完成后如图12-32所示。

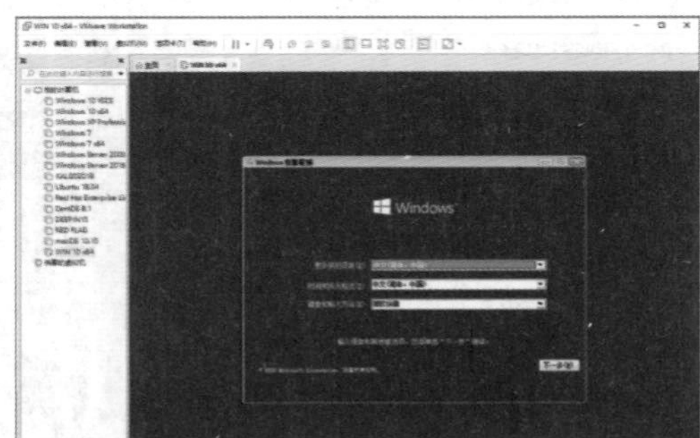

图 12-31

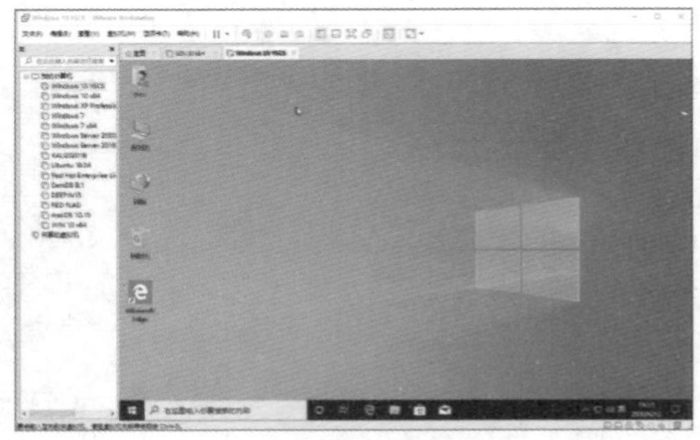

图 12-32

12.2 手机模拟器软件

手机模拟器软件可以在电脑上模拟出安卓手机的环境，用来运行各种APP。手机模拟器软件有很多，比如蓝叠模拟器、雷电模拟器、逍遥模拟器等。本节将以蓝叠模拟器为例，介绍手机模拟器的使用方法。

12.2.1 蓝叠模拟器

蓝叠（BlueStacks）安卓模拟器是全球唯一一个拥有核心技术专利的安卓模拟器，并获得高通、Intel、AMD等行业巨头的投资。“安卓模拟器中的Intel”“安卓模拟器的心脏”，这些既是合作伙伴对蓝叠安卓模拟器的描述，也是给予的荣誉称号。

由于具有核心技术优势，以及快速的服务响应，经过近年的快速发展，腾讯、网易、阿里巴巴等都成为蓝叠安卓模拟器重要的合作伙伴。与此同时，蓝叠安卓模拟器相比于其他同类产品具有更加良好的兼容性、稳定性和流畅度，以及更好的游戏体验。因此，蓝叠安卓模拟器在普通玩家中拥有良好的口碑和许多忠实的用户，其中不乏痴迷于安卓模拟器引擎的技术极客粉丝。

蓝叠安卓模拟器是市面上兼容性较好的安卓模拟器，基本上能在所有的电脑上安装运行。

12.2.2 蓝叠模拟器的下载和安装

蓝叠模拟器可以在官网下载，而且是免费的。用户可以在百度中搜索官网并进入其主页。

Step 01 进入官网后，单击主页上的下载按钮即可下载安装程序，如图12-33所示。用户也可以在这里浏览，查看蓝叠模拟器的特点。

Step 02 下载后双击安装文件，选择好安装位置，单击“立即安装”按钮就可以开始安装了，如图12-34所示。

图 12-33

图 12-34

12.2.3 蓝叠模拟器的使用方法

模拟器本身只是搭建了环境，而用户使用的仍然是手机App，那么App如何在电脑上安装呢？下面介绍具体的操作方法。

Step 01 蓝叠模拟器安装完毕后，双击桌面图标启动程序，软件会自动启动底层模拟器加载安卓运行环境，如图12-35所示。运行完成后会弹出主界面，如图12-36所示。

图 12-35

图 12-36

Step 02 因为App的安装文件格式APK已经关联了蓝叠，所以双击安装文件即可自动加入到虚拟机中。也可将文件拖入虚拟机界面进行安装，如图12-37所示。

图 12-37

Step 03 App安装完成后会自动生成桌面图标，如图12-38所示，双击即可运行，如图12-39所示。

图 12-38

图 12-39

Step 04 切换到“应用中心”选项卡中，搜索到需要的软件，单击“安装”按钮，即可自动下载并安装App，如图12-40所示。

图 12-40

动手练 蓝叠模拟器多开设置

扫码看视频

和Vmware Workstation一样，蓝叠也可以创建多个虚拟手机，简称多开。下面介绍具体创建方法。

Step 01 安装蓝叠后，除了生成蓝叠模拟器图标外，还会生成一个多开管理器图标，双击启动后，在其中可以看到默认引擎，就是第一个虚拟机，单击“打开”按钮即可启动该虚拟机。这里单击右下角的“新建多开”按钮，如图12-41所示。

Step 02 在展开的级联菜单中选择“多开并复制应用”→“默认引擎”→“2个”选项，如图12-42所示。

图 12-41

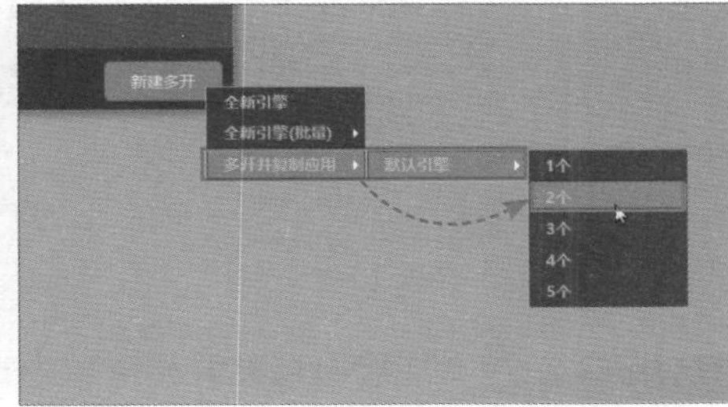

图 12-42

Step 03 稍等片刻，可以看到新建了两个虚拟手机，如图12-43所示。

Step 04 在此可修改虚拟手机名称、删除、修改显示分辨率、创建桌面图标，这里的整理功能比较实用，单击整理图标后弹出提示，单击“确定”按钮开始整理，如图12-44所示。

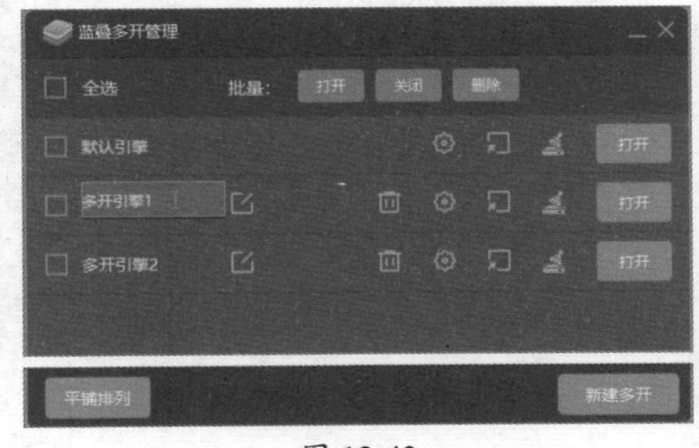

图 12-43

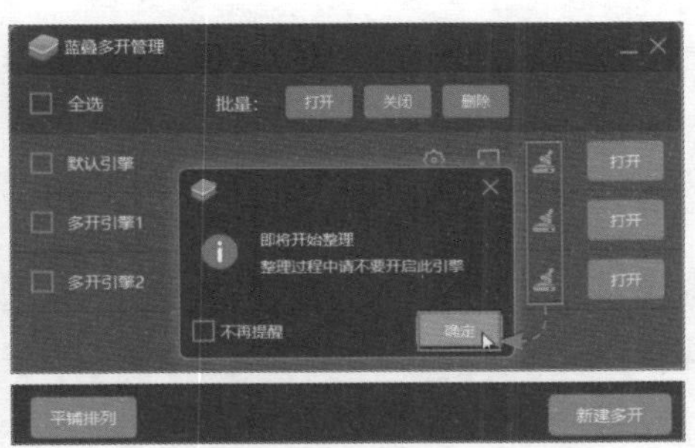

图 12-44

知识延伸：熟悉Windows 10自带的虚拟机

Windows 10自带的虚拟机为Hyper-V，可用于64位Windows 10专业版、企业版和教育版，但无法用于家庭版。当然，前提条件是用户需要使用支持虚拟化的CPU，并在BIOS中将CPU虚拟化支持功能打开。

Windows 10的Hyper-V支持虚拟机中的不同操作系统，包括各种版本的Linux、FreeBSD和 Windows。

要启动Windows 10的Hyper-V，可以用命令开启，也可进入到“程序和功能”窗口中，选择“启用或关闭Windows 功能”选项，如图12-45所示，在“启用或关闭Windows功能”对话框中，选择“Hyper-V”复选框及其选项下的各复选框，单击“确定”按钮，如图12-46所示。

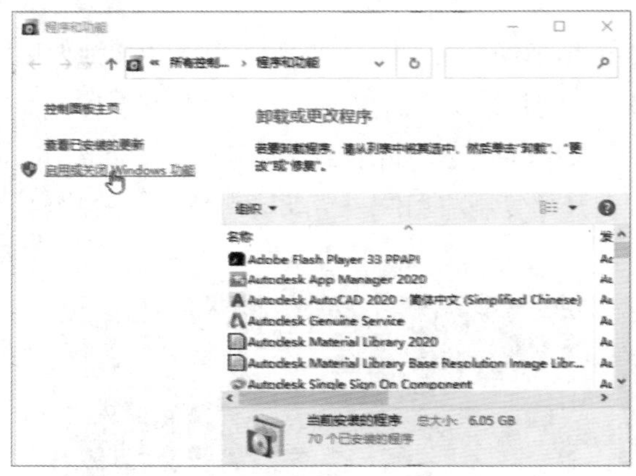

图 12-45

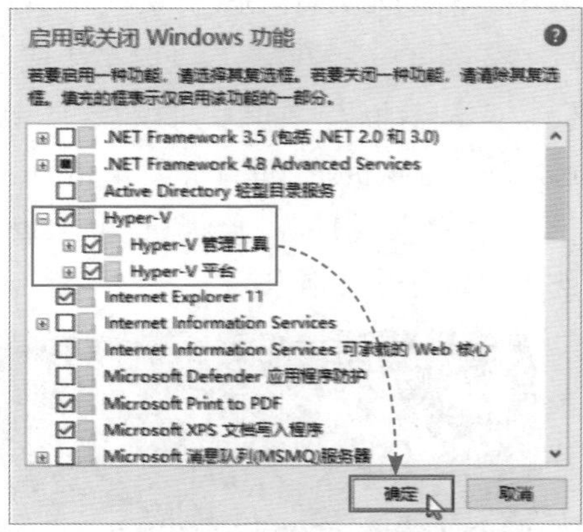

图 12-46

启用Hyper-V功能后，可在开始菜单中选择并启动“Hyper-V 管理器”，如图12-47所示，按照向导一步步设置网络、虚拟机硬件参数等，完成以后，加载操作系统的ISO镜像进行安装即可，如图12-48所示。

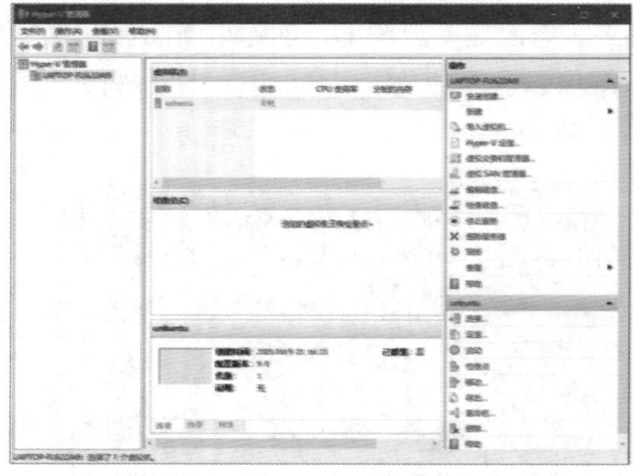

图 12-47

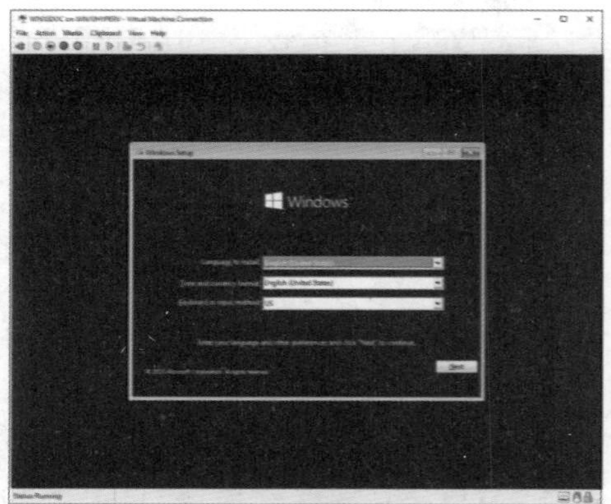

图 12-48